中高职衔接系列教材

水利工程测量技术

主编　陆鹏

内 容 提 要

本书主要介绍了测量的基本概念，基本知识和基本工作，以及测量仪器的使用方法、基本工作的作业方法。全书包括：水准测量、角度测量、距离测量和直线定向、控制测量、地形图的基本知识、施工测量的基本工作、水工隧道施工测量、水工建筑物施工测量、渠道测量及水库测量的方法和基本理论。

本书可作为水利工程建筑、水利工程管理、工程造价及工程测量等专业的工程测量教材使用，也可以供相关工程技术人员参考。

图书在版编目（CIP）数据

水利工程测量技术 / 陆鹏主编. -- 北京：中国水利水电出版社，2017.7
中高职衔接系列教材
ISBN 978-7-5170-3948-8

Ⅰ. ①水… Ⅱ. ①陆… Ⅲ. ①水利工程测量－中等专业学校－教材 Ⅳ. ①TV221

中国版本图书馆CIP数据核字(2015)第318697号

书　　名	中高职衔接系列教材 **水利工程测量技术** SHUILI GONGCHENG CELIANG JISHU
作　　者	主编　陆鹏
出版发行	中国水利水电出版社 （北京市海淀区玉渊潭南路1号D座　100038） 网址：www.waterpub.com.cn E-mail：sales@waterpub.com.cn 电话：(010) 68367658（营销中心）
经　　售	北京科水图书销售中心（零售） 电话：(010) 88383994、63202643、68545874 全国各地新华书店和相关出版物销售网点
排　　版	中国水利水电出版社微机排版中心
印　　刷	北京市密东印刷有限公司
规　　格	184mm×260mm　16开本　14印张　332千字
版　　次	2017年7月第1版　2017年7月第1次印刷
印　　数	0001—2000册
定　　价	**34.00元**

凡购买我社图书，如有缺页、倒页、脱页的，本社营销中心负责调换

版权所有·侵权必究

中高职衔接系列教材编委会

主　任　张忠海
副主任　潘念萍　　　陈静玲(中职)
委　员　韦　弘　　　龙艳红　　　陆克芬
　　　　宋玉峰(中职)　邓海鹰　　　陈炳森
　　　　梁文兴(中职)　宁爱民　　　韦玖贤(中职)
　　　　黄晓东　　　梁庆铭(中职)　陈光会
　　　　容传章(中职)　方　崇　　　梁华江(中职)
　　　　梁建和　　　梁小流　　　陈瑞强(中职)
秘　书　黄小娥

本书编写人员

主　编　陆　鹏
副主编　刘　凯　宋宝民(中职)
参　编　蒋　喆　黄华娟　蓝　冕
主　审　蓝善勇　陆克芬

前言 QIANYAN

本教材是根据我院中高职专业衔接工程测量技术专业教学需要，以中高职规划教材研讨会上制定的《水利工程测量技术教学大纲》为主要依据，在总结多年教学经验的基础上编写完成的。本教材重点介绍了工程测量的基本知识、测量仪器的使用、工程实地测设、渠道测量、水工隧道施工测量、水库测量等内容，并结合一定的测量实例进行讲述。

为使本教材具有较强的实用性和通用性，突出"以能力为本位、工学结合"的指导思想，编写时力求做到：基本概念准确，各部分内容紧扣培养目标，文字简练、相互协调、通俗易懂、减少不必要的重复；不过分强调理论的系统性，努力避免贪多求全或高度浓缩的现象，教材内容理论联系实际，结合测量规范。为了提高学生的动手能力，书中还配有多个例题，以利于学生学习、实践和提高解决工程实际问题的能力。

为了体现中高职衔接教材的特色，对已有相关教材进行了适当调整，更适合中高职衔接教学的需求。根据职业教育理论与实践并重且理论课时较少的情况，本书内容按"必需、够用"的原则取舍。

本教材包括十一个单元。第一至第四单元叙述测量的基本概念、基本工作和基本原则，包括水准测量、角度测量、距离测量和直线定向、全站仪及其使用，以及仪器测量误差的相关知识；第五单元讲述在水利工程建设中常用的控制测量方法；第六单元叙述地形图应用的相关基本知识；第七至第十一单元讲述测量在水利工程中的应用，包括施工测量基本工作、大坝施工测量、隧洞施工测量、渠道测量和水库测量等。

本书由广西水利电力职业技术学院陆鹏主编。第一、第二单元由广西水利电力职业技术学院刘凯编写；第五、第七单元由广西第一工业学校宋宝民编写；广西水利电力职业技术学院的蒋喆、蓝冕、黄华娟分别编写了第三、第四和第六单元；第八、第九单元由陆鹏编写；湖北水总水利水电建设股份有限公司甘维忠、张勇分别编写了第十、第十一单元。全书由陆鹏统一修改定稿。

全书的编写得到了学院教务处的大力支持,蓝善勇教授和陆克芬教授对教材的编写提出了许多细致的审定意见和建议,在此表示感谢!

由于编者的水平、经验及时间所限,书中难免疏漏和欠妥之处,敬请专家和广大读者批评指正。

编者

2017 年 1 月

目录 MULU

前言

第一单元　水准仪及水准测量 ······ 1
  任务一　理解水准测量原理 ······ 1
  任务二　认识水准测量的仪器和工具 ······ 3
  任务三　掌握水准仪的使用方法 ······ 6
  任务四　水准测量外业观测 ······ 9
  任务五　水准测量内业计算 ······ 12
  任务六　水准仪检验与校正 ······ 18
  任务七　了解水准测量误差来源 ······ 22
  任务八　了解自动安平水准仪和精密水准仪 ······ 24
  思考题 ······ 28

第二单元　经纬仪及角度测量 ······ 30
  任务一　理解角度测量的原理 ······ 30
  任务二　了解 DJ_6 光学经纬仪的构造 ······ 31
  任务三　掌握 DJ_6 光学经纬仪的使用方法 ······ 33
  任务四　测量水平角 ······ 37
  任务五　测量竖直角 ······ 42
  任务六　检验与校正经纬仪 ······ 46
  任务七　角度测量误差及消减方法 ······ 49
  任务八　了解精密经纬仪及电子经纬仪的构造和使用 ······ 54
  思考题 ······ 59

第三单元　距离测量和直线定向 ······ 62
  任务一　距离测量 ······ 62
  任务二　视距测量 ······ 69
  任务三　直线定向 ······ 72
  任务四　坐标方位角的推算 ······ 75
  任务五　距离、方向与地面点直角坐标的关系 ······ 76
  思考题 ······ 78

第四单元　全站仪测量 ······ 79
  任务一　全站仪的分类与特点 ······ 79

任务二　了解尼康全站仪的基本构造和功能 …………………………………………… 80
　　任务三　了解尼康全站仪的按键功能 …………………………………………………… 83
　　任务四　认识尼康全站仪屏幕显示符号 ………………………………………………… 84
　　任务五　全站仪常规测量 ………………………………………………………………… 87
　　任务六　全站仪坐标测量 ………………………………………………………………… 90
　　任务七　全站仪坐标放样 ………………………………………………………………… 97
　　任务八　全站仪程序测量 ………………………………………………………………… 98
　　任务九　坐标反算、导线坐标计算、面积计算 ……………………………………… 102
　　任务十　全站仪多点后方交会测量 …………………………………………………… 106
　　任务十一　测量数据下载与上传 ……………………………………………………… 108
　　思考题 …………………………………………………………………………………… 110

第五单元　控制测量 ………………………………………………………………………… 112
　　任务一　认识控制测量 ………………………………………………………………… 112
　　任务二　导线测量 ……………………………………………………………………… 115
　　任务三　小三角测量 …………………………………………………………………… 120
　　任务四　交会测量 ……………………………………………………………………… 123
　　任务五　三角高程测量 ………………………………………………………………… 127
　　任务六　GPS测量 ……………………………………………………………………… 130
　　思考题 …………………………………………………………………………………… 138

第六单元　地形图的基本知识 ……………………………………………………………… 139
　　任务一　了解地形图及其分类 ………………………………………………………… 139
　　任务二　了解地形图的比例尺 ………………………………………………………… 139
　　任务三　了解地形图的图式 …………………………………………………………… 141
　　任务四　了解地形图的图廓外注记 …………………………………………………… 148
　　任务五　了解地形图的分幅与编号 …………………………………………………… 150
　　思考题 …………………………………………………………………………………… 153

第七单元　施工测量的基本工作 …………………………………………………………… 154
　　任务一　认识施工测量 ………………………………………………………………… 154
　　任务二　测设的基本工作 ……………………………………………………………… 155
　　任务三　地面点平面位置的测设 ……………………………………………………… 159
　　思考题 …………………………………………………………………………………… 161

第八单元　水工隧道施工测量 ……………………………………………………………… 162
　　任务一　认识水工隧道测量 …………………………………………………………… 162
　　任务二　隧洞地面控制测量 …………………………………………………………… 163
　　任务三　竖井和旁洞的测量 …………………………………………………………… 167
　　任务四　隧洞内的控制测量及施工放样 ……………………………………………… 170

任务五　隧洞贯通后的测量工作 …………………………………………… 174
　　思考题 ………………………………………………………………………… 177

第九单元　渠道测量 ………………………………………………………… 178
　　任务一　选线测量 …………………………………………………………… 178
　　任务二　渠道中线测量 ……………………………………………………… 181
　　任务三　纵横断面测量 ……………………………………………………… 183
　　任务四　渠道边坡放样 ……………………………………………………… 189
　　思考题 ………………………………………………………………………… 192

第十单元　水工建筑物施工测量 …………………………………………… 193
　　任务一　土石大坝施工测量 ………………………………………………… 193
　　任务二　混凝土坝的施工测量 ……………………………………………… 198
　　思考题 ………………………………………………………………………… 201

第十一单元　水库测量 ………………………………………………………… 202
　　任务一　水库测量方案设计 ………………………………………………… 202
　　任务二　淹没界线测量 ……………………………………………………… 208
　　任务三　水库库容计算 ……………………………………………………… 214
　　思考题 ………………………………………………………………………… 215

参考文献 ………………………………………………………………………… 216

第一单元

水准仪及水准测量

学习目标

知识目标：了解水准仪的基本构造、水准点和水准路线、自动安平水准仪和精密水准仪的特点、水准测量误差及其消减方法；理解水准测量原理。

技能目标：具有正确使用水准仪进行普通水准测量的观测、记录、内业成果计算及水准仪检验和校正的能力。

单元概述

本单元主要介绍水准测量的基本原理、观测方法及注意事项。

任务一 理解水准测量原理

一、高程测量的方法

测量地面点高程的测量工作，称为高程测量。高程测量的方法主要有水准测量、三角高程测量和 GPS 测量等，水准测量是精密测定地面点高程的主要方法。

二、水准测量的概念

水准测量是用水准仪所提供的水平视线，测定已知点和未知点之间的高差，根据已知点的高程和两点间的测量高差，求出未知点高程的一种方法。

三、测定两点高差的方法

在图 1-1 中，设已知 A 点高程为 H_A，欲求 B 点高程 H_B。在 A、B 两点竖立水准尺，利用水准仪提供的水平视线在水准尺上分别读数 a 和 b，则 A、B 两点间高差：

$$h_{AB}=a-b \tag{1-1}$$

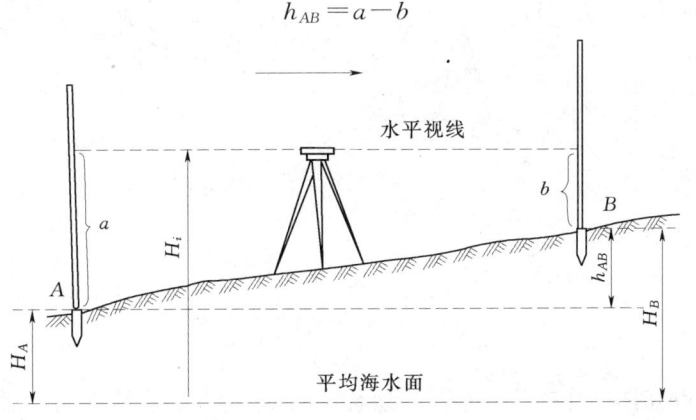

图 1-1 水准测量原理

设水准测量由已知点 A 向未知点 B 方向进行的,规定 A 点为后视点,其水准尺读数 a 为后视读数;B 点为前视点,其水准尺读数 b 为前视读数。

从式(1-1)中知道,两点间的高差,等于后视读数减去前视读数,即

$$高差(h_{AB}) = 后视读数(a) - 前视读数(b)$$

高差有正负之分,若后视读数 a 大于前视读数 b,则高差 h_{AB} 为正值,表示 B 点比 A 点高;若后视读数 a 小于前视读数 b,则高差 h_{AB} 为负值,表示 B 点比 A 点低。

测得 A、B 点间的高差后,可求得 B 点的高程。求 B 点的高程有两种方法:

(1) 高差法:用已知点高程加上高差计算待求点高程的方法,即

$$H_B = H_A + h_{AB} \tag{1-2}$$

(2) 视线高法:用视线高减去前视读数计算待求点高程的方法,即

$$H_B = (H_A + a) - b = H_i - b \tag{1-3}$$

式中 H_i——视线高程,简称视线高,它等于已知 A 点的高程 H_A 加 A 点尺上的后视读数 a。

用高差法计算待求点的高程,主要用于高程控制测量;而用视线高法计算待求点高程,主要用于工程测量。

当 A、B 两点间距离较远或高差较大时,必须设置多个测站才能测定出高差 h_{AB}。由图 1-2 可知

$$h_1 = a_1 - b_1$$
$$h_2 = a_2 - b_2$$
$$\vdots$$
$$h_n = a_n - b_n$$
$$h_{AB} = h_1 + h_2 + \cdots + h_n$$
$$= \sum_{i=1}^{n} h_i = \sum_{i=1}^{n} a_i - \sum_{i=1}^{n} b_i \tag{1-4}$$

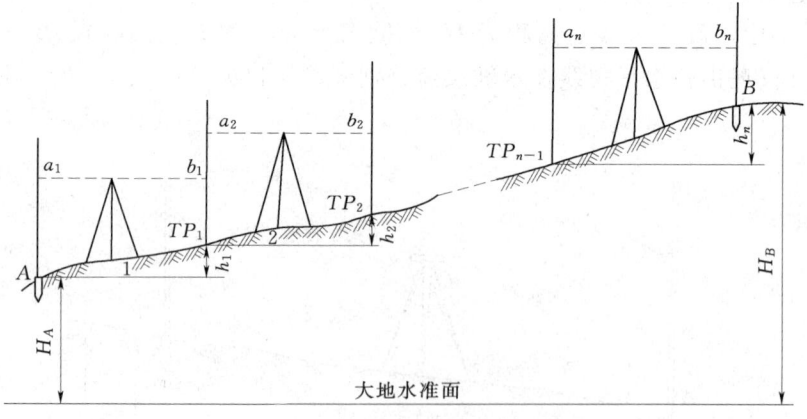

图 1-2 连续水准测量

图中的立尺点 TP_1、TP_2、$\cdots$、TP_{n-1} 称为转点,转点是具有前、后读数的临时立尺点,是在测量过程中临时选定的,在确定 B 点的高程工作中,转点起到传递高程的作用。

此时 B 点高程为

$$H_B = H_A + h_{AB} = H_A + \sum a - \sum b \qquad (1-5)$$

上式中 $\sum a$、$\sum b$ 分别为后视读数和前视读数的总和。

任务二　认识水准测量的仪器和工具

一、水准仪系列及适用范围

水准仪按测量精度分为 $DS_{0.5}$，DS_1，DS_3 等，其中"D""S"分别是"大地测量""水准仪"的汉语拼音的第一个字母。下标数字表示这些型号的仪器每千米往返测高差中数的中误差，以毫米为单位。$DS_{0.5}$、DS_1 型属于精密水准仪，$DS_{0.5}$ 型主要用于国家一、二等水准和精密工程测量，DS_1 型主要用于国家二等水准和精密工程测量；DS_3 型为普通水准仪，可用于一般工程建设测量、国家三、四等水准测量，是目前工程上使用最普遍的一种仪器。按水准仪结构分类，目前主要有微倾式水准仪、自动安平水准仪和电子水准仪 3 种。

二、DS_3 微倾水准仪构造及各部件作用

DS_3 微倾水准仪主要由望远镜、水准器、基座三部分组成，仪器主要部件的名称如图 1-3 所示。

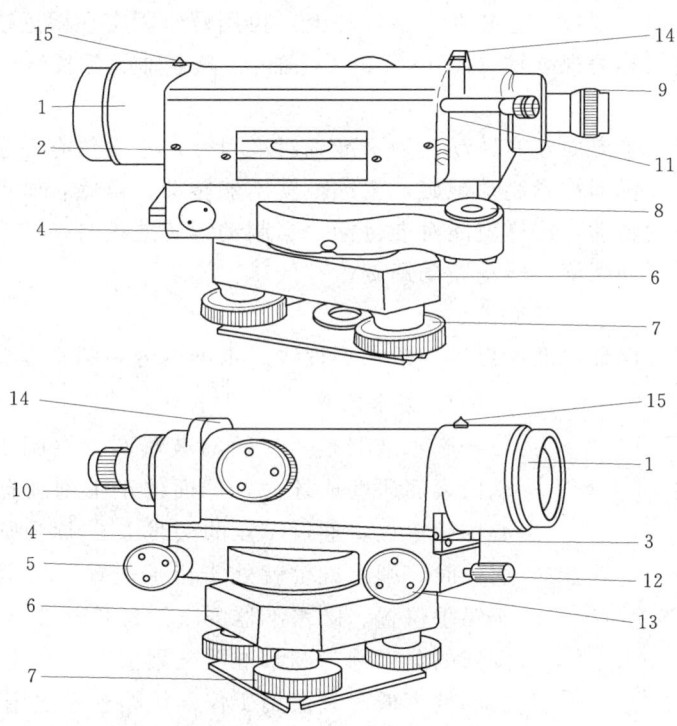

图 1-3　DS_3 微倾水准仪

1—望远镜物镜；2—水准管；3—簧片；4—支架；5—微倾螺旋；6—基座；7—脚螺旋；
8—圆水准器；9—望远镜目镜；10—物镜对光螺旋；11—水准管气泡观测窗；
12—水平制动螺旋；13—水平微动螺旋；14—缺口；15—准星

(一) 望远镜

望远镜是用来精确瞄准目标和读数的设备。望远镜主要由物镜、目镜、物镜调焦透镜和十字丝等构成（图1-4）。

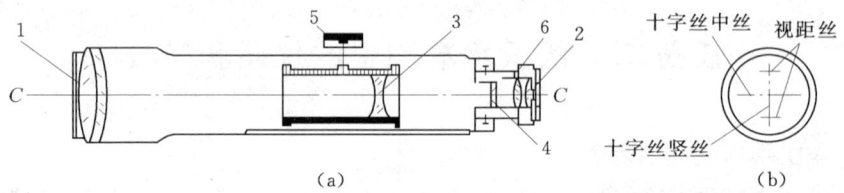

图1-4 望远镜的构造

1—物镜；2—目镜；3—物镜调焦透镜；4—十字丝分划板；5—物镜对光螺旋；6—目镜调焦螺旋

物镜和目镜采用多块透镜组合而成，对光透镜由单块透镜或多块透镜组合而成。转动物镜对光螺旋即可带动对光透镜在望远镜筒内前后移动，使所照准的目标清晰。转动目镜对光螺旋，使十字丝清晰。

十字丝分划板安置在物镜和目镜之间，如图1-4（b）所示。十字丝是用来照准目标的。十字丝中竖直的一根称为纵丝（又称竖丝），中间长的称为横丝（又称为中丝），横丝上、下两根对称的短丝是测距时用的称为视距丝，分上、下丝。十字丝刻在一块圆形的玻璃片上，称为十字丝分划板，它装在十字丝环上，再用螺丝固定在望远镜筒内。十字丝交点与物镜光心的连线称为视准轴（图1-4的CC轴）。视准轴的延长线为视线，它是瞄准目标的依据。

望远镜可以沿水平方向左右转动。为了准确对准目标，水准仪有一套水平制动和微动螺旋，当大致对准目标即拧紧制动螺旋，望远镜就不能转动，再旋转微动螺旋，望远镜可沿水平方向作微小的转动，这样就能对准目标。当制动螺旋放松时，转动微动螺旋是不起作用的，只有拧紧制动螺旋，转动微动螺旋才有效。

(二) 水准器

水准器的作用是保证水准仪提供一条水平视线。水准器分为圆水准器和水准管两种。

1. 圆水准器

圆水准器是一封闭的玻璃圆盒（图1-5），顶面的玻璃内表面研磨成球面，球面的正中刻画有圆圈。圆圈的中心称为零点，通过零点的法线$L'L'$称为圆水准轴。当气泡居中时，圆水准轴就处于铅垂位置，指示仪器的竖轴也处于铅垂位置。圆水准器的气泡每移动2mm，圆水准轴相应倾斜的角度称为圆水准器分划值，一般为$8'\sim10'$。圆水准器的精度低，只适用于仪器粗略整平之用。

2. 水准管

水准管的玻璃管内壁为圆弧（图1-6），圆弧中点称为水准管的零点，通过零点与内壁圆弧相切的直线称为水准管轴（LL轴线）。水准管气泡居中时，水准管轴处于水

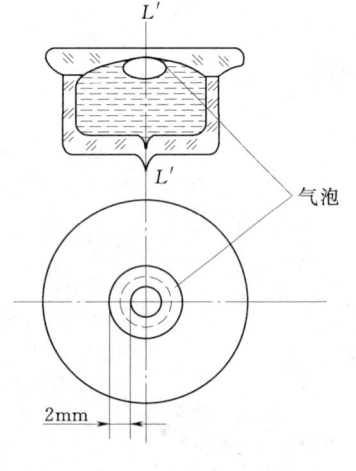

图1-5 圆水准器

平位置。水准管内壁弧长 2mm 所对的圆心角值 τ，称为水准管的分划值。设水准管的内壁弧半径为 R，则水准管的分划值（τ）用下式表示：

$$\tau = \frac{2}{R}\rho''$$

上式中　τ——水准管分划值；
　　　　ρ——为一弧度的秒数，即 $206265''$。

S_3 级水准仪的水准管分划值为 $20''$。水准管分划值越小，水准管的灵敏度越高。因此，水准管的精度比圆水准器的精度高，适用于仪器精确整平。

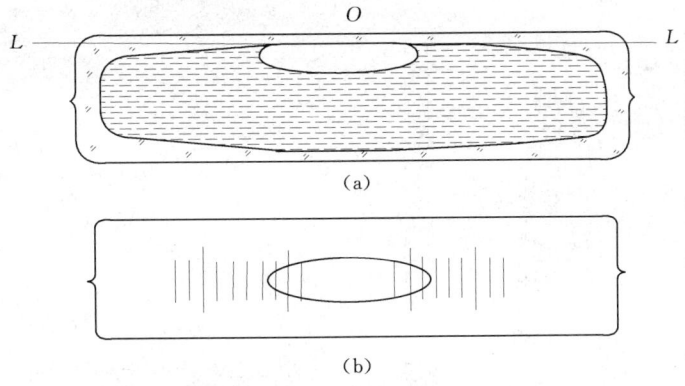

图 1-6　水准管

为了提高判别水准管气泡居中的准确度，在水准管的上方设置一组符合棱镜（图 1-7），借棱镜组的反射将气泡两端的半像反映在望远镜旁边的观察窗内。如图 1-8（b）是水准管气泡不居中影像，水准管两端的影像错开，这时可转动微倾螺旋（右手大拇指旋转微倾螺旋方向与左侧半气泡影像的移动方向一致），以使水准管连同望远镜沿竖向作微小转动，达到水准管气泡居中，此时两端的影像吻合［图 1-8（a）］。这种设有微倾螺旋的水准仪称为微倾式水准仪。

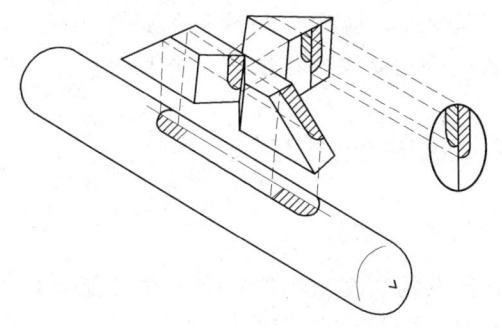

图 1-7　水准管与符合水准器

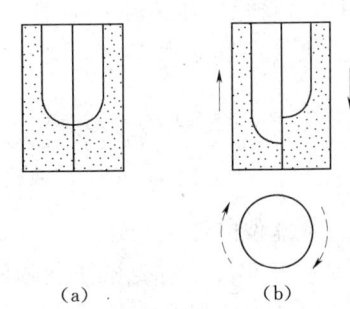

图 1-8　符合水准器影像

（三）基座

基座由轴座、脚螺旋和连接板组成。仪器上部通过竖轴插入轴座内，由基座承托，旋紧中心螺旋，使仪器与三脚架相连接。三脚架由木质（或金属）制成，脚架一般可伸缩，便于携带及调整仪器高度。

三、水准尺

水准尺是水准测量的重要工具（图1-9），它是用优质木料或塑料制成。水准尺的零点在尺的底部，尺的刻划是黑（红）白相间，每格是1cm或0.5cm，每分米处有明显标志，且均注数字，如15则表示1.5m。

水准尺一般分为双面水准尺和塔尺、折尺三种。双面尺的尺长3m，一面为黑面分划，黑白相间，尺底为零；另一面为红面分划，红白相间，尺底为一常数（如4.687m或4.787m）。普通水准测量用黑面读数，如图1-9所示。三、四等水准测量用黑、红面尺读数进行校核。塔尺可以伸缩，尺长一般为5m，适用于普通水准测量。

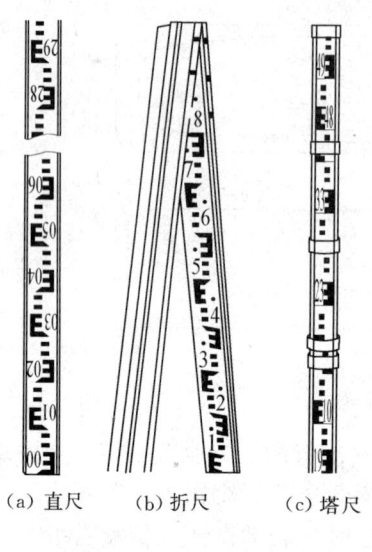

(a) 直尺　　(b) 折尺　　(c) 塔尺

图1-9　水准尺

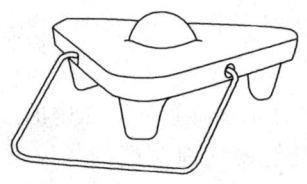

图1-10　尺垫

四、尺垫

尺垫顶面是三角形或圆形，用生铁铸成或用铁板压成，中央有突起的半圆顶（见图1-10）。使用时将尺垫压入土中，在其顶部放置水准尺。应用尺垫的目的是作为临时标志，并避免土壤下沉和立尺点位置变动而影响读数。特别要注意在水准点上不能放置尺垫。

任务三　掌握水准仪的使用方法

一、水准仪的使用方法

在安置水准仪之前要打开三脚架，调整好仪器的高度，将仪器安置在三脚架上，旋紧中心螺旋。仪器安置高度要适中，三脚架头大致水平，并将三脚架的脚尖踩入土中。微倾式水准仪使用的基本方法可归纳为八个字：粗平、照准、精平、读数，以下分别介绍。

（一）粗平

粗平是使仪器圆水准器气泡居中，水准仪视线达到概略水平，简称粗平。要使圆气泡居中，首先要了解气泡移动方向的规律，气泡移动方向的规律总是往高处移动。气泡移动的方向与左手大拇指转动脚螺旋的方向一致。顺时针转动螺旋，该螺旋端升高，逆时针转动螺旋,该螺旋端降低。使仪器圆气泡居中有两种方法。

第一种方法,是将仪器安置在架头上,转动脚螺旋使气泡居中,如图 1-11 所示。当气泡偏离如图 1-11(a)的位置时,可转动①、②两个脚螺旋或其中一个螺旋,转动螺旋方向按图中箭头所示方向进行,使气泡从图 1-11(a)所示位置转至图 1-11(b)所示位置,然后按箭头方向转动另一个脚螺旋③使气泡向中心移动使气泡居中。

第二种方法,是将仪器安置在架头上,先用移动一个脚架使圆气泡大概居中,然后再用脚螺旋按第一种方法使气泡居中。此种方法的操作是:先将圆气泡位置与要移动的脚架上下对好,然后左右或前后移动脚架,(气泡移动方向和脚架移动方向的规律:左右方向移动脚架,气泡移动方向相同,前后移动脚架,气泡移动方向相反。)使圆气泡大概居中,然后再用脚螺旋使气泡居中。这种方法非常适合水泥地板,十数秒内就能使圆气泡居中。

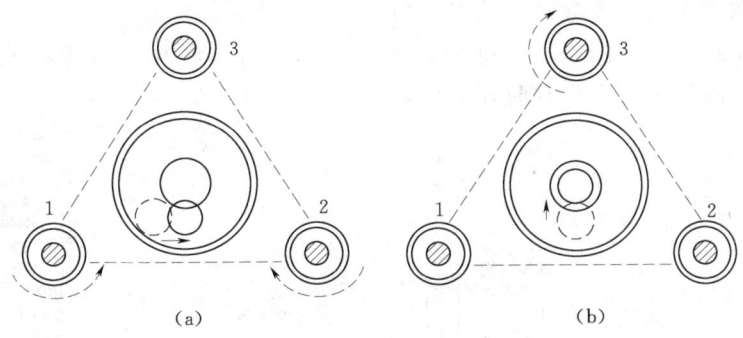

图 1-11 圆水准器粗平示意图

(二)照准

照准是转动望远镜对准水准尺,并进行目镜和物镜调焦,使十字丝和水准尺像清晰,消除视差。首先转动目镜对光螺旋,使十字丝清晰,然后具体操作方法及步骤如下:

(1)初步照准:松开水平制动螺旋,转动望远镜,利用望远镜上部的准星与缺口照准目标,旋紧制动螺旋。

(2)看清目标:转动物镜对光螺旋,使目标(水准尺)的像清晰。

(3)照准目标:转动微动螺旋,使十字丝的竖丝在水准尺的中间位置。

(4)消除视差:如图 1-12(a)所示,在读数之前,将眼睛在目镜端上下微小移动,若发现十字丝和物像有相对移动,眼睛分别位于 b、a、c 位置时,看到十字丝

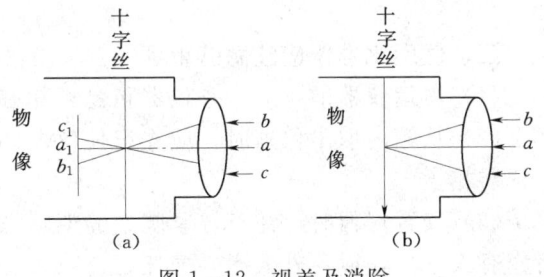

图 1-12 视差及消除

交点相应对着物像的 a_1、b_1、c_1 点,出现这种现象称为视差。产生视差的原因是由于对光工作没有做好,目标(水准尺)像平面不与十字丝分划板平面重合。消除视差的方法是慢慢地转动物镜对光螺旋再次进行物镜对光,当眼睛在上下移动时,十字丝的读数不再变化,即尺像平面与十字丝分划板平面重合,消除了视差,如图 1-12(b)所示。

（三）精平

精平就是在读数之前必须转动微倾螺旋，使水准管气泡严格居中，如图1-13（a）所示。微倾式水准仪都装有符合棱镜的水准管，从水准管气泡观测窗中看到水准管气泡两端的影像。如图1-13所示，图1-13（a）为气泡居中，即精平；图1-13（b）、（c）为不精平。精平的方法：当气泡两端影像见图1-13（b），则顺时针转动微倾螺旋使气泡居中，若气泡影像见图1-13（c），则逆时针转动微倾螺旋使气泡居中。

（四）读数

仪器精平后，根据十字丝中丝读出水准尺上的读数。读数时应注意尺上数字由小到大的顺序，读出米、分米、厘米，估读至毫米。读数方法是：对于倒像仪器，水准尺的读数根据十字丝的中丝从上到下、从小到大估读至毫米，读取四位数。图1-14所示水准尺的中丝读数为0.859m。如果是正像仪器，读数方法是：水准尺的读数根据十字丝的中丝从下到上，从小到大，估读至毫米，读取四位数。

要注意的是：在同一测站，照准前视水准尺时，必须转动微倾螺旋使水准管气泡居中，符合水准器两边半圆弧吻合时才能读数。

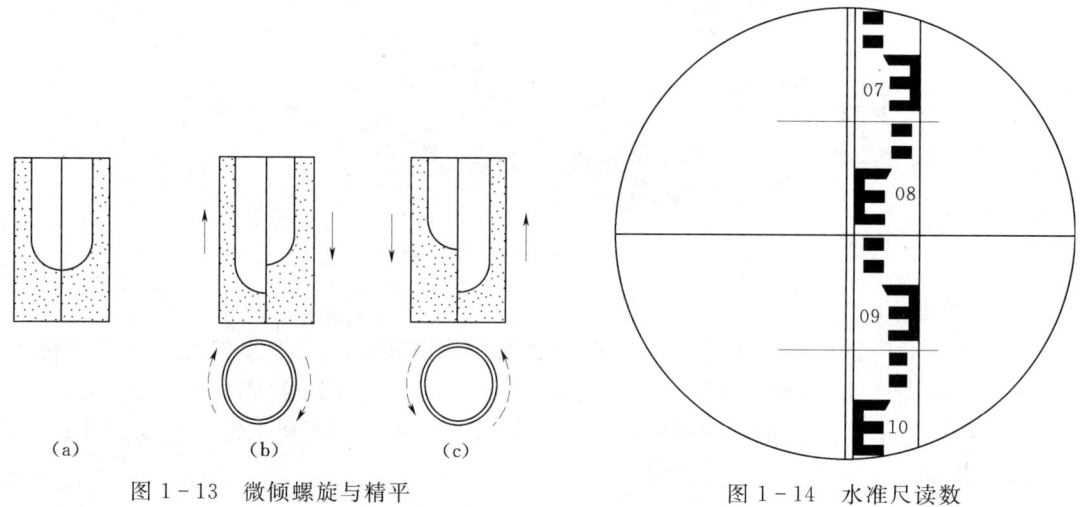

图1-13　微倾螺旋与精平　　　　图1-14　水准尺读数

二、使用水准仪应注意的事项

（1）搬运仪器前，应检查仪器箱是否扣好或锁好，提手或背带是否牢固。

（2）从箱内取出仪器时，应先记住仪器和其他附件在箱内安放的位置，以便用完后照原样装箱。

（3）安置仪器时，注意拧紧脚架的架腿螺旋和架头连接螺旋，脚架要踩实；仪器安置后应有人守护，以免外人搬弄损坏。

（4）操作仪器时用力要均匀轻巧；制动螺旋不要拧得过紧，微动螺旋不能旋转到极限。当目标偏在一边、用微动螺旋不能调至正中时，应将微动螺旋反转几圈（目标偏离更远），再松开制动螺旋重新初步照准目标，再用微动螺旋照准目标。

（5）往前搬站时，如果距离较近，可将仪器侧立，左手握住仪器，右手抱住脚架，往前行进；如果距离较远，应将仪器装箱搬运。

（6）在烈日下或雨天进行观测时，应撑伞遮住仪器，以防曝晒或雨淋。

（7）仪器用完后应清去外表的灰尘和水珠，但切忌用手帕擦拭物镜和目镜，需要擦拭时，应用专门的擦镜纸或脱脂棉。

（8）仪器应存放在阴凉、干燥、通风和安全的地方，注意防潮、防霉，防止碰撞或摔跌损坏。

任务四　水准测量外业观测

一、水准点及水准路线

（一）水准点

水准测量一般是在两水准点之间进行的，水准点是通过水准测量测定其高程的固定标志，一般以 BM 表示。水准点应按照水准路线等级，根据不同性质的土壤及实际需要，每隔一定的距离埋设不同类型的水准标志或标石。

水准点有永久性和临时性两种，永久性水准点由石料或混凝土制成，顶面设置半球状标志，在城镇区也有在稳固的建筑物墙上设置墙上水准点。图 1-15（a）为永久性水准点，图 1-15（b）为墙上水准点。水准点也可用混凝土制成，中间插入钢筋，或选定在突出的稳固岩石或房屋的勒脚。图 1-15（c）木桩为临时性的水准点。

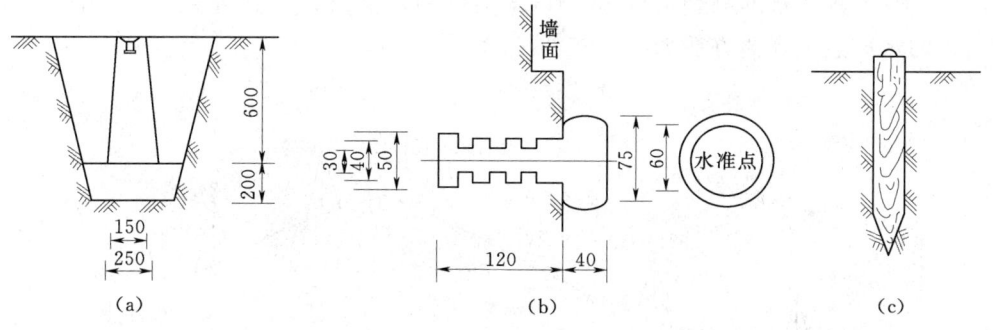

图 1-15　水准点（单位：mm）

（二）水准路线

为了便于观测和计算各点的高程，检查和发现测量中可能产生的错误，必须将各水准点组成一条适当的施测路线（称为水准路线），使之有可靠的校核条件。在水准路线上，两相邻水准点之间称为一个测段。水准路线有 3 种形式。

1. **闭合水准路线**

闭合水准路线是由一个已知高程水准点开始，顺序测定若干待求点后，又测回到原来开始的水准点。这样的水准路线称为闭合水准路线。如图 1-16 所示，BM 为已知点，1、2、3、4 为待求点。图中箭头方向表示测量时观测

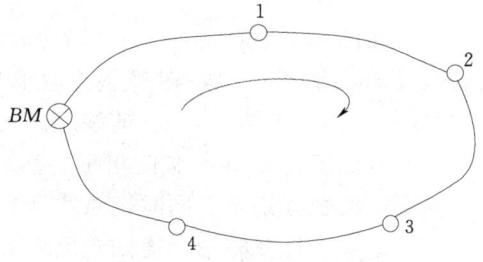

图 1-16　闭合水准路线

前进方向。

2. 附合水准路线

由一个已知高程水准点开始,顺序测定若干个待求点,最后连测到另一个已知水准点上结束的水准路线,称为附合水准路线,如图 1-17 所示,A、B 为已知高程点,1、2 为待求点。

图 1-17 附合水准路线

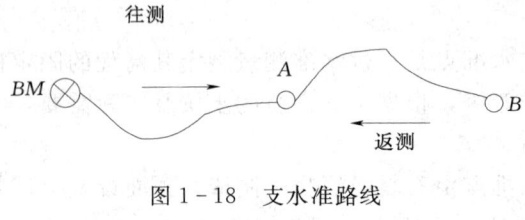

图 1-18 支水准路线

3. 支水准路线

由已知水准点开始测若干个待测点之后,既不闭合也不附合的水准路线称为支水准路线。支水准路线要往返观测。如图 1-18 所示为支水准路线,BM 点高程已知,A、B 为待求点。

二、水准测量的施测

(一) 水准测量的观测方法

图 1-19 为普通水准测量示意图,BM_A 为已知水准点,其高程为 90.310m;BM_B 为待定高程的水准点。观测方法如下:

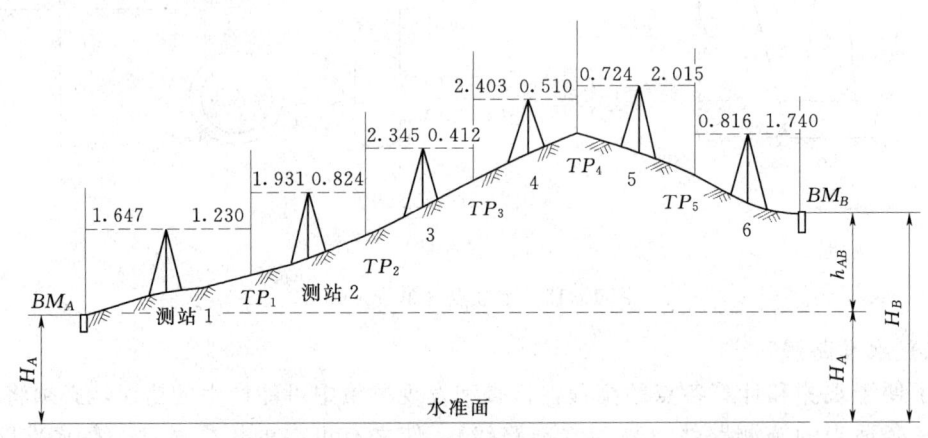

图 1-19 普通水准测量

(1) 在已知点 BM_A 立水准尺作为后视尺,选择合适的地点为测站,再选合适的地点为转点 TP_1,踏实尺垫,在尺垫上立直前视尺。要求水准尺与水准仪之间的水平距离(即视线长度)不大于 100m,前视距离与后视距离大致相等。

(2) 观测者首先将水准仪粗平;然后瞄准后视尺,水准仪精平,读数;再瞄准前视尺,精平,读数,记录者同时记录并计算出一个测站的高差。

(3) 记录者计算完毕,通知观测者搬往下一个测站。原后尺手也同时前进到下一个站的前视点 TP_2。原前尺手在原地 TP_1 不动,把尺面转向下一个测站,成为后视尺。按照前一站的方法观测。重复上述过程，一直观测至待定点 BM_B。

（4）记录者在现场应完成每页记录手簿的计算校核项，即

$$h_{AB} = \sum a - \sum b$$
$$h_{AB} = \sum h$$
（1-6）

（二）水准测量的记录方法

水准测量中的观测读数要记录在手簿上，普通水准测量记录的表格见表 1-1。在水准测量记录表中的计算校核，只能检查计算是否正确，不能检查观测和记录是否有错。

表 1-1　　　　　　　　　　普通水准测量记录表

日期 2008.8.6　　　　　　仪器编号 980686　　　　　　　　观测 李云
天气 晴转多云　　　　　　地　点 青秀区　　　　　　　　　记录 陆海

测站	测点	水准尺读数/m		高差 h_i /m	高程 H_i /m	备注
		后视（a）	前视（b）			
1	BM_A	1.647		+0.417	90.310	已知：BM_A
	TP_1		1.230		90.727	TP_1
2	TP_1	1.931		+1.107		
	TP_2		0.824		91.834	TP_2
3	TP_2	2.345		+1.933		
	TP_3		0.412		93.767	TP_3
4	TP_3	2.403		+1.893		
	TP_4		0.510		95.660	TP_4
5	TP_4	0.724		-1.291		
	TP_5		2.015		94.369	TP_5
6	TP_5	0.816		-0.924		
	BM_B		1.740		93.445	BM_B
$\sum$		9.866	6.731	+3.135		
计算校核		$\sum a - \sum b = 9.866 - 6.731 = +3.135(m)$ $\sum h = 5.350 - 2.215 = +3.135(m)$ $H_B - H_A = 93.445 - 90.310 = +3.135(m)$				

三、水准测量的检核方法

（一）测站校核

为了及时发现观测中的错误，保证每个测站的高差观测准确，可以采取测站校核的方法。测站校核有两种方法：

（1）**两次仪器高法**（也称改变仪器高法）：在水准测量中，每一测站上用不同仪器高度来测定相邻两点间的高差两次，要求两次观测时要改变仪器的高度，使仪器的视准轴高度相差 10cm 以上。若两次测量得到的高差之差不超过限差，则取平均高差作为该站观测高差。两次仪器高法也可以采用两台仪器同时进行测量的高差进行校核。

（2）**双面尺法**（也称红、黑面尺法）：仪器高度不变，观测双面尺黑面与红面的读数，分别计算黑面尺和红面尺读数的高差，其差值在 5mm 以内时，取黑、红面尺所测高差的平均值作为观测成果。红面尺的常数分别为 4.687m 和 4.787m。

(二) 水准路线校核

测站校核只能检查一个测站所测高差是否正确，但对于整条水准路线来说，还不足以说明它的精度是否符合要求。例如从一个测站观测结束至第二个测站观测开始时，转点位置若有较大的变动，在测站校核中是不能检查出来的，但在水准路线成果中就能反映出来，因此，要进行水准路线成果的校核，以保证全线观测成果的正确性。

如图 1-16 为闭合水准路线，已知 BM 点高程，通过测定 1、2、3 和 4 点的高程后，再测回到 BM 点，测出的 BM 点高程应与原已知高程相等作为校核。

如图 1-17 为一条附合水准路线，已知 A 点和 B 点高程，通过测定 1、2 点的高程后，再测到另一已知 B 点，测出 B 点的高程应与原已知高程相等作为校核。

对于支水准路线，如图 1-18，通过往返测量测定 BM 点至 B 点高差，进行校核，往返测量高差的绝对值应相等，符号应相反。

四、水准测量的注意事项

(1) 在测量工作之前，应对水准仪进行检验和校正。

(2) 仪器应安置在稳固的地面上，以减少仪器下沉。在光滑地面上安置仪器，应防脚架滑倒，损坏仪器；在泥地上观测时要踩实脚架。

(3) 前、后视距离应大致相等，以消除或减少仪器有关误差及地球曲率与大气折光的影响。

(4) 视线不宜过长，一般不大于 100m；视线离地面的高度，一般不少于 0.2m。

(5) 水准尺应竖直立于桩顶或尺垫半圆球上，要注意水准尺的零端在下。尺垫位置要稳固，立尺点及尺底不应沾有泥土杂物。

(6) 视差的存在严重地影响了读数的精度，因此，读数前应注意消除视差。

(7) 读取后视、前视读数前，应调节微倾螺旋，使水准管气泡居中，符合水准器两边半圆弧吻合，然后读数。读数要准确、果断，声音洪亮，读数后还应检查气泡是否居中。尺的像有正像或倒像，均应从小到大读取读数，并估读至毫米，读取四位数。

(8) 记录读数时，记录员边记边回报，以便核对；记录要完整、清楚、正确；记录有误时不准擦去及涂改，应按规定进行修改。

(9) 要注意保护好仪器的安全，搬站时要一手抱住仪器，一手抱住脚架。仪器不能被雨淋或烈日曝晒，应撑伞遮挡。仪器在测站上，观测者不要离开，以保护仪器的安全。

任务五 水准测量内业计算

水准测量外业结束后便可进行内业计算。内业计算的目的是合理地调整高差闭合差，计算出各未知点的高程。首先要认真检查外业记录手簿中的各种观测数据是否符合要求，各种计算是否有错误，然后绘出水准路线外业成果注记图，根据已知数据和观测数据进行计算高差闭合差，若高差闭合差在容许规范内，即可进行高差闭合差的调整和高程的计算。

一、水准测量成果计算的步骤

(一) 高差闭合差的计算

所谓高差闭合差是两点间的各段测量高差之和与理论高差之差，用 f_h 表示，即

$$f_h = \sum h_{测} - \sum h_{理} \tag{1-7}$$

式中 f_h——高差闭合差；

$\sum h_{测}$——测量高差总和；

$\sum h_{理}$——理论高差总和。

各种路线高差闭合差的计算公式和闭合差的容许范围分别说明如下。

1. 闭合水准路线

由于闭合水准路线起止于同一个水准点上，所以各测段高差的总和在理论上应等于零，即

$$\sum h_{理} = 0 \tag{1-8}$$

但由于测量中存在各种测量误差，使实测各段高差之和往往不等于零，产生高差闭合差 f_h，即

$$f_h = \sum h_{测} - \sum h_{理} = \sum h_{测} \tag{1-9}$$

2. 附合水准路线

附合水准路线是从一个已知高程点测至另一已知高程点，各段高差的总和理论值应等于终点高程减去始点高程，即

$$\sum h_{理} = H_{终} - H_{始} \tag{1-10}$$

同样由于存在测量误差，所测各段高差之和不等于理论值，产生高差闭合差 f_h，即

$$f_h = \sum h_{测} - \sum h_{理} = \sum h_{测} - (H_{终} - H_{始}) \tag{1-11}$$

3. 支水准路线

支水准路线应沿同一路线进行往测和返测。从理论上往测与返测的高差总和应为零，即往测与返测的高差绝对值应相等，符号相反。如果往测与返测高差总和不等于零即为闭合差，即

$$f_h = \sum h_{往} + \sum h_{返} \tag{1-12}$$

根据工程测量规范的规定，对于图根水准测量，高差闭合差的容许范围（也称限差单位 mm）：

山地：
$$f_{h_{容}} = \pm 12\sqrt{n} \tag{1-13}$$

平地：
$$f_{h_{容}} = \pm 40\sqrt{L} \tag{1-14}$$

式中 n——水准路线的测站数；

L——水准路线的长度，km。

当 $|f_h| \leqslant |f_{h_{容}}|$ 时，则观测成果合格，否则应重测。

每千米的水准路线安置水准仪的测站数超过 16 站时称为山地，反之为平地。

（二）高差闭合差的调整

高差闭合差在容许范围时，即可进行高差闭合差的调整。

1. 高差闭合差调整的原则

根据测量误差理论知道，高差闭合差的大小与路线的长度或测站数有关，路线愈长，测站数愈多，误差的积累就愈大。因此，高差闭合差的调整的原则是：以高差闭合差相反的符号按测段的测站数或测段的长度，成正比例地分配到各段测量高差上去，得到改正后各测段高差，改正后的各段高差总和应等于理论高差总和。

2. 高差闭合差调整的公式

按测段的测站数计算高差改正数公式：

$$V_i = -\frac{f_h}{\sum n} n_i \qquad (1-15)$$

按测段的长度计算高差改正数公式：

$$V_i = -\frac{f_h}{\sum L} L_i \qquad (1-16)$$

式中 V_i——第 i 段高差改正数；
$\sum n$——水准路线测站总数；
n_i——第 i 段测站数；
$\sum L$——水准路线总长度，km；
L_i——第 i 段水准路线长，km。

各段高差改正数总和的绝对值应与高差闭合差的绝对化值相等，符号相反，作为计算的检核，即

$$\sum V_i = -f_h \qquad (1-17)$$

3. 计算各段改正后的高差

各段改正后高差用 h'_i 表示：

$$h'_i = h_i + V_i \qquad (1-18)$$

计算检核，改正后的高差的总和应等于理论高差的总和，即

$$\sum h'_i = \sum h_{w理} \qquad (1-19)$$

4. 计算待定点的高程

根据已知点的高程和改正后的高差，依次计算各待求点的高程。

二、水准路线高差闭合差的调整和高程计算举例

（一）闭合水准路线算例

已知 A 点的高程为 90.030m，根据图 1-20 的外业测量成果注记图，计算各待求点 B、C、D 的高程。计算过程如下：先将各点号、测段的测站数和各段测量高差和已知高程填入计算表 1-2 的第（1）、（2）、（3）和（6）列中，然后按以下步骤进行计算：

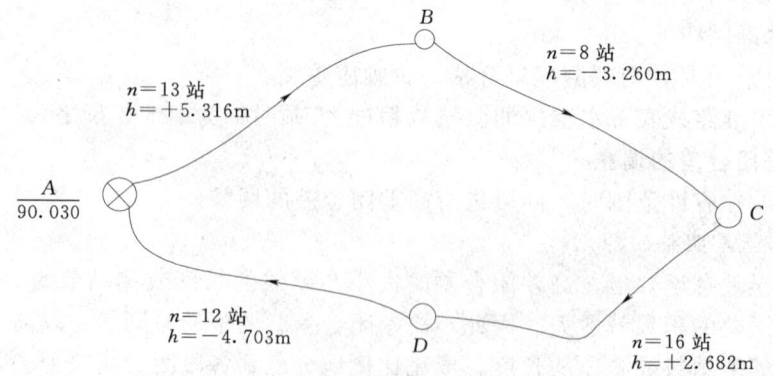

图 1-20 闭合水准路线观测成果注记图

(1) 计算高差闭合差和容许闭合差。
$$f_h = \sum h_{测} = +0.035\text{m} = +35(\text{mm})$$
测站总数 $n=49$，则容许闭合差：
$$f_{h容} = \pm 12\sqrt{n} = \pm 12\sqrt{49} = \pm 84(\text{mm})$$
因为 $f_h < f_{h容}$，可以进行闭合差的调整。

(2) 计算各段高差改正数。

按式 (1-15) 计算各段高差改正数如下：
$$V_1 = -\frac{f_h}{\sum n}n_i = -\frac{+0.035}{49} \times 13 = -0.009(\text{m})$$
$$V_2 = -\frac{f_h}{\sum n}n_i = -\frac{+0.035}{49} \times 8 = -0.006(\text{m})$$
$$V_3 = -\frac{f_h}{\sum n}n_i = -\frac{+0.035}{49} \times 16 = -0.011(\text{m})$$
$$V_4 = -\frac{f_h}{\sum n}n_i = -\frac{+0.035}{49} \times 12 = -0.009(\text{m})$$

改正数计算校核：$\sum V_i = -0.035\text{m} = -f_h$，符合要求。

将计算的各测段高差改正数填在表 1-2 的第 (4) 列中。

(3) 计算改正后高差。

按式 (1-18) 计算各段改正后高差：
$$h'_1 = h_1 + V_1 = 5.316 - 0.009 = 5.307(\text{m})$$
$$h'_2 = h_2 + V_2 = -3.260 - 0.006 = -3.266(\text{m})$$
$$h'_3 = h_3 + V_3 = 2.682 - 0.011 = 2.671(\text{m})$$
$$h'_4 = h_4 + V_4 = -4.703 - 0.009 = -4.712(\text{m})$$

改正后高差计算校核：$\sum h'_i = \sum h_{理}$，符合要求。

将计算的各段改正后高差填在表 1-2 的第 (5) 列中。

(4) 计算待求点高程。

根据已知点高程和改正后的各段高差推算各待求点高程。
$$H_1 = H_A + h'_1 = 90.030 + 5.307 = 95.337(\text{m})$$
$$H_2 = H_1 + h'_2 = 95.337 - 3.266 = 92.071(\text{m})$$
$$H_3 = H_2 + h'_3 = 92.071 + 2.671 = 94.742(\text{m})$$
$$H_A = H_3 + h'_4 = 94.742 - 4.712 = 90.030(\text{m})$$

将计算的各待求点高程填在表 1-2 中第 (6) 列的相应位置，校核条件是，计算出的 A 点高程应与原已知高程相等，若符合要求，计算结束。所有计算均在表格中进行。

(二) 附合水准路线算例

图 1-2 是一附合水准路线示意图。A、B 为已知水准点，高程分别是 $H_A = 89.365\text{m}$，$H_B = 95.536\text{m}$，各测段的观测高差 h_i 及路线长度 L_i 如图 1-21 所示，计算待求点 1、2 的高程。

表 1-2　　　　　　　　　闭合水准路线水准测量内业计算表

点号	测站数 n_i	实测高差 h_i /m	改正数 V_i /m	改正后高差 h'_i /m	高程 H_i /m	点号
(1)	(2)	(3)	(4)	(5)	(6)	(7)
A					90.030	A（已知）
B	13	+5.316	-0.009	+5.307	95.337	B
C	8	-3.260	-0.006	-3.266	92.071	C
D	16	+2.682	-0.011	+2.671	94.742	D
A	12	-4.703	-0.009	-4.712	90.030	A（已知）
Σ	49	+0.035	-0.035	0		

辅助计算：$f_h = \sum h_{测} = +0.035 \text{(m)}$

$f_{h容} = \pm 12\sqrt{49} = \pm 84 \text{(mm)}$

$f_h < f_{h容}$，测量成果合格

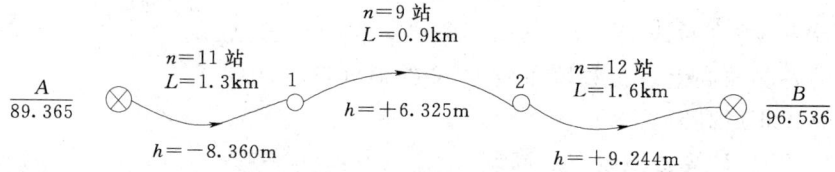

图 1-21　附合水准路线观测成果图

附合水准路线的高差闭合差的调整及高程计算步骤与闭合水准路线计算相同，主要不同点是高差闭合差计算。

（1）计算高差闭合差和容许闭合差。

根据式（1-11）计算附合水准路线的高差闭合差 f_h：

$f_h = \sum h_{测} - (H_B - H_A) = 7.209 - (96.536 - 89.365) = 7.209 - 7.171 = +0.038 \text{(m)}$

本例中，$L=3.8\text{km}$，$n=32$ 站，每千米少于 16 站，根据式（1-14）计算高差闭合差的容许值：

$$f_{h容} = \pm 40\sqrt{3.8} = \pm 80 \text{(mm)}$$

因为 $f_h < f_{h容}$，所以观测成果的精度符合要求。

（2）计算各段高差改正数。

按式（1-16）计算各测段高差改正数，每千米的高差改正数为

$$\frac{-f_h}{L} = \frac{-(+0.038)}{3.8} = -0.010 \text{(m)}$$

各测段的高差改正数分别为：

$$V_1 = -0.010 \times 1.3 = -0.013 \text{(m)}$$

$$V_2 = -0.010 \times 0.9 = -0.009 \text{(m)}$$

$$V_3 = -0.010 \times 1.6 = -0.016 \text{(m)}$$

表 1-3　　　　　　　　　　　附合水准路线水准测量内业计算表

点号	距离 L_i /km	实测高差 h_i /m	改正数 V_i /m	改正后高差 h' /m	高程 H_i /m	点号
(1)	(2)	(3)	(4)	(5)	(6)	(7)
A					89.365	A（已知）
1	1.3	−8.360	−0.013	−8.373	80.992	1
2	0.9	+6.325	−0.009	6.316	87.308	2
B	1.6	+9.244	−0.016	9.228	96.536	B（已知）
$\sum$	3.8	7.209	−0.038	7.171		

辅助计算：$f_h = \sum h_{测} - \sum h_{理} = +7.209 - 7.171 = +0.038$ (m)

$f_{h容} = \pm 40\sqrt{3.8} = \pm 80$ (mm)

$f_h < f_{h容}$，测量成果合格

改正数计算检核：$\sum V = -0.038$ mm $= -f_h$，校核计算正确，将各段高差改正数填写在表 1-3 中的第（4）列内。

（3）改正后的高差计算方法与闭合水准路线基本相同。

$$h'_1 = h_1 + V_1 = -8.360 - 0.013 = -8.373 \text{(m)}$$
$$h'_2 = h_2 + V_2 = 6.325 - 0.009 = 6.316 \text{(m)}$$
$$h'_3 = h_3 + V_3 = 9.244 - 0.016 = 9.228 \text{(m)}$$

计算校核：　　　　　　　$\sum h' = 7.171 \text{m} = \sum h_{理}$

（4）计算各待求点高程。

$$H_1 = H_A + h'_1 = 89.365 - 8.373 = 80.992 \text{(m)}$$
$$H_2 = H_1 + h'_2 = 80.992 + 6.316 = 87.308 \text{(m)}$$
$$H_B = H_2 + h'_3 = 87.308 + 9.228 = 96.536 \text{(m)}$$

高程计算检核：推算出的 B 点高程应与原已知高程相等，计算正确。上述计算结果分别填入表 1-3 中相应栏内。

（三）支水准路线算例

图 1-22 所示为一条图根级支水准路线，已知 BM 点高程为 89.681m，根据图上所注数据计算 1、2、3 点的高程。

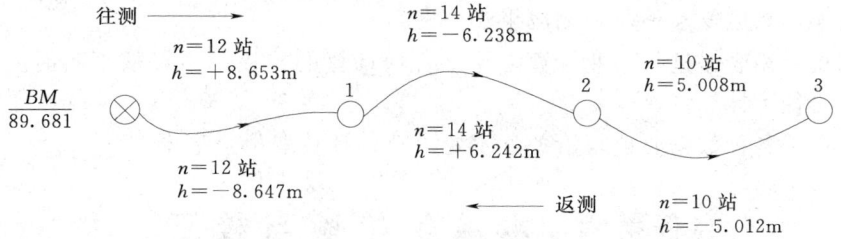

图 1-22　支水准路线观测成果图

支水准路线的计算有以下三个步骤。

（1）计算高差闭合差和容许闭合差。

$$f_h = \sum h_{往} + \sum h_{返} = 7.423 + (-7.417) = +0.006(\text{m})$$

$$f_{h容} = \pm 12\sqrt{n} = \pm 12\sqrt{36} = \pm 72(\text{mm})$$

将计算结果填在表 1-4 的辅助计算栏中。

(2) 计算每段往返高差平均值。

每段往返高差平均值：$h_{平} = \dfrac{h_{往} - h_{返}}{2}$

第一段高差平均值：$h_{平} = \dfrac{h_{往} - h_{返}}{2} = \dfrac{8.653 - (-8.6470)}{2} = +8.650(\text{m})$

计算出第二、三段高差平均值为 -6.240m，和 5.010m，填写在表 1-4 中第 (5) 列。计算校核：$\sum h_{平} = \dfrac{\sum h_{往} - \sum h_{返}}{2} = 7.420$m。

(3) 计算待求点高程。

根据已知 BM 点高程和每段往返高差平均值即求对各待求点高程，见表 1-4 中的第 (6) 列。支水准路线的高程推算的校核：$H_3 - H_{BM} = \sum h_{平} = 7.420$m。

表 1-4 支水准路线高程计算

点号	测段测站数 n_i	往测高差 h_i /m	返测高差 h_i /m	平均高差 h_i' /m	高程 H_i /m	点号
(1)	(2)	(3)	(4)	(5)	(6)	(7)
BM					89.681	BM
1	12	+8.653	-8.647	+8.650	98.331	1
2	14	-6.238	+6.242	-6.240	92.091	2
3	10	+5.008	-5.012	+5.010	97.101	3
Σ	36	7.423	-7.417	7.420	$H_3 - H_{BM} = 7.420$	

辅助计算：$f_h = \sum h_{往} + \sum h_{返} = 7.423 - 7.417 = +0.006(\text{m})$

　　　　　$f_{h容} = \pm 12\sqrt{36} = \pm 72(\text{mm})$

　　　　　$f_h < f_{h容}$，测量成果合格

三、水准测量成果计算注意事项

(1) 在内业计算前要对点号、已知高程、测量高差等数据进行 100% 的认真检查，以避免出现错误，然后绘出外业观测成果注记图。

(2) 利用专用表格进行内业计算，注意各项计算的校核，当校核不对时要认真检查，校核正确后再往下计算。

(3) 计算中各种数据要填写清楚，不要潦草，计算取位至毫米。

任务六 水准仪检验与校正

一、水准仪的轴线及应满足的几何条件

如图 1-23 所示，水准仪的轴线有圆水准器轴 $L'L'$、仪器竖轴 VV、水准管轴 LL 和

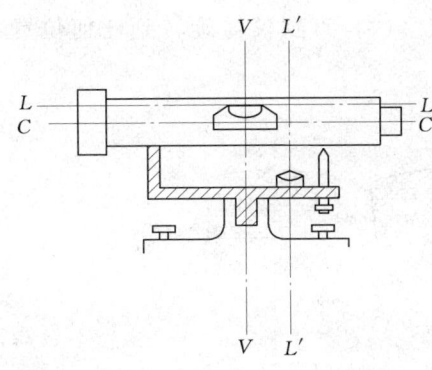

图 1-23 水准仪轴线

视准轴 CC 四根轴线。各轴线应满足的几何条件是：

(1) 圆水准器轴 $L'L'$ 应平行仪器竖轴 VV。
(2) 十字丝横丝应垂直于仪器竖轴 VV。
(3) 水准管轴 LL 应平行于视准轴 CC。

二、水准仪的检验与校正的方法

根据水准测量的原理知道，水准仪要提供一条水平视线。仪器在出厂前，对水准仪各轴线的几何关系经过了严格的检查，满足水准仪的几何轴线条件。由于长时间使用仪器或仪器受到震动、碰撞等原因，有的螺丝会有变化，影响到仪器轴线，使轴线不能满足条件，从而直接影响测量成果的质量。因此，在使用水准仪之前，应对仪器进行检验和校正。

（一）圆水准器轴平行于仪器竖轴的检验与校正

(1) 检校目的：使圆水准轴平行于仪器竖轴。若两轴平行，当圆水准气泡居中时，竖轴就处于铅垂位置。

(2) 检验方法：安置水准仪，转动脚螺旋使圆气泡居中 [图 1-24（a）]，然后将仪器绕竖轴转 180°，此时若气泡居中，说明圆水准轴平行竖轴；如果气泡偏离一边 [图 1-24（b）]，说明圆水准轴 $L'L'$ 不平行于竖轴 VV，需要校正。

(3) 校正方法：转动脚螺旋，使气泡向圆水准器中心移动偏离中点的一半 [图 1-24（c）]，然后用校正针旋转圆水准器底部的校正螺丝，使气泡完全居中 [图 1-24（d）]。

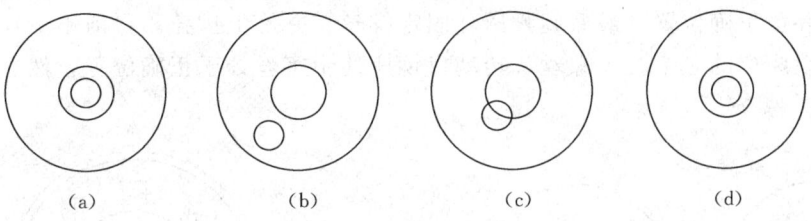

图 1-24 圆水准器的检验和校正

圆水准器的校正螺丝在水准器的底部，参阅图 1-25。图 1-25 为底面图，中间的大螺丝为连接螺丝，其余三个小的螺丝为校正螺丝。校正针为数厘米长的金属细杆，可插入校正螺丝的小孔拨动螺丝而调整圆水准器的高低。

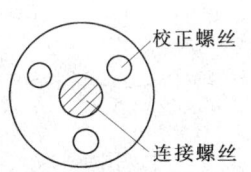

图 1-25 圆水准器校正螺丝

(4) 检核原理：圆水准轴不平行竖轴时，当圆水准气泡居中，表示圆水准轴处于铅垂位置 [图 1-26（a）]，而竖轴对铅垂线倾斜了 α 角，α 角也就是两轴的交角。当仪器绕竖轴转 180°后 [图 1-26（b）]，由于竖轴仍处于倾斜 α 角的位置，但圆水准轴从竖轴的左侧转到竖轴右侧，这样，圆水准轴就倾斜了两倍 α 角，所以气泡偏离中点，也就是说，偏离的大小反映了两轴不平行误差 α 角的两倍。这时，转动脚螺旋，使圆气泡退回偏离中点的一半，竖轴就处于铅垂位置了 [图 1-26（c）]；余下的偏离部分就是圆水准轴的误差，最后改正圆水准轴线处于正确位置［图1-26（d）］。校正要反复进行多次，直到仪器旋转到任何位置，圆气泡始终居中为止。

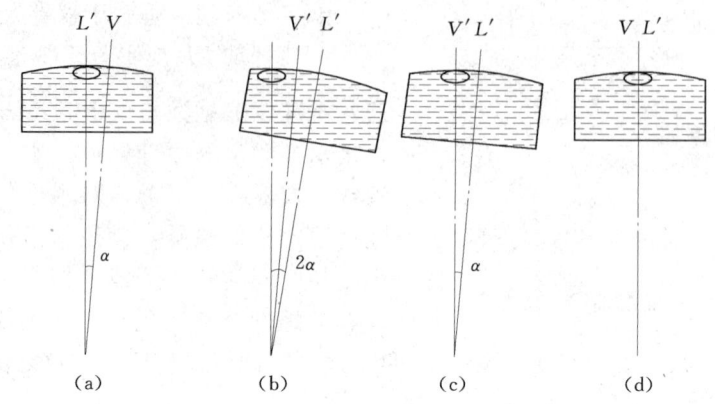

图1-26 圆水准器的校正原理

（二）十字丝横丝垂直于竖轴的检验校正

（1）检校目的：仪器整平后，使十字丝的横丝处于水平状态，即使横丝垂直仪器竖轴。

（2）检验方法：如图1-27（a）所示，将横丝一端对准远处一明显标志，旋紧制动螺旋，转动微动螺旋，如果标志始终在横丝上移动，则说明横丝水平，不需校正。若点子偏离横丝［图1-27（b）］，则应进行校正。

（3）校正方法：卸下目镜十字丝分划板间的护盖，松开压环固定螺丝（图1-28），转动十字丝环至正确位置，最后旋紧压环固定螺丝，并旋上护盖。目前不少仪器的校正方法是松动目镜座上的三个沉头螺丝，转动目镜座使十字丝处于正确位置，然后旋紧三个沉头螺丝即可。

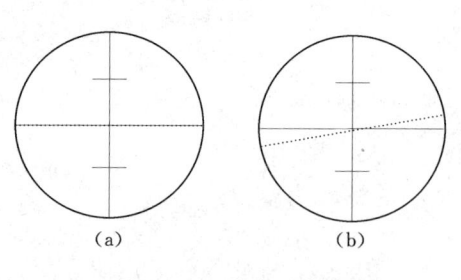

图1-27 十字丝检验

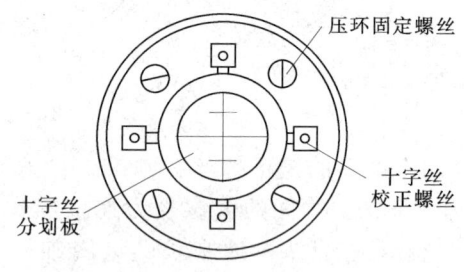

图1-28 十字丝校正螺丝

（三）水准管轴平行于视准轴的检验校正

（1）检校目的：使水准管轴平行于视准轴，当仪器水准管气泡居中时，视准轴水平，水准仪提供一条水平视线。

（2）检验方法：如图1-29（a）所示，在较平坦地面上选定相距60～80m的A、B两点，打下木桩（或安放尺垫），在木桩（或尺垫）上立水准尺。将水准仪安置于A、B的中点C，水准管气泡居中时读数为a_1和b_1。若水准管轴不平行于视准轴，但由于前后视距相

等,视线倾斜相同,则读数 a_1 和 b_1 都包含同样的误差 x。A、B 两点间的正确高差为:

$$h_1=(a_1-x)-(b_1-x)=a_1-b_1$$

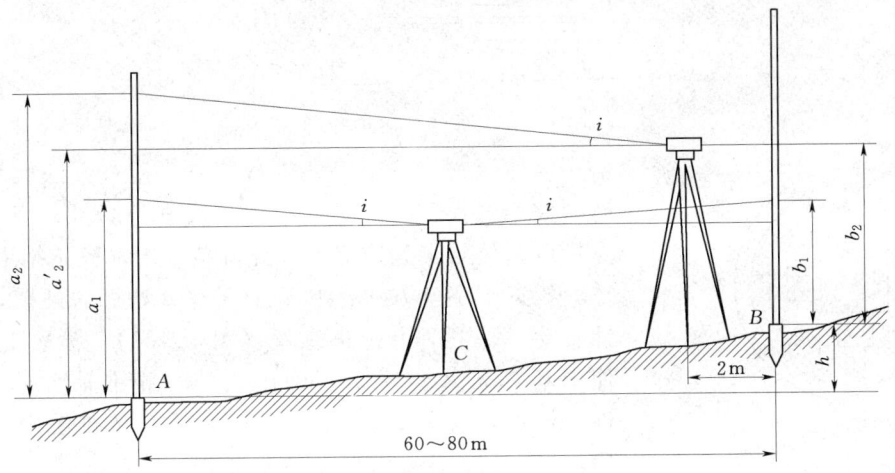

图 1-29 水准管轴平行视准轴的检验

为了校核仪器在 A、B 中点的测量高差,在原测站位置上改变仪器高度 10cm 以上,再重读两尺的读数 a_1'、b_1',则第二次测量高差:

$$h_1'=a_1'-b_1'$$

当两次测量高差相差不大于 3mm 时,则取两次测量高差的平均值作为 A、B 两点间的正确高差,即

$$h=\frac{1}{2}(h_1+h_1')$$

然后在离 B 点 2~3m 的地方安置仪器(图 1-29),读数为 a_2、b_2,两点间的高差为

$$h_2=a_2-b_2$$

若 $h_1=h_2$,则说明水准管轴平行于视准轴,若 $h_1\neq h_2$,但 h_1 与 h_2 之差不大于 5mm 或 $i<20''$ 时,对于 DS_3 型仪器符合要求,否则需要校正。i 的计算公式:

$$i=\frac{\Delta}{D}\rho$$

$$\Delta=h_1-h_2$$

式中 D——偏站时仪器至远尺点间的距离;

ρ——1 弧度的秒值,$\rho=206265''$。

(3) 校正方法:校正方法有两种,一是校正水准管,二是校正十字丝横丝。

1) 先计算出水平视线在 A 点尺上的正确(应)读数:$a_2'=b_2+h$。

2) 转动微倾螺旋,使十字丝中丝读数从 a_2 变为正确读数 a_2',视准轴水平。

3) 由于转动微倾螺旋使中丝读数为正确读数,视准轴水平了,但是水准管气泡不居中了,此时,根据水准管气泡的偏离情况,用校正针拨动水准管目镜端的上、下两个校正螺丝(图 1-30),使水准管两端的影像符合(水准气泡居中),即水准管轴平行于视准轴。

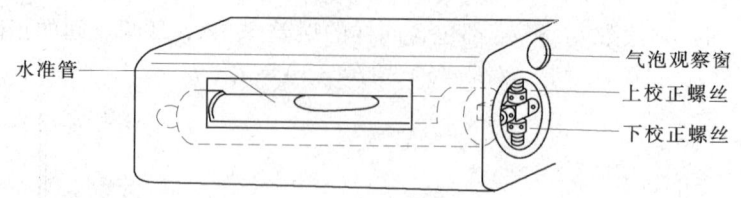

图 1-30 水准管校正螺丝

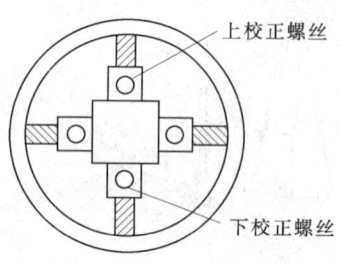

图 1-31 十字丝横丝校正

（4）检查：校正后要进行检查，检查方法就是在校正时的仪器位置升高或降低仪器再次进行测量，当求出的 A 点尺应读数与实读数之差在允许范围内，校正结束。

校正十字丝方法：卸下十字丝分划板的外罩，用校正针拨动上、下两个校正螺丝（图 1-31），横丝上下移动，使中丝对准 A 点尺上正确读数 a_2'，视准轴水平，满足条件。校正时既要保持水准管气泡居中又要使中丝读数正确，最后旋上十字丝分划板的外罩。

三、水准仪检验校正注意事项

（1）三个检验项目应按规定的顺序进行检验校正，不得颠倒顺序。

（2）拨动校正螺丝时，不能用力过猛，应按先松后紧的方法。校正完毕后，校正螺丝不应松动，应处于旋紧状态。

（3）每项检验与校正应反复进行，直至符合要求为止。

任务七 了解水准测量误差来源

水准测量工作中，由于人的感觉器官反映的差异、仪器和自然条件等的影响，测量成果不可避免地会产生误差，因此应对产生的误差进行分析，并采用适当的措施和方法，尽可能减少误差或予以消除，使测量的精度符合要求。

一、仪器和水准尺误差

1. 仪器误差

在测量工作之前，应对水准仪进行检验校正，但往往不可能校正得十分完善，残存误差主要是水准管轴与视准轴不平行的误差，可通过使后视与前视距离相等予以消除。

2. 水准尺误差

水准尺的尺长变化、尺刻画不准确，都会给水准测量读数带来误差。因此，水准尺应经过检定，符合要求方可使用。

二、观测误差

1. 水准管气泡居中的误差

水准管气泡居中是用眼睛来判断的。由于眼睛分辨力的限制，气泡可能并没有严格居中，存在着水准管气泡居中的误差。

设水准管气泡的分划值为 τ，居中误差一般为 0.15τ，它引起的读数误差为

$$m_\tau = \pm \frac{0.15\tau}{\rho} \cdot D \tag{1-20}$$

式中　D——水准仪至水准尺的距离；

ρ——1 弧度的秒值，$\rho=206265''$。

若 $D=75\text{m}$，$\tau=20''$，则 $m_\tau=\pm1.1\text{mm}$。

2. 读数误差

产生读数误差的原因，一是视差的存在，二是估读毫米产生误差。存在视差应重新进行目镜和物镜对光，消除视差。水准尺一般为厘米分划，估读毫米产生的误差与望远镜的放大倍数和尺子到仪器的距离有关，望远镜放大倍数大，距离近，尺像就大，估读就准确；反之，估读误差就大。所以，放大率为 20 倍的望远镜，视线距离以不超过 75m 为宜。

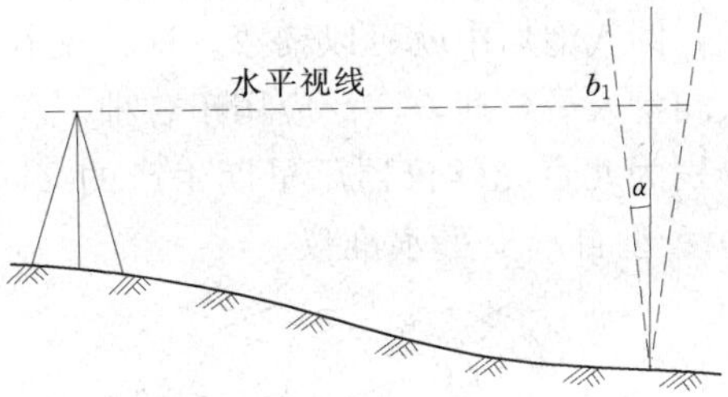

3. 水准尺倾斜误差

水准尺是否竖直，影响到水准测量读数的精度，尺子倾斜将使读数值增大（图 1-32）。尺子倾斜引起的误差与尺子倾斜程度及视线截尺的高度有关。为了减小扶尺不竖直而产生的读数误差，可在水准尺上安置圆水准器或水准管，使尺子竖直。

图 1-32　水准尺倾斜误差

三、外界条件影响的误差

1. 仪器下沉和尺垫下沉的误差

土质疏松以及仪器、尺子的重量可能会使仪器、尺垫下沉，而土壤的弹性也会使仪器、尺垫上升。假设仪器下沉的变化是和时间成比例，当观测了后视读数，转到观测前视读数时，由于仪器下沉，前视读数就减少，两点间的计算高差就会增大。要消除或减少仪器下沉引起的误差，应选择稳固的地方安置仪器，脚架尖入土稳定，在观测过程中不要用手扶脚架，缩短观测时间也可以减少仪器下沉误差的影响。在精度要求高的测量中，也可以应用双面尺法进行观测，观测的顺序是黑面后视、黑面前视，然后是红面前视、红面后视。计算黑面尺与红面尺的高差，取其平均值，可减少或消除此项误差。

在转点的位置放尺垫，当观测转点的前视读数后，仪器搬至下一站，若尺垫下沉（或上升），对该点的后视读数增大，使测量的高差增加。为了减少尺垫下沉误差的影响，应选择坚固稳定的地方作转点，使用尺垫时要用力踏实，在观测过程中保护好转点位置，精度要求高时也可用往返观测平均值来减少此项误差。

2. 地球曲率和大气折光的影响

地球曲率和大气折光的影响，可通过使后视与前视距离相等予以减小或消除。视线离地面过低，受折光的影响较大，一般应使视线离地面的高度不少于 0.2m。

3. 温度和风力的影响

当仪器被太阳光照射时，由于仪器各构件受热不均，引起不规则的膨胀，影响仪器各轴线间的正常关系，使观测产生误差。因此，在水准测量中应注意撑伞防晒。在风力大至影响仪器精平时，不应进行水准测量。

任务八　了解自动安平水准仪和精密水准仪

一、自动安平水准仪

自动安平水准仪是一种新型测量仪器。用 DS_3 微倾式水准仪进行水准测量时，圆气泡居中后还要转动微倾螺旋使水准管气泡居中，视线水平才能读数，而自动安平水准仪在仪器内装置了自动安平补偿器代替了水准管，在使用时只要圆气泡居中后就能自动提供一条水平视线，圆气泡居中就可以读数。这种仪器具有操作简便、测量速度快、精度高等特点，深受广大测量人员欢迎，广泛应用于各种工程建设。自动安平水准仪种类较多，图 1-33（a）、(c)分别为北京光学仪器厂早期生产的 ZDS_3-1 自动安平水准仪和广东科力达有限公司生产的 A 型自动安平水准仪。

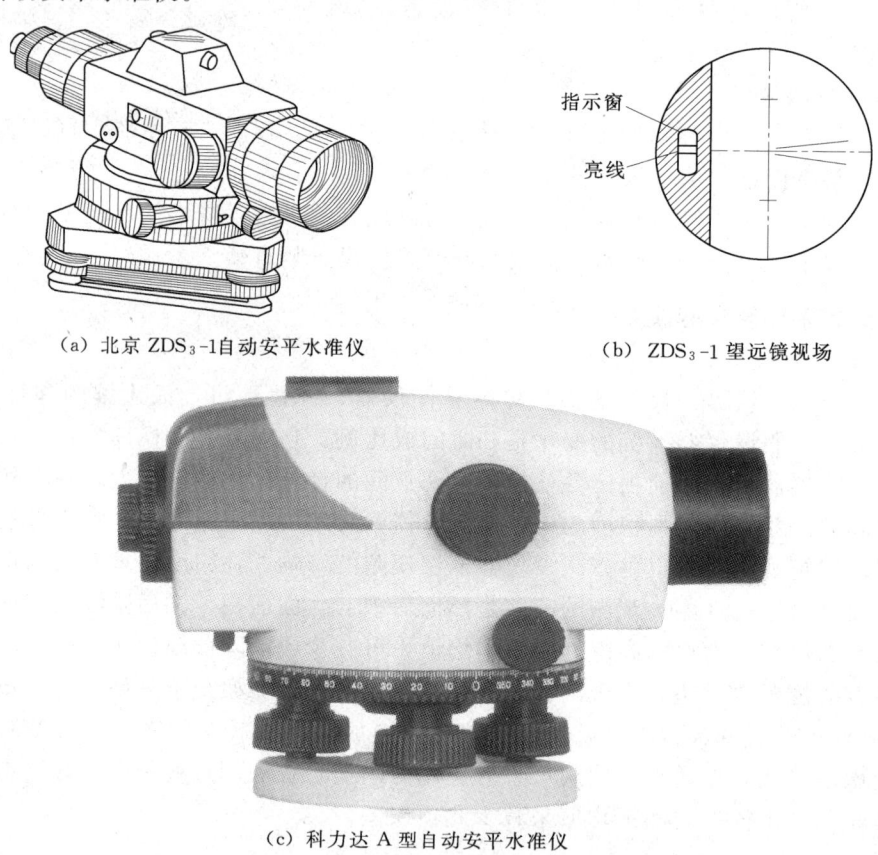

(a) 北京 ZDS_3-1 自动安平水准仪　　　　　(b) ZDS_3-1 望远镜视场

(c) 科力达 A 型自动安平水准仪

图 1-33　自动安平水准仪

1. 自动安平水准仪的基本原理

自动安平水准仪的基本原理，是在水准仪的光学系统中设置一个自动安平补偿器，用以改变光路，使视准轴略有倾斜时视线仍然保持水平，以达到水准测量的要求。

如图 1-34 所示，当视准轴水平时，水准尺读数为 a，即 A 点的水平视线通过物镜光路到达十字丝的中心。当视准轴倾斜了一个小角度 α 时，如图 1-34 所示，视准轴读数为

a_0,为了使十字丝横丝读数仍为视准轴水平时的读数 a,在望远镜的光路中加入一个补偿器,使通过物镜光心的水平视线经过补偿器的光学元件后偏转 β 角,水平光线将落在十字丝交点处,从而得到正确读数。补偿器要达到补偿的目的应满足下式:

$$f\alpha = d\beta \tag{1-21}$$

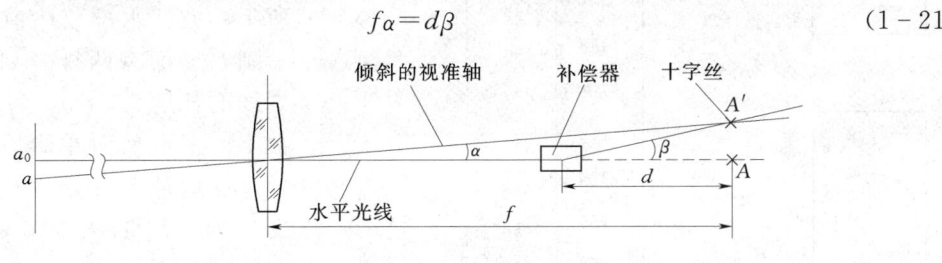

图 1-34 自动安平原理

2. 自动安平水准仪的使用

自动安平水准仪的使用和微倾式水准仪使用方法基本相同,但自动安平水准仪不需要手动精平,其基本使用方法是:粗平→照准→读数,即首先用脚螺旋使圆水准气泡居中(粗平),然后用望远镜照准水准尺,十字丝中丝在水准尺上读得的数,就是视线水平时的读数。

自动安平水准仪的操作步骤比普通微倾式水准仪简化,从而大大提高了工作效率。

二、精密水准仪

精密水准仪主要用于国家的一、二等精密水准测量、地震水准测量、大型桥梁的施工测量以及大型的机械安装测量和变形观测等。精密水准仪分为 DS_1 和 $DS_{0.5}$ 等级,如威特厂 N_3 型和蔡司厂 Ni004 型的水准仪,并配备有精密水准尺。精密水准仪的望远镜放大率大、亮度好,水准管灵敏度高,仪器结构稳定,读数精确,仪器密封性能好。

图 1-35 为 WILD N_3 型精密水准仪,望远镜放大率为 42 倍。水准管分划值为 $10''/2mm$,配合使用 10mm 分划的水准尺,转动测微螺旋,可使水平视线在 10mm 范围内平行移动,测微尺 100 个分格,分格值为 0.1mm,可以估读至 0.01mm。

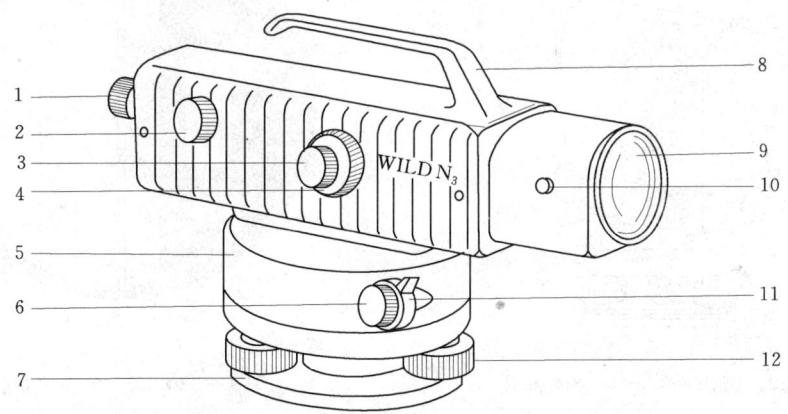

图 1-35 WILD N_3 型精密水准仪

1—目镜调焦螺旋;2—物镜调焦螺旋;3—微倾螺旋;4—测微螺旋;5—基座;6—微动螺旋;7—底板;8—手柄;9—物镜;10—平行玻璃板旋转轴;11—制动螺旋;12—脚螺旋

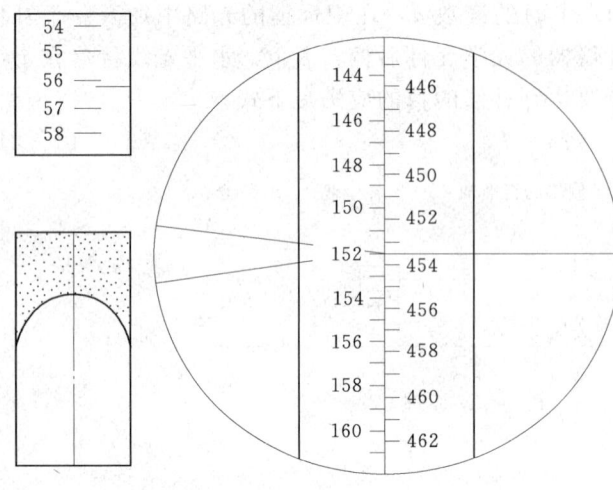

图 1-36　N_3 型精密水准仪读数方法

N_3 型精密水准仪的使用方法与一般水准仪的使用方法基本相同,其主要差别在读数上。如图 1-36 所示,威特水准仪附有铟钢水准尺一副,尺面有两排分划线,相邻分划线的长度为 1cm,每隔 2cm 注一数字。正对尺面左侧尺像为基本分划,注记从零开始。右侧尺像为辅助分划,注记从 301.550cm 开始。在同一水平线上,尺上基本、辅助分划读数差值为 301.550cm,以便观测时进行校核。

在瞄准水准尺进行读数时,先转动微倾螺旋使水准管气泡居中(水准管气泡两端半像符合),再转动测微轮使十字丝的楔形丝恰好夹住某一基本分划线,如图中对准 152cm 分划线,在测微窗上读取读数为 562(尾数估读),实际读数为 0.562cm,两数相加为 152.562cm,然后再按上述方法读辅助分划的读数,设为 454.113cm,两数相差 301.551cm,误差为 0.001cm。

北京测绘仪器厂生产的 DS_1 型精密水准仪如图 1-37 所示,其读数方法如图 1-38 所示,其望远镜的放大率为 40 倍,水准管分划值为 $10''/2mm$,配合使用 5mm 分划的精密水准尺。转动测微螺旋,可以使水平视线在 5mm 范围内平行移动,测微分划尺有 100 个分格,分格值为 0.05mm,望远镜目镜视场中看到的水准尺和十字丝影像等如图 1-38 所示,视场左边为水准管气泡的符合影像。测微器读数镜在目镜的右下方,影像

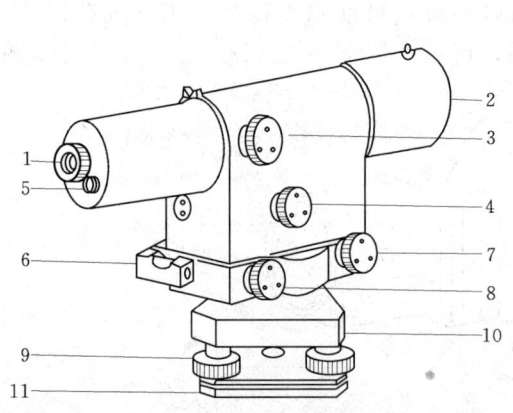

图 1-37　国产 DS_1 型精密水准仪

1—目镜调焦螺旋;2—物镜;3—物镜调焦螺旋;4—测微螺旋;5—测微器读数镜;6—粗平水准管;7—微动螺旋;8—微倾螺旋;9—脚螺旋;10—基座;11—底板

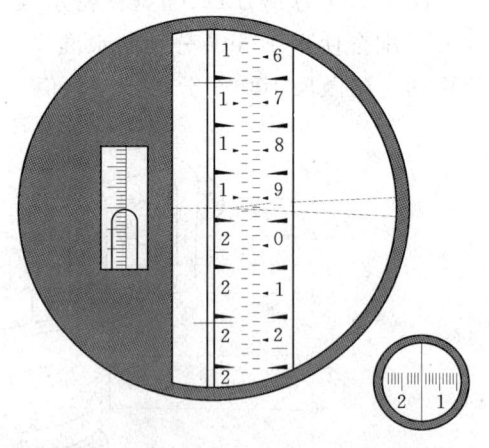

图 1-38　DS_1 水准仪目镜视场及测微器读数视场

如图中小圆圈内所示。通过测微装置使视线平行移动，为了能精确对准水准尺上某一分划，精密水准仪的十字丝横丝（一侧或两侧）刻成楔形的双丝，用它去"夹住"某一分划，如图1-38所示。进行水准测量时，先转动微倾螺旋使水准管气泡两端的影像严格符合，这时，视线水平；再转动测微轮使楔形丝夹住某一分划，读出整分划数，图中读数为1.97m；然后从测微读数显微镜中读得尾数1.50mm，则全部读数为1.97150m。由于这种水准尺为5mm分划，注字比实际长度大一倍，因此，实际读数应为1.97150m÷2＝0.98575m。

三、电子水准仪

1. 电子水准仪基本结构

1987年瑞士徕卡（Leica）公司推出了世界上第一台电子水准仪NA2000。在NA2000上首次采用数字图像技术处理标尺影像，并以CCD阵列传感器取代测量员的肉眼对标尺读数，获得成功。这种传感器可以识别水准标尺上的条码分划，并用相关技术处理信号模型，自动显示与记录标尺读数和视距，从而实现水准观测自动化。

蔡司、拓普康、索佳等测量公司也先后推出了各自的电子水准仪。到目前为止，电子水准仪已经发展到了第二代、第三代产品，仪器测量精度已经达到了一、二等水准测量的要求。图1-39为蔡司DINI10/20电子水准仪的外观图。

电子水准仪是在自动安平水准仪的基础上发展起来的。各厂家的电子水准仪采用了大体一致的结构，其基本构造是由光学机械部分、自动安平补偿装置和电子设备组成。电子设备主要包括：调焦编码器、光

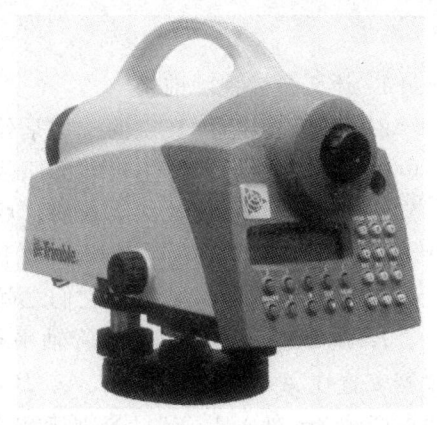

图1-39　蔡司DINI10/20电子水准仪

电传感器（即线阵CCD器件）、读数电子元件、单片微处理机、接口（外部电源和外部存储记录）、显示器件、键盘以及影像数据处理软件等，标尺采用条形码标尺供电子测量使用。

各厂家标尺的编码方式和电子读数求值过程由于专利权的原因而完全不同，因此不能互换使用。目前采用电子水准仪测量，照准标尺和调焦仍需人工目视进行。人工完成照准和调焦之后，标尺条码一方面被成像在望远镜的分划板上，供目视观测；另一方面通过望远镜的分光镜，标尺条码又被成像在光电传感器即线阵CCD器件上，供电子读数。因此，如果使用传统水准标尺，通过目视观测，电子水准仪又可以像普通自动安平水准仪一样使用，但是由于电子水准仪没有光学测微装置，当成普通自动安平水准仪使用时，测量精度低于电子测量时的精度。

2. 电子水准仪的特点

电子水准仪是以自动安平水准仪为基础，在望远镜光路中增加了分光镜和CCD探测器，并采用条码标尺和图像处理电子系统，构成光电测量一体化的高科技产品。

采用普通标尺时，又可像一般自动安平水准仪一样使用。它与传统仪器相比有以下特点：

（1）读数客观。不存在误读、误记问题，避免了人为读数误差。

（2）精度高。视线高和视距读数都是采用大量条码分划图像经处理后取平均得出来

的，因此削弱了标尺分划误差的影响。多数仪器都有进行多次读数取平均的功能，可以削弱外界条件影响。不熟练的作业人员也能进行高精度测量。

（3）速度快。由于省去了报数、听记、现场计算以及人为出错的重复观测，测量时间与传统仪器相比可以节省1/3左右。

（4）效率高。只需调焦和按键就可以自动读数，减轻了劳动强度。视距还能自动记录、检核、处理并能输入电子计算机进行后处理，可实现内外业一体化。

（5）操作简单。由于仪器实现了读数和记录的自动化，并且预存了大量测量和检核程序，在操作时还有实时提示，测量人员在学习中很快就能掌握使用方法，减少了培训时间，即使是非专业人员也能很快地熟练掌握仪器的使用方法。

思 考 题

1. 什么是后视、前视？
2. 什么是转点？转点的作用是什么？
3. 什么是视差？产生视差的原因是什么？如何消除视差？
4. 水准测量中为什么要求前、后视距离相等？
5. 水准测量误差有哪几项？在测量工作中应如何操作才能消除或减少其误差的影响？
6. 水准仪有哪些轴线？它们之间应满足哪些几何条件？
7. 在 DS_3 水准仪的水准管轴平行于视准轴的检验中，选择相距 70m 的 A、B 两点，仪器安置在 A、B 两点中间，A、B 尺读数分别为 1.668m 和 1.250m。将水准仪搬至前视 B 点旁约 3m 处，A、B 尺分别读数为 1.756m 和 1.350m。问该水准仪的水准管轴是否平行于视准轴？如不平行如何校正？
8. 自动安平水准仪与 DS_3 微倾水准仪的使用方法有什么不同？
9. 已知 A 点的高程为 86.202m，按照表 1-5 中的水准测量数据计算 B 点的高程，并进行计算的检核。

表 1-5　　　　　　　　　　　水 准 测 量 记 录 表

测站	点号	后视读数/m	前视读数/m	高差/m	高程/m	备注
1	A	1.368			86.202	A
	TP_1		1.345			
2	TP_1	1.564				
	TP_2		1.209			
3	TP_2	1.674				
	TP_3		1.876			
4	TP_3	1.356				
	B		1.683			
计算校核						

10. 用图 1-40 所示闭合水准路线的观测成果，进行高差闭合差的调整和高程的计算。

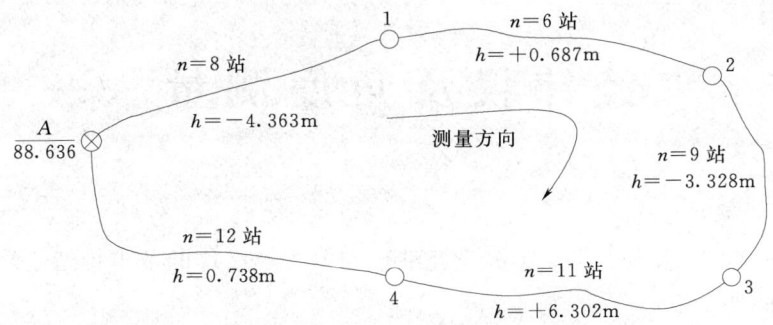

图 1-40 闭合水准路线观测成果注记图

11. 用图 1-41 所示附合水准路线的观测成果，进行高差闭合差的调整和高程计算。

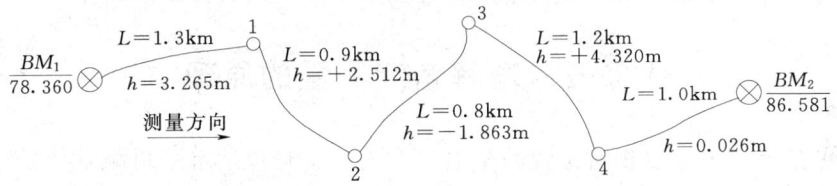

图 1-41 附合水准路线观测成果注记图

12. 用图 1-42 所示支水准路线的观测成果，计算 1、2、3 点高程。

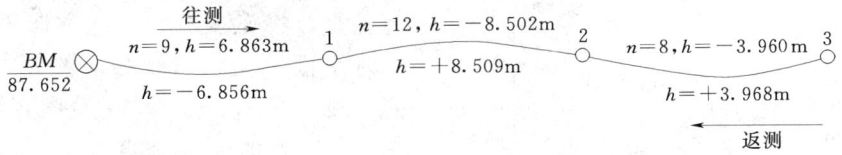

图 1-42 支水准路线观测成果注记图

第二单元

经纬仪及角度测量

学习目标

知识目标：了解 DJ_6 型、DJ_2 型光学经纬仪和电子经纬仪的基本构造，理解水平角和竖直角的测量原理。

技能目标：具有正确使用经纬仪进行水平角、竖直角的观测、记录和计算的能力。

单元概述

本单元主要介绍了水平角和竖直角测量的基本原理及其测量方法。

任务一　理解角度测量的原理

角度测量是确定地面点相对位置的基本工作之一，它包括水平角测量和竖直角测量。

一、水平角测量原理

一点到两目标的方向线（即视线）在水平面上的垂直投影所形成的夹角，称为水平角。如图 2-1 所示，A、B、C 为地面上任意三点，将三点沿铅垂线方向垂直投影到一水平面 P 上，得到相应的 a、b、c 三个点，则水平线 ab 及 ac 为空间直线，AB 及 AC 在 P 平面上的垂直投影，且两水平线 ab 及 ac 形成的夹角 $\angle cab$ 即为 BC 两点对 A 点所形成的水平角，用 β 表示，其数值范围在 $0°\sim360°$ 之间。

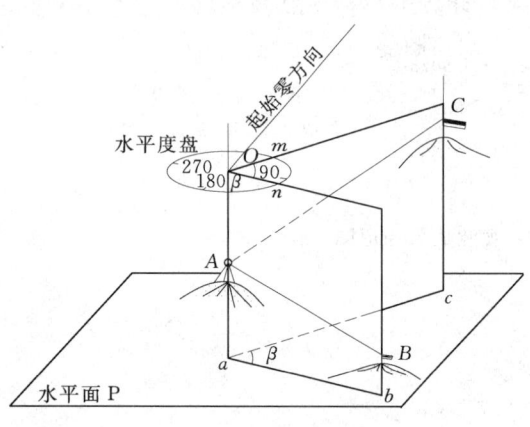

图 2-1　水平角测量原理

要测量这一水平角，设想在测站点 A 上安置一带有刻度圆盘的仪器，使圆盘的圆心通过 A 点的铅垂线，使圆盘水平，并能把直线 AB 与 AC 垂直投影到这个水平的圆盘上，则两垂直投影线截得圆盘上的相应刻度数分别为 m、n，那么两目标方向线投影在水平面上的水平角 β 为

$$\beta = n - m \tag{2-1}$$

式中　n——右方目标读数；

m——左方目标读数。

注意：当右方目标读数小于左方目标读数时，右方目标读数要先加上 $360°$ 再按式（2-1）计算水平角。水平角没有负值。

二、竖直角测量原理

在同一竖直面内，一点到目标的方向线（即视线）与特定方向线（即通过仪器横轴中心的水平线）之间的夹角，称为竖直角（或高度角），用 α 表示。竖直角有正负之分。其角值范围为 $0°\sim\pm90°$，视线上倾称为仰角，其值为正值；视线下倾称为俯角，其值为负值。若特定方向取天顶方向（即该点的铅垂线反方向）所构成的竖直角，称为天顶距，用符号 Z 表示，其角值范围为 $0°\sim180°$，没有负值。

测角原理如图 2-2 所示。在测站点 A 上安置一带有竖直刻度圆盘的测角仪器，竖直刻度盘的中心通过水平视线，为便于读数，仪器上设置一不随读盘上下旋转而变动的指标线（且处于铅垂位置）。当视线水平时，指标线在度盘上的对应刻度为 $90°$；当视线对准目标时，指标线在度盘上的对应刻度则为 n。那么目标方向的高度角为

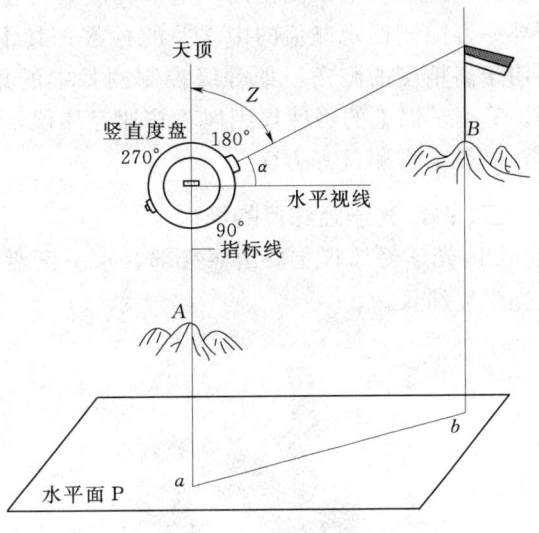

图 2-2 竖直角测量原理

$$\alpha = 90° - n \tag{2-2}$$

式中 α——竖直角；

n——照准时读数。

要注意的是不同厂家生产的仪器其竖直角计算公式有所不同。我国生产的普通光学经纬仪，竖直角的计算公式为

盘左竖直角： $$\alpha = 90° - L \tag{2-3}$$

盘右竖直角： $$\alpha = R - 90° \tag{2-4}$$

式中 L——盘左读数；

R——盘右读数。

另外，目标方向的天顶距为

$$Z = n \tag{2-5}$$

由此可见，为完成水平角和竖直角的测量，测量使用的仪器必须具备水平度盘、竖直度盘和能在水平方向左右旋转，而且也能在竖直方向上下旋转，用于瞄准不同方向、不同高度目标的望远镜。经纬仪正是根据上述角度测量原理制成的测角仪器。

任务二　了解 DJ_6 光学经纬仪的构造

一、经纬仪的型号及其使用

经纬仪是角度测量的主要仪器。经纬仪按测角原理可以分为光学经纬仪和电子经纬

仪，其种类很多，按精度划分，光学经纬仪有 DJ_1、DJ_2、DJ_6 等几个等级，电子经纬仪有 DJD_2、DJD_5、DJD_7 等几个等级，前面的字母"D、J、D"分别是大地测量的"大"，经纬仪的"经"及电子测角的"电"的汉语拼音的第一个字母，而后面的数字则代表仪器在野外一方向测回观测值的中误差的秒数。其中 2″及 2″以内的经纬仪属于精密经纬仪，主要用于高精度的测角，如等级控制测量中的角度观测、角度交会的放样、精密方向准直等。5″及 5″以上的经纬仪则属于普通经纬仪，主要用在图根控制测量的角度观测、平板测图，一般工程测量等方面。

二、DJ_6 光学经纬仪的结构

DJ_6 光学经纬仪主要由照准部、水平度盘和基座三大部分组成，如图 2-3 所示为 J_6 级光学经纬仪。

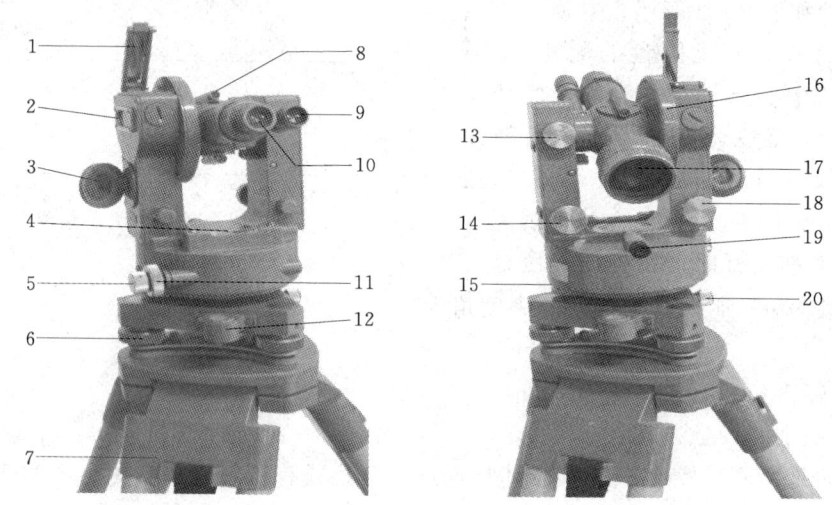

图 2-3 J_6 级光学经纬仪

1—竖盘水准管反光镜；2—竖盘指标水准管；3—水平度盘照明反光镜；4—照准部水准管；5—照准部制动螺旋；
6—脚螺旋；7—三脚架；8—光学照准器；9—读数显微镜；10—望远镜目镜；11—照准部微动螺旋；
12—圆水准器；13—竖直制动；14—竖直微动；15—水平度盘变换手轮及护盖；16—竖直度盘；
17—望远镜物镜；18—指标水准管微动螺旋；19—光学对点器；20—轴套固定螺丝

（一）照准部分

照准部位于仪器基座的上方，能绕竖直轴在水平面内转动，它是基座上方能够转动部分的总和，主要部件由望远镜、竖直度盘、读数设备、照准控制机构、水准器等组成。

（1）望远镜是照准部的主要部件，用于观测远处目标和进行准确瞄准，其结构与水准仪的望远镜相似，它由物镜、调焦镜、十字丝分划板、目镜和固定它们的镜筒组成，与横轴固连在一起，安置于支架上，横轴可在支架上转动，因而望远镜也随横轴上下转动。

（2）竖直度盘（简称竖盘）用于测量竖直角，它是一个光学玻璃圆环，在圆环上面有一圈顺时针（或逆时针）注记的分划线，每个分划值一般为 1°，用于量度竖直角。竖盘固定在横轴的一端，随望远镜一起转动，而用来进行竖直读数的指标不动。为了能够按固定的指标位置进行竖盘读数，通常还装有竖盘指标水准管，当竖盘指标水准管气泡居中，则表明指标处于正确位置。目前有许多经纬仪已不采用这种方式，而用竖盘自动归零补偿

器来代替水准管结构。

（3）读数设备包括光学瞄准器、读数显微镜及光路中一系列的棱镜、透镜等，用于读取望远镜瞄准某一目标时的水平角和竖直角的读数。

（4）为控制经纬仪各部分间相对运动和使经纬仪的望远镜精确瞄准目标，仅用手来控制仪器是困难且费时的，因此，在经纬仪上设置了三套控制装置：①望远镜的制动和微动螺旋；②照准部的制动和微动螺旋；③水平度盘转动的控制装置（位于水平度盘上）。望远镜的制动和微动螺旋安置于支架上，来控制望远镜在垂直方向的转动。望远镜的制动使望远镜固定在垂直某一位置，望远镜的微动可实现望远镜微小仰俯，从而在垂直方向上精确瞄准目标。照准部的制动和微动是用来控制望远镜在水平方向的转动：制动使望远镜固定在水平方向某一位置，微动可使照准部在有效的范围内相对转动，从而可在水平方向上精确瞄准目标。

（5）为使竖轴处于竖直位置、使水平度盘处于水平位置，照准部装有圆水准器和水准管，圆水准器用来粗略整平仪器，水准管用来精确整平仪器，此外，为使地面测站点与仪器中心在同一铅垂线上，在照准部上设置光学对点器，或在三脚架的中心连接螺旋下方设有一挂钩，用来挂垂球，以便对中。

（二）水平度盘部分

水平度盘部分包括水平度盘和水平度盘的转动控制装置。

（1）水平度盘是进行读数的主要部件，独立安装在照准部底部外罩内的竖轴外套上，它是由光学玻璃制成的具有精密刻度的圆盘，在圆盘上刻有一圈 0°～360°顺时针注记的分划线，每个分划值一般为 1°，用以量度水平角。照准部转动时，水平度盘一般不动，当需要水平度盘读数变动，以消除水平度盘的刻划误差时，则可以通过水平度盘转动的控制装置来实现。

（2）水平度盘的转动控制装置，目前常见的有两种结构。一种是采用水平度盘位置变换手轮，或称转盘手轮，使用时，可将手轮压下，旋转手轮，则水平度盘随之转动，待转到需要位置时，将手轮松开即可。另一种是采用复测扳手装置，使用时，可将复测扳手拨下，水平度盘就与照准部结合在一起，照准部转动，则水平度盘随之转动，转到待需位置时，将复测扳手拨上，读数就相应发生改变。

（三）基座部分

经纬仪的基座与水准仪基座相似，位于仪器的下部，用来支撑整个仪器，为使整个仪器在三脚架上能安置得比较稳定，在基座的下部装有一块有弹性的三角压板，三角压板中间有一螺母，可借助三脚架上的中心连接螺旋旋入该螺母内，将基座与三脚架相连接。三脚架上的中心连接螺旋下方有一挂钩，挂上对中垂球将仪器对中。在三角压板和基座之间，有三个脚螺旋，用于整平仪器。另外，基座上还有一个轴套，仪器插入基座的轴套内后，可通过基座侧面的固定螺旋将仪器固定在基座上，使用时切勿松动固定螺旋，以免仪器分离而摔坏。

任务三　掌握 DJ_6 光学经纬仪的使用方法

一、经纬仪的安置

将仪器安置于测站点上，包括仪器对中和整平两项工作，其目的是使仪器的竖轴与测

第二单元　经纬仪及角度测量

站点在同一铅垂线上，并使水平度盘成水平位置。在对中前，首先将经纬仪安置在架头上，然后进行仪器的对中和整平工作。

（一）仪器对中

对中的目的是使仪器的中心（仪器竖轴）与测站点的标志中心处在同一铅垂线上。

经纬仪种类较多，对中设备和精度的要求也不同。对中方法有两种：垂球对中和光学对点器对中。

1. 垂球对中

三脚架按要求安置在测站点上，将中心连接螺旋置于架头中心并悬挂垂球，调整垂球线的长度，使垂球尖距地面标志点顶部较近，然后将仪器通过中心连接螺旋固定在三脚架架头上。若垂球尖偏离测站点不大，稍松中心螺旋，在架头上平移仪器，使垂球尖准确对中地面标志点的中心，再旋紧中心螺旋，使仪器固定。若垂球尖距地面标志点顶部较远，使得在架头上平移仪器还无法使垂球尖准确对中地面标志点的中心，此时可先将仪器基座放回到架头中心，旋紧中心螺旋，以防仪器跌落，然后移动三脚架的两条腿，并注意保持架头大致水平，使垂球尖靠近地面标志点顶部附近，再按第一种情况进行操作即可。垂球对中误差大，有风时影响尤其大，目前一般不使用垂球对中。

2. 光学对点器对中

仪器架设在三脚架上后，调节对点器目镜焦距，使对点器的圆圈标志和地面的影像清晰，若测站点的影像在对点器的目镜视场内，则眼睛观测对点器的目镜，同时旋转基座上的三个脚螺旋，使对点器的圆圈标志和测站点的标志中心重合，此时圆水准器的气泡不居中，可以任选两个架腿，第三个架腿始终不动，并通过其上的伸缩制动螺旋伸缩脚架腿（注意不是移动架腿的脚尖位置，另外，手应握住架腿的伸缩处缓缓伸缩脚架腿，防止仪器滑下），使圆水准器的气泡大致居中；若测站点的影像不在对点器的目镜视场内，则可使自己的脚尖放在测站点附近处，任选三脚架的两个架腿，双手提起前后、左右地移动该两个架腿，同时眼睛观测对点器的目镜（注意通过眼睛的余光，尽量保持架头大致水平），当测站点的标志中心大部分在对点器的圆圈标志内时，踩实这两个架腿，然后旋转基座上的三个脚螺旋，使对点器的圆圈标志和测站点的标志中心重合，再任选两个架腿，通过其上的伸缩制动螺旋伸缩脚架腿，使圆水准器的气泡大致居中即可。

由于仪器结构和操作等的原因，用光学对点器进行的对中精度高于垂球对中的精度（垂球对中的误差为3mm，光学对点器的对中误差为1mm），因此，目前生产的J_6级经纬仪均有光学对点器装置。

（二）仪器整平

整平的目的是使仪器的竖轴处于竖直位置及水平度盘处于水平位置。操作步骤如图2-4所示，转动照准部，使水准管与任意两个脚螺旋的连线平行，两手拇指同时相向或相背转动这一对脚螺旋［图2-4（a）］，使气泡居中，气泡移动的方向与左手大拇指移动的方向一致；再将照准部旋转90°，使水准管与这两个脚螺旋的连线垂直［图2-4（b）］，调节第三个脚螺旋使气泡居中，反复以上操作，直至仪器旋转到任何位置，水准管的气泡偏离零点均不超过一格为止。

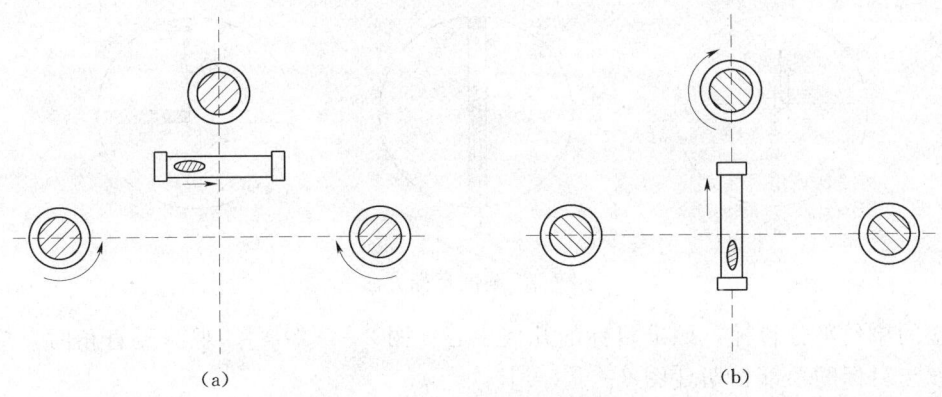

图 2-4 整平方法

值得注意的是：对中和整平是两个相互联系的操作过程。经纬仪经过整平后会破坏前面的对中，使得测站点的标志中心会在对点器的圆圈标志的附近（对于用垂球对中，则会使垂球尖偏离在测站点中心附近），对此稍松中心连接螺旋（注意仪器不可完全脱离基座，以免仪器掉下），两只手按住基座上的三角压板，眼睛观测对点器的目镜，左右或前后平移仪器（能旋转仪器），使对点器的瞄准标志与地面测站点的标志中心重合，然后一只手扶住仪器，另一只手旋紧中心连接螺旋（或若采用垂球对中，可使另一人观测垂球尖和测站点中心的相对位置，指挥仪器操作者，左右或前后平移仪器，使垂球尖准确对中地面标志点的中心），这样由于平移仪器，又会影响了整平工作，应紧接着进行整平。因此应反复重复上述的对中和整平工作，直到光学对中误差不超过1mm，且照准部的水准管的气泡居中。

二、瞄准和读数

（一）瞄准

瞄准就是用望远镜的十字丝交点去精确地对准目标，具体的瞄准操作方法和步骤如下：

（1）松开仪器水平制动螺旋和望远镜制动螺旋，转动照准部，将望远镜对向一明亮背景，转动望远镜目镜调焦螺旋，使十字丝清晰。

（2）转动照准部，通过望远镜的光学瞄准器（准星、照门）瞄准目标，然后拧紧水平制动螺旋和望远镜制动螺旋。

（3）转动望远镜的物镜调焦螺旋，使目标成像清晰。

上述操作中应注意消除视差，所谓视差就是当望远镜瞄准目标后，眼睛在目镜处上下、左右作少量移动（移动距离小于0.5mm），会出现十字丝和目标的成像有相对运动的现象。这在测量作业中是不允许的，为消除视差，首先必须按正确的操作程序依次调焦，即先调目镜，后调物镜；其次无论调节十字丝或调节目标，应始终保持眼睛处于松弛状态。

（4）转动水平制动螺旋和望远镜制动螺旋，使十字丝精确对准目标（图2-5）。

水平角的观测应用十字丝的竖丝照准目标，且十字丝的中丝尽量靠近目标的底部，当所照目标成像较细，用双丝对称夹注目标 [图2-5（a）]；而当所照目标成像较粗，则常

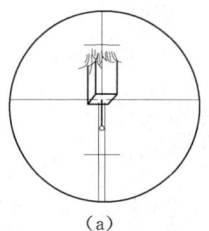
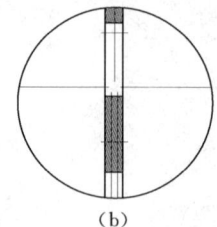
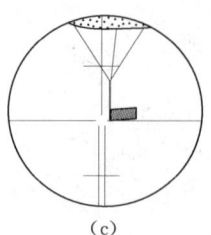

图 2-5 瞄准目标方法

用十字丝的单丝平分目标,照准目标的几何中心 [图 2-5(b)]。观测竖直角时,应使十字丝中丝与目标的顶部相切 [图 2-5(c)]。

(二) 读数

光学望远镜采用目视直接读数的方式,但由于度盘的分格很小,刻线很细,为提高读数精度,需采用光学放大装置,即在经纬仪中设置水平度盘显微镜和竖直度盘显微镜,将度盘分划成像放大显示在望远镜旁的读数显微镜内,同时度盘的刻划一般为 1°,为读取小于度盘一个计量单位的零数,还应设置测微器来读数。

DJ_6 经纬仪现在基本上都采用分微尺测微器装置来进行读数,所以下面主要讲述这种装置的读数方法。

分微尺测微器又称显微镜带尺测微装置,它是在显微镜读数窗与场镜上设置一个带有分划尺的分划板,分划尺全长等于度盘的一个计量单位,即 1° 的宽度,同时分划尺又分成 60 小格,每小格代表 $1'$,每 10 小格注记数字,表示 $10'$ 的倍数,不到 $1'$ 的读数可估读至 $0.1'$,即最小读数为 $6''$。

图 2-6 是读数显微镜视场内所见到的度盘和分划尺的影像,上面注有"H"或"—"或"水平"的表示水平度盘读数窗口,下面注有"V"或"⊥"或"竖直"的表示竖直度盘读数窗口,其中长线(即度读数分划线)和大号数字式度盘上的分划线及其注记,短线(测微尺分划线)和小号数字为分划尺的分划线和注记数字。

读数时,以测微尺的零分划线为指标线,当某一度读数分划线盖在测微器的分划尺上,"度"数就为该度读数分划线上的注记数字,其中"分"值为测微尺零线到度读数分划线间的小格数(一小格 $1'$),在测微尺上不足 $1'$ 的,估读出其占一小格的 10 分之几,再乘以 60 即为"秒"值。图 2-6 的水平度盘读数窗口内,分划尺的 0 分划线已过 70°,在 0 分划线和 70° 的度读数分划线间的小格数为 7 格多,不足一格的占一

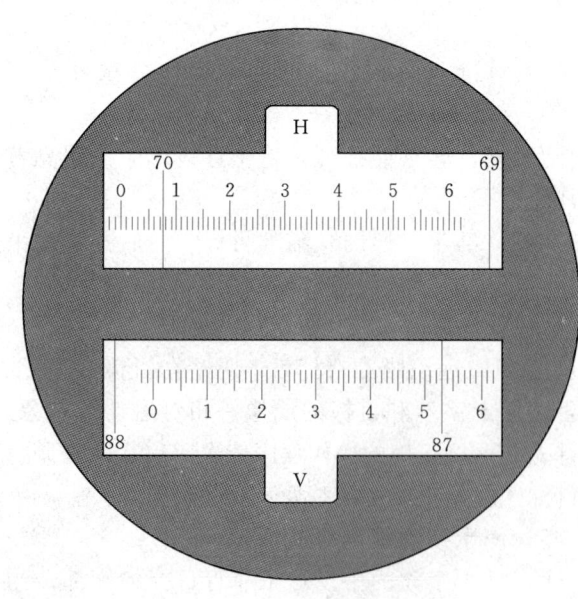

图 2-6 分微尺测微器读数方法

格的 10 分之 4，所以水平度盘的读数为 70°07′24″。同理，在竖直度盘的读数窗中，分划尺的在 0 分划线已过了 87°，整个读数为 87°52′54″。

任务四　测量水平角

观测水平角的方法很多，一般根据目标的多少和等级要求而定，常用的方法有测回法和方向观测法。

一、测回法

测回法是观测水平角的一种最基本的方法，适合于观测两个目标之间的单个角值，如图 2-7 所示，设要测水平角∠AOB，在 p 点（测站点）安置经纬仪（对中、整平）。

（一）观测方法、步骤

观测方法按照准目标可归纳为"左—右—右—左"。

（1）仪器处于盘左位置（竖直度盘在望远镜目镜左侧，也称正镜），旋转照准部瞄准左方目标 A 点（一般将起始方向称为零方向，通常选成像稳定、目标背景清晰为零方向），拧紧水平制动螺旋和望远镜制动螺旋，转动水平微动螺旋和望远镜微动螺旋精确照准目标，并读取水平度盘读数，设为 a，记入观测手簿（见表 2-1）中。

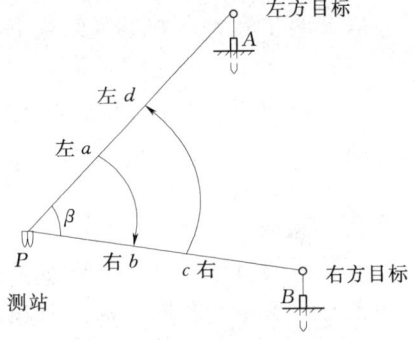

图 2-7　测回法示意图

表 2-1　　　　　　　　　测回法观测记录手簿

天气：_____　成像：_____						仪器：_____　NO._____		
日期：_____						观测者：_____　记录者：_____		
测回数	测站	竖盘位置	目标	水平读数 /(° ′ ″)	半测回角值 /(° ′ ″)	一测回角值 /(° ′ ″)	各测回平均角值 /(° ′ ″)	备注
		盘左		(1)	(5)	(7)	(8)	
				(2)				
		盘右		(4)	(6)			
				(3)				
Ⅰ	O	盘左	A	0 02 42	262 16 06	262 16 00	262 16 02	
			B	262 18 48				
		盘右	A	180 02 42	262 15 54			
			B	82 18 36				
Ⅱ	O	盘左	A	90 01 24	262 16 06	262 16 03		
			B	352 17 30				
		盘右	A	270 01 54	262 16 00			
			B	172 17 54				

(2) 松开水平制动螺旋，顺时针转动照准部瞄准右方目标 B 点，同法精确照准目标，并读取水平度盘读数，设为 b，记入观测手簿中。

以上两步称为盘左半测回或上半测回，所测得角值为

$$\beta_左 = b - a \tag{2-6}$$

若算得的值为负，则计算值 $+360°$ 为上半测回角值，并将结果记入观测手簿中。

(3) 松开水平制动螺旋和望远镜制动螺旋，仪器倒镜（竖直度盘在望远镜目镜右侧，也称盘右），瞄准右方目标 B 点，同法精确照准目标，并读取水平度盘读数，设为 c，记入观测手簿中。

(4) 松开水平制动螺旋，顺时针转动照准部瞄准左方目标 A 点，也以同法精确照准目标，并读取水平度盘读数，设为 d，记入观测手簿中。

以上两步称为盘右半测回或下半测回，所测得角值为

$$\beta_右 = c - d \tag{2-7}$$

上半测回和下半测回合在一起称为一测回，一测回角值为两个半测回角值的平均值，即

$$\beta = \frac{\beta_左 + \beta_右}{2} \tag{2-8}$$

为提高测角的精度，往往水平角观测需要多个测回取平均值，此时为减低由于度盘刻划误差的影响，各测回的盘左时左方目标的读数要进行配置，其公式为

$$m = \frac{180°}{n} \tag{2-9}$$

式中，n 为需要测回数，m 为测回间的递增值。如 $n=2$，$m=90°$，表示第 1 测回盘左照准左方目标时设置水平度盘读数为 $0°-'-"$，分、秒可以是任何值，盘右测量时不能动度盘；第 2 测回盘左照准左方目标时设置水平度盘读数为 $90°-'-"$，分秒可以是任意值。

零方向读数的配置，具体操作为：盘左位置瞄准零方向后，转动度盘变换手轮，使度盘读数调整至某一测回零方向的配置值多一点处，并及时盖上护盖，按上述观测过程进行水平角的观测即可。

（二）记录与计算方法

测回法的记录与计算示例见表 2-1，表中带括号的号码为观测记录和计算的顺序，其中（1）～（4）为记录数据，其余为计算所得。测站上的计算：

- 半测回角值：
$$（5）=（2）-（1）$$
$$（6）=（3）-（4）$$

若上两式的计算值为负时，其得数应加上 $360°$ 方可为上、下半测回的角值。

- 一测回角值：
$$（7）=\frac{1}{2}[（5）+（6）]$$

- 各测回平均角值：（8）等于所有测回的一测回角值的连加和，再除以测回数 n 的得数。

在观测中，应注意两项限差，一是两个半测回角值之差，二是各测回间的角值之差，这两项限差，对于不同精度的仪器，有不同的规范要求。DJ_6 型经纬仪要求半测回角值互差不

得超过±36″;各测回间的角值互差不得超过±24″。若半测回角值互差超限应重测该测回;若各测回角值互差超限,则应重测某一测回角值偏离各测回平均角值较大的那一测回。

二、方向观测法

当观测方向数为3个或3个以上时,通常采用方向观测法。为减小因望远镜调焦而产生的照准误差,往往在观测之前,应从几个方向中选一个目标清晰、呈像稳定、距离适中的方向,作为起始零方向。

(一) 观测方法、步骤

1. 三向观测

当观测方向数为3个时(图2-8),其步骤如下:

(1) 在测站O上安置经纬仪,对中、整平。

(2) 盘左位置,选定零方向A点瞄准,将度盘配置于0°稍大读数处,再顺时针转动仪器依次观测B、C方向,分别读取每个方向的水平度盘读数并记录于观测手簿中(表2-2),称上半测回。

(3) 倒镜,用盘右位置按逆时针方向依次观测C、B、A方向,分别读取各方向盘右的水平度盘读数并记录于观测手簿中,称下半测回。

上、下半测回合起称一测回,余下的测回只需按规范规定的"方向观测度盘表"的要求,对零方向进行度盘配置即可,其观测、记录与第一测回完全相同。

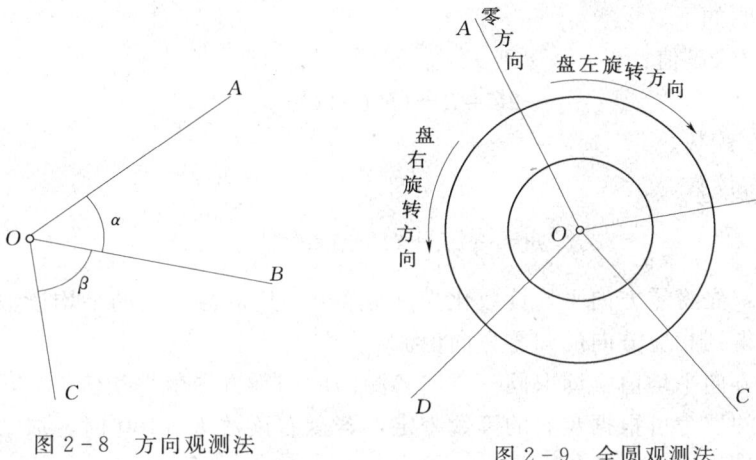

图2-8 方向观测法　　　　图2-9 全圆观测法

2. 多向观测

当观测的方向数多于3个时(图2-9),应采用全圆方向观测法,其操作步骤同上,只是在半测回结束时仍要回到起始零方向,称为归零。具体的过程如下:

(1) 在测站O上安置经纬仪,对中、整平。

(2) 盘左位置,选定零方向A点瞄准,将度盘配置于0°稍大读数处,再顺时针转动仪器依次观测B、C、D各方向,分别读取每个方向的水平度盘读数并记录于观测手簿中(表2-3),最后还要回到起始方向A进行归零,读数并记录,称上半测回。

(3) 倒镜,用盘右位置按逆时针方向依次观测A、D、C、B方向,读数并记录。称下半测回。

上、下半测回合起称一测回，余下的测回只需对零方向按要求进行度盘配置即可，其观测、记录与第一测回完全相同。

（二）记录与计算方法

观测方向数为三个的记录和计算示例见表2-2，表内括号的号码为记录和计算的顺序，其中（1）～（6）为记录数据，其余为计算所得。

表 2-2　　　　　　　　　　方向观测法记录手簿

天气：　晴　　成像：　清晰　　　　　　仪器：　J_6　　NO.20765
日期：　2013.9.18　　　　　　　　　　　观测者：　何廷锋　　记录者：　朱锦红

测回数	测站	目标	读数 盘左（L）/(°′″)	读数 盘右（R）/(°′″)	2C /(″)	平均读数 /(°′″)	归零方向值 /(°′″)	各测回归零方向平均值 /(°′″)
Ⅰ	O	A	0 02 12	180 01 48	+24	0 02 00	0 00 00	0 00 00
		B	70 53 24	250 53 06	+18	70 53 15	70 51 15	70 51 16
		C	120 12 18	300 12 06	+12	120 12 12	120 10 12	120 10 18
Ⅱ	O	A	90 04 06	270 04 00	+6	90 04 03	0 00 00	
		B	160 55 30	340 55 12	+18	160 55 21	70 51 18	
		C	210 14 30	30 14 24	+6	210 14 27	120 10 24	

有关计算说明如下。

两倍照准误差2C值：

$$2C = L - (R \pm 180°) \tag{2-10}$$

式中　　L——盘左读数；
　　　　R——盘右读数。

平均读数
$$m = \frac{1}{2}[L + (R \pm 180°)] \tag{2-11}$$

归零方向值：先将零方向平均读数化为0°00′00″，其余各方向的平均读数减去零方向的平均读数，即得到相应方向的归零方向值。

各测回归零方向平均值：即取同一方向各测回的归零方向值平均值。

"+""-"的取舍可根据盘右的读数来定，若盘右读数 $R \geqslant 180°$ 时，取"-"号，若盘右读数 $R < 180°$ 时，则取"+"号。

观测方向数多于三个时采用全圆测回法观测，记录和计算示例见表2-3。

有关计算说明如下：

- 半测回归零差：即盘左或盘右的零方向两次读数之差。例如表2-3中的第一测回零方向（A）的盘左或盘右的半测回零差为：

上半测回归零差：（6）=（5）-（1）=+6″
下半测回归零差：（12）=（7）-（11）=+6″

- 两倍照准误差2C值：$2C = L - (R \pm 180°)$
- 平均读数：$m = \frac{1}{2}[L + (R \pm 180°)]$

表 2-3　　　　　　　　　　　全圆方向观测法记录手簿

天气：　晴　　　成像：　清晰　　　　　　仪器：　J₆　　NO.20765
日期：　2013.9.20　　　　　　　　　　　　观测者：　黄萍　　记录者：　韦小宝

测回数	测站	目标	读数 盘左（L）/(° ′ ″)	读数 盘右（R）/(° ′ ″)	2C /(″)	平均读数 /(° ′ ″)	归零方向值 /(° ′ ″)	各测回归零方向平均值 /(° ′ ″)	备注
						(23)			
			(1)	(11)	(13)	(18)	(24)	(28)	
			(2)	(10)	(14)	(19)	(25)	(29)	
			(3)	(9)	(15)	(20)	(26)	(30)	
			(4)	(8)	(16)	(21)	(27)	(31)	
			(5)	(7)	(17)	(22)			
		归零差	(6)	(12)					
Ⅰ	O					0 02 03			
		A	0 02 12	180 01 48	+24	0 02 00	0 00 00	0 00 00	
		B	70 53 24	250 53 06	+18	70 53 15	70 51 12	70 51 12	
		C	120 12 18	300 12 06	+12	120 12 12	120 10 09	120 10 14	
		D	254 40 36	74 40 30	+6	254 40 33	254 38 30	254 38 35	
		A	0 02 18	180 01 54	+24	0 02 06			
		归零差	+6″	+6″					
Ⅱ	O					90 04 08			
		A	90 04 06	270 04 00	+6	90 04 03	0 00 00		
		B	160 55 30	340 55 12	+18	160 55 21	70 51 13		
		C	210 14 30	30 14 24	+6	210 14 27	120 10 19		
		D	344 42 54	164 42 42	+12	254 42 48	254 38 40		
		A	90 04 18	270 04 06	+12	90 04 12			
		归零差	+12″	+6″					

- 归零方向值：先取零方向平均读数的平均值，注记在零方向平均读数的上方，并将它化为 0°00′00″记在归零方向值相应栏内，其余各方向的平均读数减去零方向的平均读数的平均值，即得到相应方向的归零方向值。
- 各测回归零后方向平均值：即取同一方向各测回的归零方向值平均值。

（三）观测限差及检查

方向观测法通常有三项限差：一是半测回的两次零方向读数之差，也称半测回归零差；二是一测回同方向盘左、盘右方向值差，也称 2C 误差；三是各测回同一方向的方向值之差，也称测回差。以上三种限差，根据不同精度的仪器而有所不同，其中半测回归零差对 DJ₆ 型经纬仪要求不得超过±18″；2C 误差在实际观测中，应注意 2C 的变动范围，对于 DJ₆ 型经纬仪仅供观测者自检，不作限差规定；测回差对 DJ₆ 型经纬仪要求不得超过±24″。

在观测中应随时检查各项限差。上半测回测完后，立即计算半测回归零差，若超限须重测,下半测回测完后,也应立即计算归零差,若超限须重测整个测回;所有的测回测完后,计算测回差,若超限应具体地进行分析,一般来讲,某一测回的几个方向值与其他测回中该方向的方向值偏离较大,须重测该测回中这几个方向的盘左和盘右值,但如果超限的方向数超过方向数总和的三分之一,则必须重测整个测回。

任务五 测量竖直角

一、竖直度盘读数系统
(一) 竖直度盘读数的光学系统

图 2-10 所示为竖直度盘的光学系统,从图中可以看出,光线进过反光镜进入照明进光窗,经竖盘照明棱镜的折射,照亮竖盘的分划线,然后带有度盘分划和注记的影像由竖盘转向棱镜转向竖盘显微物镜组并放大,再由竖盘转向棱镜及菱形棱镜,将度盘分划和注记放大的影像在读数窗与场镜的平面上成像,在读数窗与场镜中设置分划尺测微板,这样,带有度盘分划、注记及分划尺测微板的光线经转向棱镜及透镜,经读数显微镜目镜再放大,便可读出竖盘的读数。

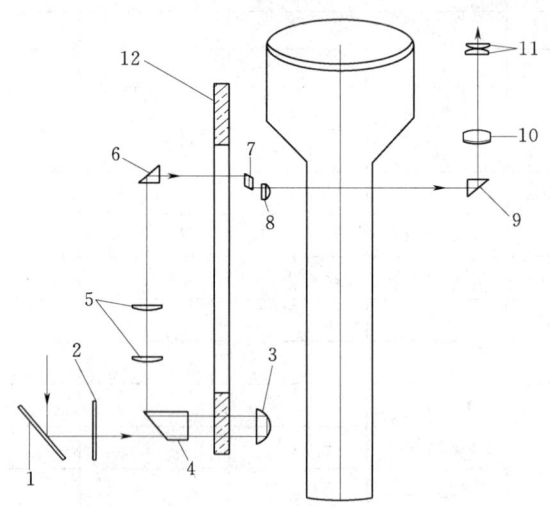

图 2-10 竖直度盘读数的光学系统
1—反光镜;2—照明进光窗;3—竖盘照明棱镜;4—竖盘转向棱镜;5—竖盘显微物镜组;6—棱镜;7—菱形棱镜;
8—读数窗与场镜;9—转向棱镜;10—透镜;
11—读数显微镜目镜;12—竖盘

(二) 竖盘构造

竖盘是固定在望远镜的旋转轴上,望远镜在竖直面内上下转动,竖盘就被带着一起转动,而竖盘上读数的指标线(带有度盘分划和注记的影像的光线)则与竖盘水准管有联系。这是因为竖盘指标水准管微动螺旋与图 2-10 中的竖盘照明棱镜和竖盘转向棱镜相连在一起,若转动竖盘指标水准管微动螺旋,必然会使竖盘照明棱镜和竖盘转向棱镜产生联动运动,那么望远镜水平时,经竖盘照明棱镜折射的光线不会穿过竖盘的 90°或 270°刻画,从而水平线方向竖直度盘的读数不为固定值,影响竖盘读数;只有转动竖盘指标水准管微动螺旋使竖盘指标水准管气泡居中时,才能使经竖盘照明棱镜折射的光线垂直穿过竖盘时,带有度盘分划和注记的影像恰好为 90°或 270°的影像,这样水平线方向上的竖盘读数为某一固定值,从而就保证了竖盘读数的正确。因而,在竖盘读数前,须使竖盘指标水准管的气泡居中,以正常位置进行读数。

二、竖直角的计算
(一) 竖盘的注记形式

根据竖直度盘的读数计算竖直角的公式与竖直度盘刻度的注记方式有关,因而需了解竖盘的注记形式。竖直度盘刻度的注记形式很多，常见的多为全圆式，按注记的方向又分顺时针和逆时针两类，如图2-11中（a）、（b）所示的是顺时针注记的盘左、盘右情况，（c）、（d）所示的是逆时针注记的盘左、盘右情况。

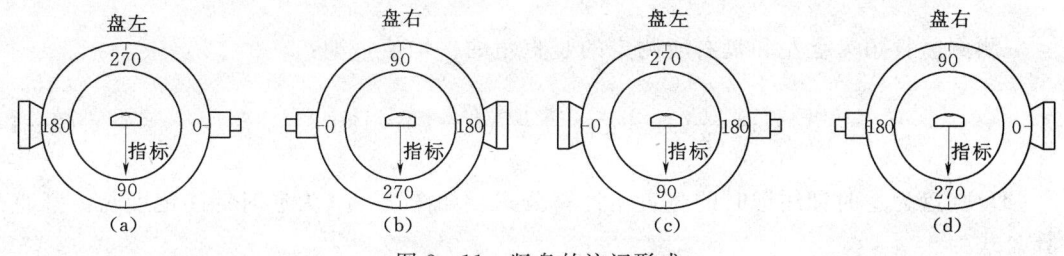

图2-11 竖盘的注记形式

在实际的操作中，可以通过下面方法进行判断，即在盘左位置：当望远镜慢慢抬高，若竖盘读数逐渐增加，则竖盘为逆时针注记；反之，若竖盘读数逐渐递减，则竖盘为顺时针注记。

（二）竖直角的计算公式

由于竖盘的注记有顺时针和逆时针两种不同的形式，因此竖直角的计算公式也不同，但计算竖直角的原理是一样的。在正常情况下，当望远镜视线水平，竖直水准管气泡居中，竖盘读数为90°或270°，又称起始读数。

竖直角计算公式的推导如下。

（1）竖盘为顺时针注记时的竖直角计算公式。如图2-12为顺时针注记度盘，图2-12（a）为盘左位置视线水平时的读数，此时为90°。当望远镜逐渐抬高，竖盘读数L在逐渐减小，由图可知上半测回竖直角为

$$\alpha_左 = 90° - L \qquad (2-12)$$

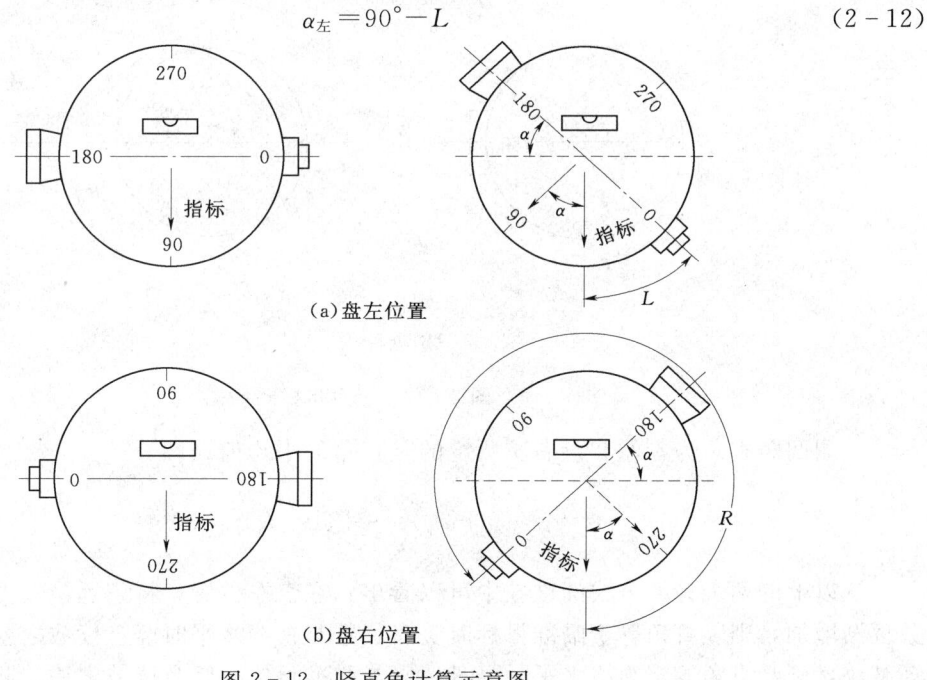

(a) 盘左位置

(b) 盘右位置

图2-12 竖直角计算示意图

图 2-12（b）为盘右位置视线水平时的读数，此时为 270°。当望远镜逐渐抬高，竖盘读数 R 在逐渐增大，由图可知下半测回竖直角为

$$\alpha_{右}=R-270° \tag{2-13}$$

一测回竖直角为盘左和盘右所测定的竖直角的平均值，即：

$$\alpha=\frac{1}{2}(\alpha_{左}+\alpha_{右})=\frac{1}{2}[(R-L)-180°] \tag{2-14}$$

（2）竖盘为逆时针注记时的竖直角计算公式。如图 2-13 为逆时针注记度盘。竖直角计算公式为

$$\alpha_{左}=L-90° \tag{2-15}$$

$$\alpha_{右}=270°-R \tag{2-16}$$

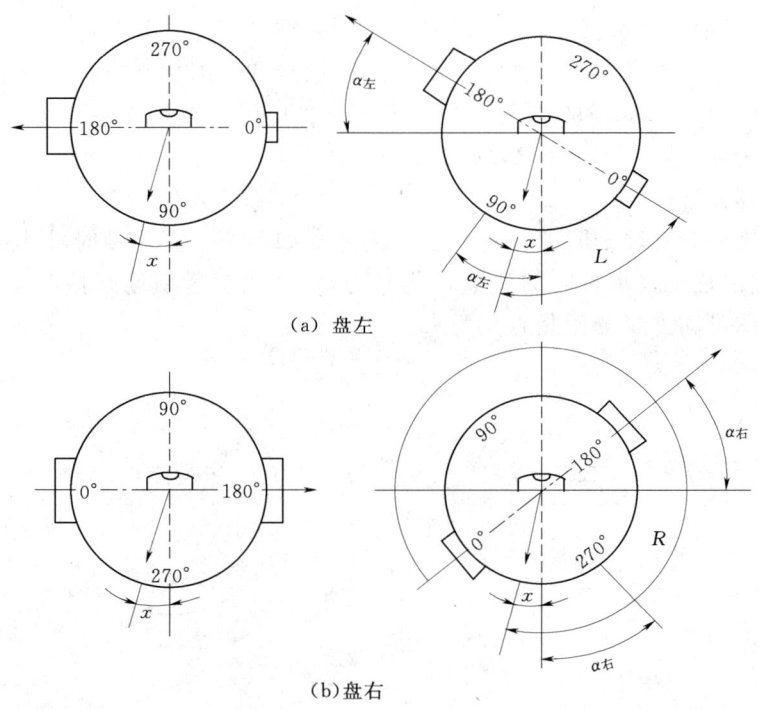

（a）盘左

（b）盘右

图 2-13 竖盘指标差

一测回竖直角为盘左和盘右所测定的竖直角的平均值，即

$$\alpha=\frac{1}{2}(\alpha_{左}+\alpha_{右})=\frac{1}{2}[(L-R)+180°] \tag{2-17}$$

从以上的两个计算公式的推导中可以看出：在盘左位置，将望远镜慢慢抬高，如果读数逐渐增加，则竖直角等于瞄准目标时竖盘读数与视线水平时竖盘读数之差；如果读数逐渐减小，则竖直角等于视线水平时竖盘读数与瞄准目标时竖盘读数之差。此方法适合任何

竖盘注记形式的竖直角的计算。

（三）竖盘指标差的计算

如果望远镜视线水平，竖盘指标水准管气泡居中，竖盘的读数与90°或270°不相等，而是大了或小了一个数值，则表明竖盘的指标偏离正常位置，这个偏移值称为指标差，通常用 x 表示。当指标偏移方向与竖盘注记方向一致，则使读数中增大了一个 x 值，令 x 为正；反之，指标偏移方向与竖盘注记方向相反时，则使读数中减少了一个 x 值，令 x 为负，如图2-13所示。

由图可知：当盘左视线处于水平且竖盘指标水准管气泡居中时，指标所指不是90°，而是 $90°+x$，同样在盘左位置，视线指向目标时的读数也大了一个 x 值，则盘左的正确读数为实际读数减去 x，盘左计算的竖角应为

$$\alpha_{左}=90°-(L-x) \tag{2-18}$$

同样，盘右计算的竖角应为

$$\alpha_{右}=(R-x)-270° \tag{2-19}$$

则一测回所测得竖直角为

$$\alpha=\frac{1}{2}(\alpha_{左}+\alpha_{右})=\frac{1}{2}[(R-L)-180°] \tag{2-20}$$

可见用盘左盘右两次读数的平均值可以消除指标差的影响。若将上两式相减，则得

$$x=\frac{1}{2}(\alpha_{右}-\alpha_{左})=\frac{1}{2}(L+R-360°) \tag{2-21}$$

这就是指标差的计算公式。

如图2-13所示，竖盘指标差在同一时段是相对稳定的，但由于仪器误差、观测误差及外界条件影响等因素，不同目标观测时的指标差是有变化的，变化幅度的大小，可以反映出观测质量的高低，对此，就要求一测回各方向间的指标差互差必须在规定的范围内。DJ_6 经纬仪要求一测回各方向间的指标差互差不得超过 $±25″$，DJ_2 经纬仪要求一测回各方向间的指标差互差不得超过 $±12″$。

三、竖直角的观测方法与记录方法

竖直角观测方法主要有两种，即中丝法和三丝法，现分述如下。

1. 中丝法

中丝法是以望远镜十字丝的中丝（水平横丝）为准，切于所观测部位，测定竖直角。其方法为：

（1）在测站上安置仪器，对中，整平。

（2）盘左位置，用中丝切于所观测部位，转动竖盘指标水准管微动螺旋，使气泡居中，读取竖盘读数 L，并记于竖直角记录手簿（表2-4）中。

（3）盘右位置，同法进行照准，转动竖盘指标水准管微动螺旋，使气泡居中，读取竖盘读数 R，并记于竖直角记录手簿中。

以上操作为一测回。若增加测回均按以上操作进行。

2. 三丝法

三丝法是以望远镜十字丝的上、中、下三丝依次照准目标，分别读数，取上、中、下

三丝在盘左、盘右所测的 L 和 R 分别计算出相应的竖角,最后以平均值为该竖角的角值。

3. 竖直角的记录与计算

竖直角的记录和计算示例见表 2-4。表内括号的号码为记录和计算的顺序,其中 (1)~(2) 为记录数据,其余为计算所得。

表 2-4　　　　　　　　　　竖 直 角 观 测 手 簿

天气: 晴		成像: 清晰			仪器: J_6	NO. 200765	
日期: 2013.9.25					观测者: 王力	记录者: 韩英	
测站	目标	竖盘位置	竖盘读数 /(° ′ ″)	半测回竖直角 /(° ′ ″)	指标差 (x) /(″)	一测回竖直角 /(° ′ ″)	备注
		左	(1)	(3)	(5)	(6)	
		右	(2)	(4)			
A	B	左	90 10 36	−0 10 36	+9	−0 10 27	$α_左 = 90° − L$
		右	269 49 42	−0 10 18			$α_右 = R − 270°$
	C	左	85 13 48	4 46 12	+3	4 46 15	
		右	274 46 18	4 46 18			

任务六　检验与校正经纬仪

一、经纬仪轴线及应满足的几何条件

为保证角度观测达到规定的精度,经纬仪的设计制造有严格的要求,其各主要部件之间,也就是主要轴线和平面之间,必须满足角度观测所提出的要求。如图 2-14 所示,经纬仪的主要轴线有:仪器的旋转轴 VV(简称竖轴)、望远镜的旋转轴 HH(简称横轴)、望远镜的视准轴 CC 和照准部水准管轴 LL。根据角度观测的概念,经纬仪的这些轴线之间应满足下列的几何条件:

(1) 水准管轴垂直于竖轴,即 LL⊥VV。
(2) 视准轴垂直于横轴,即 CC⊥HH。
(3) 横轴垂直于竖轴,即 HH⊥VV。
(4) 十字丝的纵丝垂直于横轴。
(5) 竖直度盘指标差应为零。

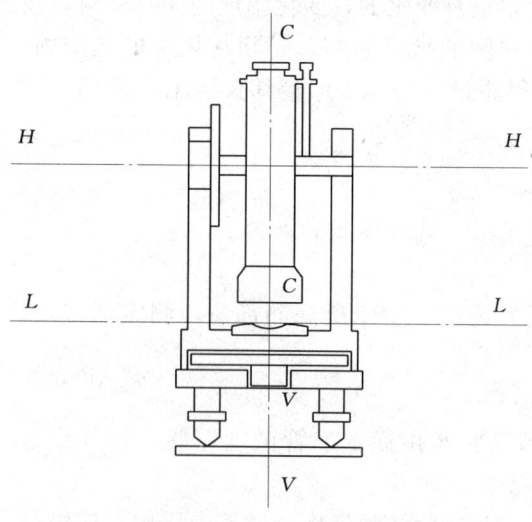

图 2-14　经纬仪轴线示意图

二、经纬仪的检验与校正方法

经纬仪轴系之间的条件在仪器出厂时一般是可以满足的,但常常在使用期间及搬运过程中,由于受碰撞、震动等影响,这些条件可能发生变动,因此在使用经纬仪之前,需查明仪器的各轴系是否满足上述的条件,要经常对仪器进行检查和校正。下面将介绍经纬仪检验与校正的通用方法。

（一）照准部水准管轴垂直于竖轴的检验与校正

检验方法：先将仪器安置在三脚架上大致整平，转动照准部使水准管与任意两个脚螺旋的连线平行，相对地转动这两个脚螺旋使气泡居中，然后将照准部旋转180°（可用度盘读数），若气泡仍居中则条件满足，若气泡偏离中心，则应进行校正。

校正方法：相对地旋转这两个脚螺旋，使气泡向中心移动偏离值得一半，然后用校正针拨动水准管一端的校正螺钉，使气泡居中。此项检验、校正须反复进行，直到水准管在位于任何位置，气泡偏离值不大于半格时为止。

如果仪器上装有圆水准器，则已校正好的照准部水准管气泡居中后，若圆气泡也居中，表明圆水准器的水准轴平行于竖轴，否则应校正圆水准器下面的三个校正螺钉使其气泡居中。

（二）十字丝竖丝垂直横轴的检验与校正

检验方法：先将仪器安置于三脚架上并精密整平，在距仪器约50m处设置一明显目标点 A，用望远镜的十字丝交点照准 A 点，旋紧照准部制动螺旋和望远镜制动螺旋，旋转望远镜微动螺旋，若 A 点沿十字丝竖丝移动，则十字丝竖丝垂直于横轴，若 A 点明显偏离十字丝竖丝移动，则应进行校正。

校正方法：旋下目镜处的护盖，稍微松开十字丝环的四个压环螺钉（如图2-15所示），按竖丝偏离的反方向微微转动目镜筒，使 A 点与十字丝竖丝重合，然后旋紧四个压环螺钉，反复检查、校正，直至无偏差并旋上目镜护盖。

（三）视准轴垂直于横轴的检验与校正

该项检校方法较多，主要有两种方法，现分述如下。

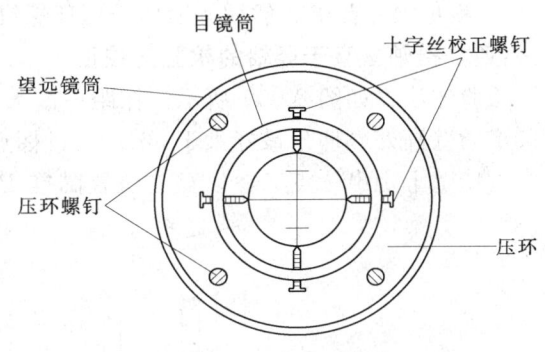

图2-15 十字丝校正

1．第一种检校方法（读数法）

检验方法：先将仪器安置于三脚架上并精密整平，选择一水平位置的明显目标点 A，分别盘左、盘右观测 A 点，得到两个读数 $\beta_左$、$\beta_右$，并计算 $C=(\beta_左-\beta_右\pm180°)/2$，若其值满足限差要求，说明条件满足，否则应进行校正。

校正方法：在盘右位置，转动照准部微动螺旋，使得水平度盘读数为 $\beta_右+C$，此时视准轴偏离目标 A；旋下目镜处的护盖，稍微松开十字丝环的四个压环螺钉及十字丝上、下校正螺丝（图2-15），再将十字丝左、右校正螺丝一松一紧平动十字丝，使十字丝的交点对准目标 A，应反复检查，直至 C 值满足限差要求，然后旋紧四个压环螺钉，并旋上目镜护盖。

2．第二种检校方法（四分之一法）

检验方法：如图2-16所示，在一平坦场地，选择一长度约100m的直线 AB，仪器安置于直线的中点 O 上，在 A 点设一照准标志，在 B 点横置一垂直于直线 AB 刻有mm分划的小尺，仪器整平后，先以盘左位置照准 A 点标志，旋紧照准部制动螺旋固定照准部，倒转望远镜在 B 点上的尺子读数，记为 B_1［图2-16（a）］。再以盘右位置照准 A 点标志，旋紧照准部制动螺旋固定照准部，倒转望远镜在 B 点上的尺子读数，记为 B_2〔图 2-16（b）〕。如果 B_1 和 B_2 相等，则说明视准轴垂直于横轴，否则应进行校正。

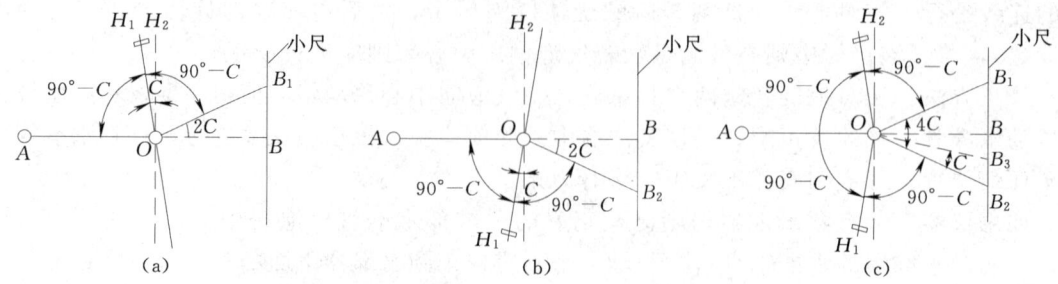

图 2-16 视准轴垂直于横轴的检验与校正

校正方法：由 B_2 点向 B_1 点量取四分之一 B_1B_2 长度，定出 B_3 点〔图 2-16（c）〕，此时 OB_3 垂直于横轴 H_1；旋下目镜处的护盖，稍微松开十字丝环的四个压环螺钉及十字丝上、下校正螺丝（图 2-15），再将十字丝左、右校正螺丝一松一紧平动十字丝使十字丝的交点对准目标 B_3，应反复检查，直至 B_1B_2 长度小于 1cm，这时视准轴误差 $C\approx\pm 10''$，满足限差要求，然后旋紧四个压环螺钉，并旋上目镜护盖。

（四）横轴垂直于竖轴的检验与校正

检验方法：如图 2-17 所示，在距一高大建筑物约 20～50m 处安置仪器，以盘左位置瞄准墙壁高处（仰角最好大于 30°）一目标点 P，固定照准部，放平望远镜，在与仪器等高的墙壁上定出一点 A，以盘右位置瞄准 P 点，固定照准部，放平望远镜，在墙壁上又定出一点 B。若 AB 两点重合，则说明条件满足，否则应进行校正。

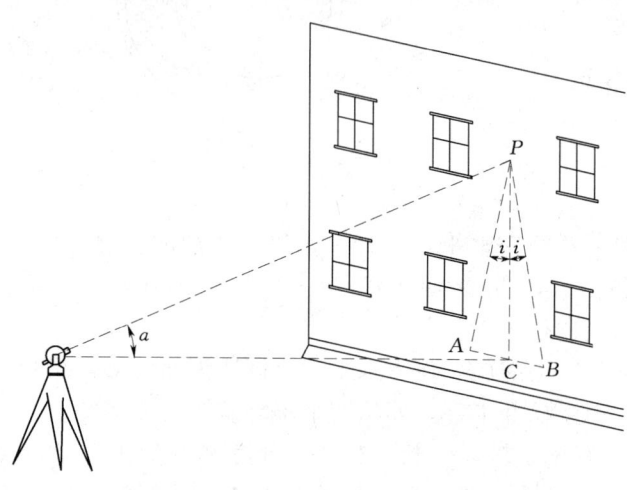

图 2-17 横轴的检验与校正

校正方法：取 A、B 中点 C（图 2-17），以盘左（或盘右）位置瞄准 C 点，固定照准部，抬高望远镜，次时视线偏离 P 点，然后打开支架处横轴一端的护盖，调节其校正螺钉，升高或降低横轴的一端，直到十字丝交点对准 P 点。此项校正应反复进行多次。

由于仪器的横轴是密封安装的，仪器出厂一般能保证横轴垂直于竖轴，因此测量人员只需进行此项检验；如需校正，应送仪器维修部门。

（五）竖盘指标差的检验与校正

检验方法：先将仪器安置在三脚架上严格整平，分别以盘左、盘右照准同一目标点，并转动竖盘指标水准管微动螺旋使竖盘指标水准管气泡居中，读取竖盘两个读数 L 和 R，按（2-21）式计算竖盘指标差，若指标差 x 超限，则应进行校正。

校正方法：校正时，仪器一般处于盘右位置，仍照准原目标，此时盘右目标的正确读数 $R_正$ 为

$$R_正 = R - x \qquad (2-22)$$

转地竖盘指标水准管微动螺旋，使竖盘盘右的读数为 $R-x$，这时竖盘指标水准管气泡偏离值中心位置，然后用校正针拨动竖盘指标水准管的校正螺钉使气泡居中。此项检验、校正须反复进行，直到 x 在限差要求的范围内为止。

任务七　角度测量误差及消减方法

在角度测量的过程中，由于仪器本身的制造设计误差、仪器的标称精度不同、观测者的感官鉴别生理局限性及外界的环境因素的变化不定等各种各样的原因影响，使得观测结果中包含有观测误差。概括起来角度测量的误差主要包括仪器误差、观测误差和外界条件三个方面的影响。

一、仪器误差

仪器误差有属于本身制作方面的，如度盘刻划不均匀误差、度盘偏心误差、水平度盘与竖轴不垂直等；有属于仪器的检校不完善的，如照准部水准管轴与竖轴不完全垂直、视准轴与横轴有残差、横轴与竖轴有残差；有属于仪器自身的标称精度，每一类仪器只具有一定限度的精密度等，总体上讲仪器误差主要有以下几个方面。

1. 视准轴误差

由于视准轴与横轴不垂直就会产生视准轴误差 C，从而引起水平方向的读数误差。对同一方向，盘左和盘右两次给度盘带来的误差（即 $2C$）是大小相等、符号相反，因此，可以通过取盘左和盘右两次读数的平均值的方法来消除视准轴误差的影响。另外，对同一台仪器，视准轴误差与目标方向的竖直角有关，竖直角越大，视准轴误差给度盘读数带来的误差越大，因此，规范中规定："当照准方向的竖直角超过±3°时，该方向 $2C$ 较差可按同一观测时间内的相邻测回进行比较。"

2. 横轴误差

由于横轴与竖轴不垂直就会产生横轴误差，当仪器整平后竖轴处于竖直位置，而此时横轴不水平，从而引起水平方向的读数误差。对同一目标，盘左和盘右两次给度盘带来的横轴误差是大小相等、符号相反，因此，可以通过取盘左和盘右两次读数的平均值的方法来消除横轴误差的影响。另外，对同一台仪器，横轴误差也与目标方向的竖直角有关，竖直角越大，横轴误差给度盘读数带来的误差越大，而当竖直角为零时（即目标处于水平位置），横轴的误差对水平方向的读数没有影响。

3. 竖轴误差

由于水准管轴与竖轴不垂直，或者水准管轴与竖轴原已垂直，但安置仪器时未能将水准管轴严格导致水平，均会产生竖轴误差，从而引起水平方向的读数误差。对同一目标，盘左和盘右两次给度盘带来的竖轴误差符号不变，故通过取盘左和盘右两次读数的平均值

不能消除横轴误差的影响。另外目标方向的竖直角越大，竖轴误差给度盘读数带来的误差越大，因此，在视线倾斜角大的地区进行角度测量时，应严格检校仪器，特别是注意仪器的整平。

4. 度盘偏心误差

度盘偏心就是度盘分划线的中心与照准部的旋转中心不重合，从而引起度盘的实际读数比正确读数小，且在度盘处于不同位置对读数将有不同的影响。另外，在盘左和盘右进行同一目标的观测时，度盘的指标线在读数上具有对称性，因此，取盘左和盘右两次读数的平均值（考虑常数180°）可消除度盘偏心的影响。

5. 度盘刻划不均匀误差

在仪器的制造中，由于仪器度盘刻划线的不均匀，使得观测方向的读数产生误差。这种误差，就目前生产的仪器而言，一般都很小，可以在不同的测回中采用变换度盘位置的方法，使读数均匀地分布在度盘的各个区间加以消减，其影响不是很大。

6. 竖盘指标误差

当竖盘指标水准管气泡居中，望远镜水平时，竖盘读数不为90°的整倍数，使得所测竖直角产生误差。一般通过竖盘指标差的检校可减弱其影响，但校正存在残差，由式（2-15）知，可通过取盘左和盘右两次竖盘读数平均值的方法来消除影响。

二、观测误差

在角度的观测中，因仪器的对中不严格、观测点上所立标志几何中心偏离目标实际点位、对目标的瞄准不准确及仪器本身读数设备的限度和观测者的估读误差等原因，也会对观测结果产生影响，这种影响称观测误差。观测误差有对中误差、目标偏心误差、瞄准误差和读数误差。

（一）对中误差

对中误差是指仪器在对中时，未严格使仪器中心与测站标志中心重合，从而对在测站上测定目标间的水平角带来影响，也称测站偏心。如图2-18所示，仪器中心为O'，测站标志中心为O，二者的间距设为e，e为对中误差，观测目标点A、B距测站点的距离设为S_1、S_2，β为正确角值，β'为因未严格对中的实际观测角值，δ_1、δ_2为因对中偏差引起A、B方向值的误差。

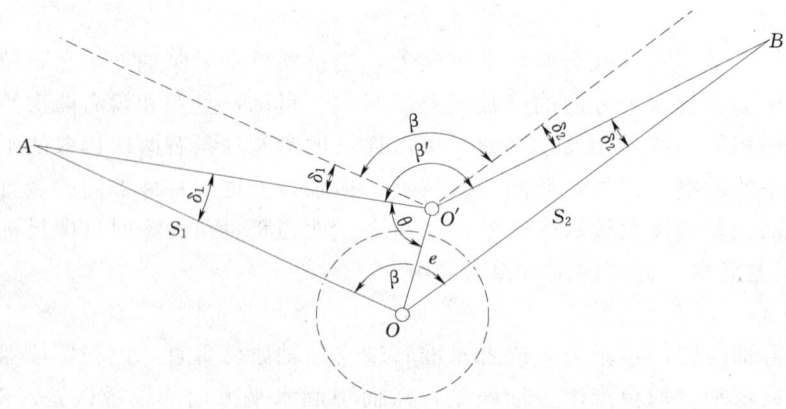

图2-18 对中误差示意图

因 δ_1 和 δ_2 很小，由图易知

$$\delta_1 = \frac{e\sin(180°-\theta)}{S_1}\rho'' = \frac{e\sin\theta}{S_1}\rho'' \qquad (2-23)$$

$$\delta_2 = \frac{e\sin(\beta'+\theta-180°)}{S_2}\rho'' = -\frac{e\sin(\beta'+\theta)}{S_2}\rho'' \qquad (2-24)$$

又由图知，对中误差 e 对水平角的影响为

$$d\beta = \beta - \beta' = -(\delta_1+\delta_2) = e\left[\frac{\sin(\beta'+\theta)}{S_1} - \frac{\sin\theta}{S_2}\right] \qquad (2-25)$$

因为，O' 可以在以 O 为圆心，e 为半径的圆周上的任意位置，θ 角每变化一个 $d\theta$，就对应一个 $d\beta$，从而可有 $\frac{2\pi}{d\theta}$ 个影响值。由误差理论可知因仪器的对中误差引起角 β 的中误差为

$$m_{中}^2 = \frac{[d\beta d\beta]}{\frac{2\pi}{d\theta}} \qquad (2-26)$$

将式（2-25）代入式（2-26），得

$$m_{中}^2 = \rho^2 \frac{e^2}{2} \cdot \frac{s_{AB}^2}{S_1^2 S_2^2} \qquad (2-27)$$

即

$$m_{中} = \frac{e}{\sqrt{2}} \cdot \frac{S_{AB}}{S_1 S_2}\rho'' \qquad (2-28)$$

由式（2-27）可知，仪器的对中误差对水平角的影响与下列因素有关：

(1) 与目标之间的距离 S_{AB} 成正比，S_{AB} 越大，即水平角越接近 180°，此时影响最大。

(2) 与测站到目标的距离有关系，距离越短，影响越大。

(3) 与对中的偏差 e 成正比，偏差越大，影响越大。

如果 $e=3\text{mm}$，$S_1=S_2=100\text{m}$，$\beta'=180°$，则

$$m_{中} = \frac{3}{\sqrt{2}} \times \frac{200000}{100000^2} \times 206265 = \pm 8.8''$$

而当 $e=3\text{mm}$，$S_1=S_2=10\text{m}$，$\beta'=180°$时，则

$$m_{中} = \frac{3}{\sqrt{2}} \times \frac{20000}{10000^2} \times 206265 = \pm 88''$$

由此可见，在水平角测量时，应认真精确地对中，对于边长较短的角度或者被观测角接近 180°的情况下更应特别注意对中。

（二）目标偏心误差

目标偏心误差是指仪器瞄准在观测的点上所立的标志杆位置同观测点的标志中心不在一铅垂线上或者所立的标志杆不在观测点上，从而因照准目标的偏心对水平角产生的影响。如图 2-19 所示，A、B 分别为观测点标志的实际中心，A'、B' 分别为仪器瞄准标志杆上的点在水平面上的垂直投影点，β 为正确角值，β' 为因目标偏心的实际观测角值，δ_1、δ_2 为因目标偏心引起 A、B 方向值的误差。

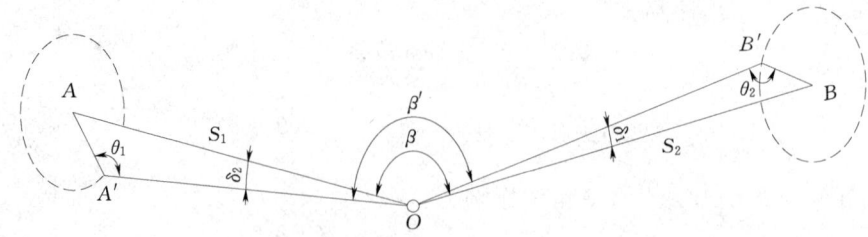

图 2-19 目标偏心误差示意图

因 δ_1 和 δ_2 很小，由图易知

$$\delta_1 = \frac{e_1 \sin(180° - \theta_1)}{S_1} \rho'' = \frac{e_1 \sin\theta_1}{S_1} \rho'' \qquad (2-29)$$

$$\delta_2 = \frac{e_2 \sin(180° - \theta_2)}{S_2} \rho'' = \frac{e_2 \sin\theta_2}{S_2} \rho'' \qquad (2-30)$$

因为，A' 可以在以 A 为圆心，e_1 为半径的圆周上的任意位置，θ_1 角每变化一个 $d\theta_1$，就对应一个 δ_1，从而可有 $\frac{2\pi}{d\theta_1}$ 个影响值。由误差理论可知因目标偏心引起 A 方向的中误差为

$$m_{偏A}^2 = \frac{[\delta_1 \delta_1]}{\frac{2\pi}{d\theta_1}} \qquad (2-31)$$

将式（2-29）代入上式，得

$$m_{偏A}^2 = \frac{e_1^2}{2S_1^2} \rho^2 \qquad (2-32)$$

同理可得

$$m_{偏B}^2 = \frac{e_2^2}{2S_2^2} \rho^2 \qquad (2-33)$$

从而由误差传播定律可得因目标偏心对水平角的影响为

$$m_{偏} = \sqrt{m_{偏A}^2 + m_{偏B}^2} = \frac{\rho}{\sqrt{2}} \sqrt{\frac{e_1^2}{S_1^2} + \frac{e_2^2}{S_2^2}} \qquad (2-34)$$

由式（2-29）、式（2-30）及式（2-34）可知，目标偏心的误差给水平角的影响与下列的因素有关：

(1) 与测站到目标的距离有关系，距离越短，影响越大；

(2) 与目标偏心的方向有关系，若目标偏心在观测方向上，此时对水平角无影响；若标偏心垂直于观测方向，此时对水平角影响最大；

(3) 与目标偏心的偏差大小也有关系，偏差越大，影响越大。

如果 $e_1 = e_2 = 3\text{mm}$，$S_1 = S_2 = 100\text{m}$，则

$$m_{偏} = \frac{3}{\sqrt{2}} \times \sqrt{\frac{1}{100000^2} + \frac{1}{100000^2}} \times 206265 = \pm 6.2''$$

而当 $e_1 = e_2 = 3\text{mm}$，$S_1 = S_2 = 10\text{m}$ 时，则

$$m_{偏} = \frac{3}{\sqrt{2}} \times \sqrt{\frac{1}{10000^2} + \frac{1}{10000^2}} \times 206265 = \pm 62''$$

由此可见，在瞄准目标时，应尽量瞄准目标的底部，对于观测边长较短时更应特别注意将标志杆立直，且立于观测点的中心上，并使标志杆尽量细一些。

仪器的对中误差和目标偏心误差，就误差的本身性质而言，二者均是偶然误差，但是仪器安置和目标标志设置一旦完成，则仪器的对中误差和目标偏心误差的真值就不再发生变化，无论水平角的观测采用多少个测回，因这两项误差分别在各测回之间均保持相同，绝不会通过增加水平角观测的测回数而减小仪器的对中误差和目标偏心误差对水平角的影响。所以，在水平角的观测中，一定要注意仪器的对中误差和目标偏心误差的影响，特别是当测站到目标的距离较短时，尤应仔细对中，观测点上的标志杆尽可能细，并立直，且立于观测点的中心上。

（三）瞄准误差

瞄准误差是人眼在通过望远镜瞄准远处目标时所产生的一种偶然误差，它取决于望远镜的照准精度，目标与照准标志的形状、大小及颜色，人眼对照准标志在望远镜中的影像的判别力，目标影像的亮度和清晰度，目标成像的稳定性以及通视情况等因素。一般认为瞄准误差与望远镜的放大率和人眼的分辨率有直接关系，是影响瞄准误差的主要因素。其误差的大小可以表示为

$$d\beta' = \frac{p''}{v} \qquad (2-35)$$

其中 v 为望远镜的放大率；p'' 为在目标影像亮度合适、成像稳定、清晰度好等较为理想的状态下，人眼通过望远镜观测远处目标的瞄准分辨率。在此理想状况下，当以十字丝的双丝来照准目标时，人眼的瞄准分辨率 $p'' = 10''$，并取 $v = 25$（对 DJ_6 经纬仪而言），则得瞄准误差为

$$d\beta' = \frac{10''}{25} = \pm 0.4'' \qquad (2-36)$$

由于影响瞄准误差的因素很多，实际上 $d\beta'$ 一般比上面的计算值大一定的倍数 k，即

$$d\beta' = k\frac{p''}{v} \qquad (2-37)$$

由实验数据可统计得出：在目标亮度适宜、标志杆宽度较小、成像稳定及远处目标背景清晰等的情况下，k 可取 1.5～3.0。

（四）读数误差

读数误差主要取决于仪器的读数设备，一般以仪器的最小估读数为读数误差的极限。对于采用分微尺测微器的 J_6 型经纬仪而言，其估读的极限误差为分划值的 1/10，即 $\pm 6''$。当然，在读数窗照明不佳、读数显微镜的目镜焦距未调好以及观测者的技术不熟练等情况下，估读的极限误差则会增大，从而读数误差将超过 $6''$。

三、外界条件的影响

角度的观测均在一定的外界环境中进行的，外界条件或外界条件的变化都不可避免地影响测角精度。当然外界的条件很复杂，其变化的随机性很大，如大风天气或附近的震动

等会影响仪器和标志杆的稳定；地面的辐射热会引起大气的稳定，从而目标在望远镜中的成像出现跳动、飘移甚至模糊不清；视线贴近地面或从建筑物旁擦过而使光线产生折光；温度的变化影响仪器的正常性能；目标处于逆光状态或者标志杆的颜色同其周围环境的颜色较为接近，而使目标成像模糊或难于分辨；地面是否坚固稳定而会使仪器或者目标出现沉降；因交通、施工等的影响，使视线不时受阻等。这些因素均会对观测角度带来影响，要完全避免这些影响是不可能的，但可以在观测时采取一定的措施，选择有利的观测条件和时段，从而使这些外界条件的影响减弱和降低到较小的程度。例如：当视线处于逆光，可以选择顺光时段，分组进行观测；观测时尽量避免过建筑物旁、冒烟的上方或其他热辐射区域的上面、近水面的空间通过；标志杆的颜色应涂成较鲜艳或颜色对比较强，以便于分辨；避免在交通、人流量大的时段进行观测等。

任务八　了解精密经纬仪及电子经纬仪的构造和使用

一、DJ_2 光学经纬仪

（一）DJ_2 与 DJ_6 光学经纬仪的不同点及其适用条件

DJ_2 级经纬仪一测回方向观测中误差不大于 $2''$，其测角精度显然高于 J_6 级光学经纬仪，它是一种精密光学测角仪器，广泛用于国家和城市的三、四等三角测量、精密导线测量以及角度放样、归化准直、精密定线、投点等精密工程测量中。同时亦可用于铁路、公路、桥梁、水利、矿山及大型企业的建筑，大型机器的安装和计量等工作。

DJ_2 级经纬仪的基本构造与 J_6 级光学经纬仪相类似，它的构造也包括照准部、水平度盘和基座三大部分。图 2-20 为苏州第一光学仪器厂生产的 J_2-1 自动补偿光学经纬仪，各部件名称的编号如图所注。

尽管基本构造二者类似，但他们还是有许多不同之处，除测角精度、望远镜放大倍数及水准管灵敏度不同外，主要不同点如下。

(1) 在 DJ_2 经纬仪的构造中增设了换像手轮装置（图 2-20）：由于 J_2 型经纬仪的读数显微镜内只能看到水平度盘或者竖直度盘纵的一种影像，利用换像手轮可以变换读数显微镜内度盘分划的影像，当进行水平角观测时，使手轮上的指示线呈水平位置，通向竖盘的光路不通，在数显微镜内只读取水平方向值；当进行竖直角观测时，使手轮上的指示线呈竖直位置，通向水平度盘的光路即不通，从而在数显微镜只看到竖盘分划的影像。

(2) DJ_2 经纬仪的光学读数系统，一般都采用对径分划线影像符合的读数设备：它是将度盘上相对180°的分划线，经过一系列棱镜和透镜的反射和折射的作用后，同时显现于读数显微镜内，并分别位于一条横线的上、下方，成为正像和倒像，如图 2-21 所示，采用对径符合和测微显微镜原理进行读数。为了测微时获得度盘分划线得相对移动，绝大部分的仪器应用了双平板玻璃的光学测微器。

这种测微器由测微手轮、秒盘（也称测微分划盘或测微尺）和一对平板玻璃组成。当转动测微手轮时，测微尺随之转动，一对平板玻璃则作等量的相反方向的移动，这样可使

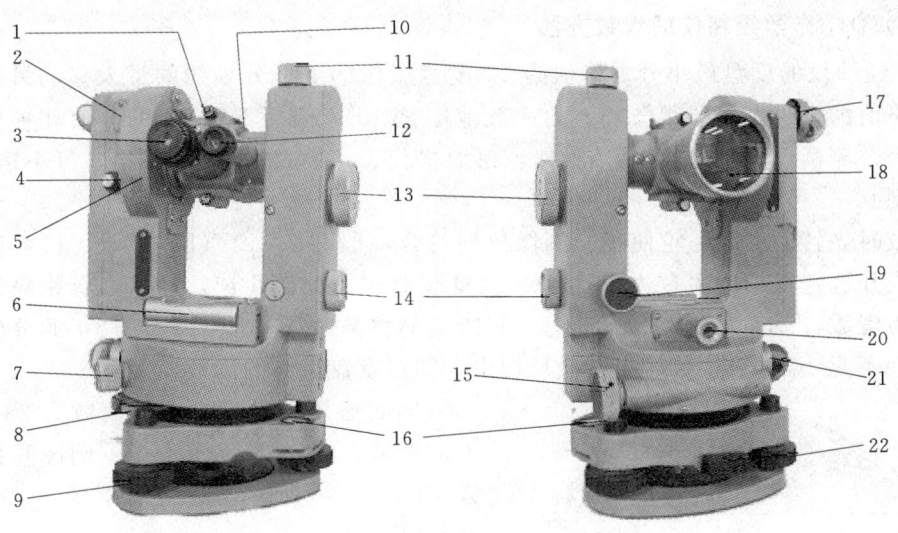

图 2-20 J₂型光学经纬仪

1—光学粗照准器；2—调校指标差盖板；3—望远镜目镜；4—按钮；5—竖直度盘；6—照准部水准管；7—照准部制动螺旋；8—水平度盘变换手轮及护盖；9—脚螺旋；10—望远镜反光拨杆；11—竖直制动；12—读数显微镜；13—测微手轮；14—换像手轮；15—照准部微动螺旋；16—圆水准器；17—竖直度盘照明反光镜；18—望远镜物镜；19—竖直微动；20—光学对点器；21—水平度盘照明反光镜；22—轴套固定螺丝

度盘得分划线影像作相向移动而彼此符合，这个等量的相对移动量可在测微尺相应的转动量上显示出。

如图 2-21 所示，当测微尺读数为 0°时，可设想在读数显微镜内度盘上相对 180°的分划线影像的窗口中间有一条读数指标线（图中的虚线），按指标线进行读数，正像读数为 284°40′+a，倒像读数为 104°40′+b [图 2-21（a）]，转动测微手轮，使正像的 284°40′和倒像的 104°40′分划线在指标线处符合，这时两条分划线各自相向移动了（a+b）/2，测微尺上的读数由零增加至（a+b）/2 [图 2-21（b）]，由此可见度盘分划重合（又称对径符合）是读数的关键性依据，并以对径线（如 284°与 104°）互为度盘上读数的指标线。

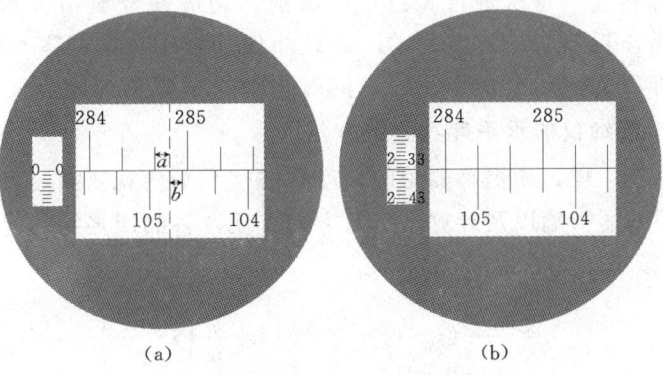

图 2-21 经纬仪读数窗

（二）DJ_2 光学经纬仪的读数方法

DJ_2 经纬仪的度盘最小分划格值为 20′度盘影像的上下分划线的最大移动量为度盘最小分划格值的一半，也即测微尺上的读数范围是 10′，因而不到 10′的分值和秒值可由测微尺读出，测微尺全长分成 10 个大格，每大格代表 1′，又分成 60 小格，每小格代表 1″，可估读到 0.1″。

读数时先转动测微手轮使正、倒像分划符合，如图 2-21（b）所示，读数以正像注记为准，并选定在正像的右边能找到一个相差 180°的倒像注记，且以二者相隔最近的正像注记为度数，该正像和其倒像注记之间所夹的格数乘以 10′作为大于 10′的分值（一格为 10′），不足 10′的分、秒值由测微尺读出，即得度盘最终的读数。

例如图 2-21（b）中的读数为 284°（度盘上的度数）+40′（度盘上正、倒像间相差格数乘 10′）+2′32.5″（测微尺上的分秒数），即 284°42′32.5″。

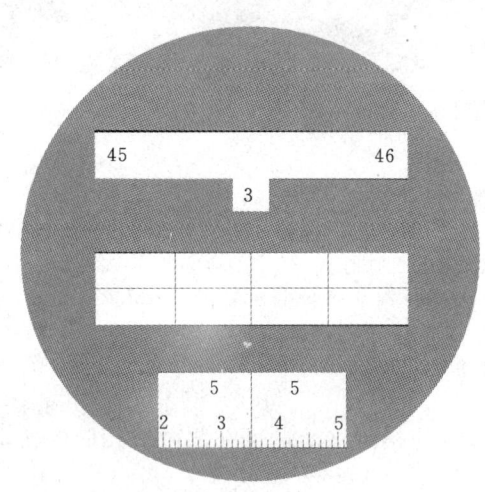

图 2-22 DJ_2 经纬仪读数窗

为了读数更为方便以及防止读数出错，现代生产的 DJ_2 光学经纬仪采用了数字化的读数方法。如图 2-22 所示，读数显微镜内有三个窗口，上窗口为度数和整 10′的注记，其中突出的小框中为 10′的整倍数，中间的窗口为对径分划线影像的符合窗，没有注记，下面的窗口为不足 10 的分秒读数。

读数时，转动测微手轮，同时观察读数显微镜中的中间的窗口，直至中窗口的上下 4 分划线符合，此时上窗口两端注记数字较小的为度数，上窗口的小框中数字乘以 10 即为大于 10′的分数，再以下窗口的指标线读出不足 10′的分秒数，并估读到 0.1″。中的读数：上窗口读 45°30′，下窗口读 5′35.2″，即总读数为 45°35′35.2″。

为消除竖轴倾斜对竖直角测量的影响，DJ_2 级光学经纬仪同 DJ_6 一样，都采用竖盘水准管与竖盘指标相连，每次进行竖直角读数前，均应使竖盘指标水准管的气泡居中，保持竖盘指标归零。近年来，许多的 DJ_2 级经纬仪都采用自动归零补偿器装置代替竖盘水准管结构，这样极大简化了操作程序，同时也加快了观测速度，又提高了测量精度。

（三）DJ_2 光学经纬仪的水平度盘置数方法

同 DJ_6 级经纬仪一样，为提高测角的精度，往往水平角观测需要多个测回，此时为减低由于度盘刻划误差的影响以及计算水平角方向方便，各测回之间的起始方向度盘读数应变换一个角度 σ，按下式计算：

$$\sigma = \frac{180°}{n}(j-1) + i(j-1) + \frac{\omega}{n}\left(j - \frac{1}{2}\right) \tag{2-38}$$

式中　　n——测回数；

i——度盘最小分划值；

j——测回序号；

ω——测微盘分格数。

对于 J_2 级经纬仪来说，i 取 $10'$，ω 取 $600''$。

然后，通过水平度盘变换手轮拨盘配置度和大于 $10'$ 的分值，小于 $10'$ 的分秒值则需要测微手轮配置。例如在 DJ_2 光学经纬仪上配置 $125°47'55''$，具体的过程为：瞄准目标后，将照准部锁定，转动测微手轮使测微尺上的读数为 $7'55''$，然后打开水平度盘变换手轮护盖，拨动水平度盘变换手轮，使水平度盘读数为 $125°40'$，并使上下分划线符合（即上下分划线对齐）。

至于用 J_2 级经纬仪进行水平角的观测及记录方法，完全同 J_6 级经纬仪，只不过其各项观测数据的限差要求更高，精度也较高，这里不再作详细的叙述。

二、电子经纬仪

近年来，随着微电子技术及计算机的发展和综合运用，新一代具有数字显示、自动记录、数据自动传输等功能及测角精度高的电子经纬仪的应用愈加广泛，而且这种仪器配有适当的外接接口，可将野外电子手簿记录的数据直接输入计算机，实现数据处理和绘图的自动化。目前，电子经纬仪将逐步取代传统的光学经纬仪。

（一）电子经纬仪的结构

电子经纬仪与光学经纬仪的外部结构类似，主要包括照准部、测角装置和基座三大部分。图 2-23 为苏州第一光学仪器厂生产的 DJD2 电子经纬仪，各部件名称的编号如图所注。

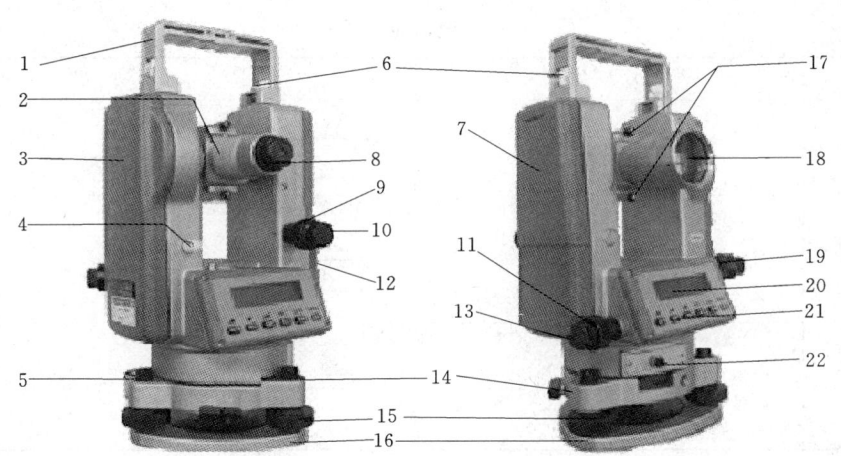

图 2-23 电子经纬仪的结构

1—提手；2—望远镜调焦螺旋；3—仪器高标志；4—测距仪通信口；5—圆水准器；6—提手锁紧螺丝；7—电池盒；8—望远镜目镜；9—竖直制动；10—竖直微动；11—照准部制动螺旋；12—照准部水准管；13—照准部微动螺旋；14—轴套固定螺丝；15—脚螺旋；16—基座；17—光学照准器；18—望远镜物镜；19—光学对点器；20—液晶显示屏；21—键盘；22—外接手簿通信口

电子经纬仪的基座都采用分离式三爪基座，三点强制对中结构，仪器照准部与基座通过闭锁扳手固连，部分三爪基座设有激光对点装置。电子经纬仪的测角装置采用光电测角装置，利用光栅度盘或光电编码盘等，将角值的光信号转换成电信号，再对电信号进行处理，最后用数字显示或自动记录。电子经纬仪的照准部同光学经纬仪类似，它主要由望远镜、光学瞄准器和照准控制机构等组成。

（二）电子经纬仪的键盘功能及水平角的观测

以拓普康（Topcon）DT100 和苏一光 DJD2 电子经纬仪为例介绍电子经纬仪的键盘功能及简单的使用方法。

1. 电子经纬仪的键盘功能及信息显示

（1）仪器键盘功能：电子经纬仪的键盘如图 2-24 所示，各操作键功能见表 2-5。

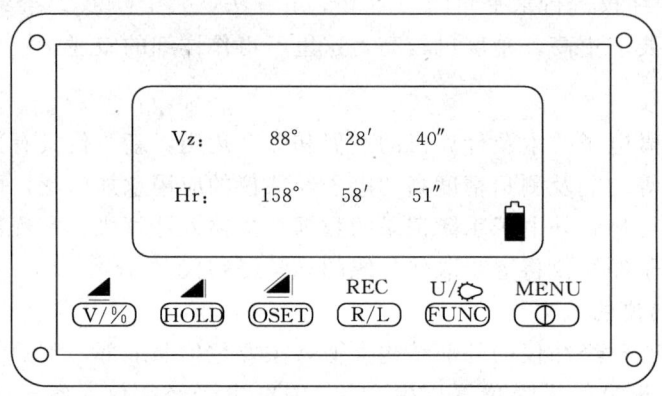

图 2-24 电子经纬仪的键盘

表 2-5　　　　　　　　各操作键功能说明表

键名	功　能	键名	功　能
MRNU	开机、关机 打开手簿通信或测距菜单	OSET	水平角置零 进行单次测距
U/FUNC	360°/400gon 单位转换 照明开/关 进入菜单后返回键	HOLD	水平角任意角度锁定 显示高差
REC R/L	向右/左水平角值增加 记录，向手簿发送数据	V/%	竖盘角度显示天顶距 V 或坡度值% 显示平距

（2）仪器信息显示：电子经纬仪 LCD（液晶显示屏）双面二行显示，中间两行为观测数据和提示信息显示区，两边为显示内容、单位、符号区。其一般显示内容见表 2-6。

2. 电子经纬仪水平角的观测方法

（1）观测前的准备工作：主要包括正确安装电池，并检查供电情况参数的设置；打开仪器电源开关，检查电压和电池的工作状态；进行水平角的初始化的设置。

表 2-6　　　　　　　　　　电子经纬仪显示及内容

显示	内　　容	显示	内　　容
V_Z	天顶距	$V\%$	坡度值
HR	水平角顺转增加	HL	水平角逆转增加
▮	电池容量	◣	高差
◢	平距	◣	单次测距键
REC	记录		

初始化设置的项目主要有：角度测量单位、角度最小显示单位、自动断电关机时间等。

(2) 角度测量操作：按"左—右—右—左"的观测顺序和方法。

1) 仪器的安置（对中、整平）。

2) 照准左方目标目标，置零按 [OSET]。

3) 松开制动螺旋，顺时针转动仪器照准右方目标，读数 [HR] 即为盘左所测水平角。

4) 盘右照准右方目标，置零按 [OSET]。

5) 逆时针方向转动仪器，照准左方目标，读数 [HL] 即为盘右所测水平角。

上面为一测回的观测操作，记录方法与前述测回法相同，观测限差参考有关规范。

三、激光经纬仪

激光是一种方向性极、能量十分集中的光辐射。激光经纬仪正是利用激光的这一特性，来实现测量过程中的高精度、方便及自动化。激光经纬仪是在电子经纬仪的基础上，增加激光发射系统改制而成，多数仪器采用半导体激光发射器，由半导体激光发射器所发射的激光通过仪器的望远镜发射出去，与望远镜照准轴保持同轴、同焦，而且所发射的是一条可见的激光束。

激光经纬仪可向天顶方向垂直发射激光束，成为一台激光垂准仪，当将望远镜照准轴精确调平后，又可作激光水准仪或者激光扫平仪来使用。当然，其望远镜可绕支架进行盘左盘右地角度测量，完全可将其作为电子经纬仪进行高精度的水平角的观测。

由于这种经纬仪兼顾电子测角和激光投点的功能，又可使用微型计算机技术进行测量、计算、显示和存储等多项功能，所以可用于高精度的角度坐标测量，也可进行大型构件的架设、大型建筑物的位移测量、重型机器安装与校正、天顶和水平方向的定向准直以及精密的水准测量，因而有着广泛的用途。

思　考　题

1. 何谓水平角？经纬仪为何可以测出水平角？

2. 何谓竖直角？它有几种表现形式？
3. 光学经纬仪主要由几大部分组成？
4. 经纬仪上有哪些用于控制各部分部件的相对运动的装置？试分别说明其作用。
5. 对中和整平的目的各是什么？如何利用光学对点器进行对中？
6. 整平的目的是什么？如何进行整平？
7. 观测水平角时，若需进行两个以上测回，为何各测回间要变换度盘位置？
8. 若测回数位3，用 J_6 级经纬仪观测时，各测回的起始读数为多少？那么用 J_2 级经纬仪观测时，又如何呢？

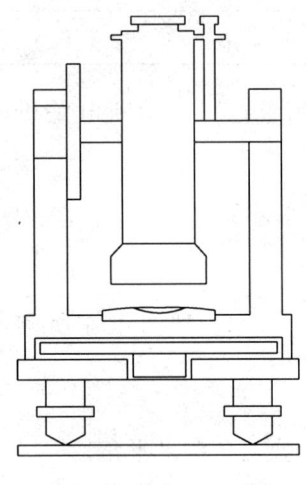

图 2-25

9. 试分别叙述用测回法和方向观测法进行水平角的操作步骤（两测回）。
10. 采用盘左、盘右观测角度时，可以消除或减弱哪些仪器误差？
11. 经纬仪有哪些主要轴线？在图 2-25 中把它们画出来。各轴线应满足什么条件？
12. 某一经纬仪置于盘左，当视线水平时，竖盘读数为 90°；当望远镜逐渐上仰，竖盘读数在逐渐减少。试推导该仪器的竖直角的计算公式。
13. 在竖直角观测时，为何在读数前一定要使竖盘指标水准管地气泡居中？
14. 何谓竖盘指标差？对顺时针和逆时针注记的竖盘，竖盘指标差的计算公式有无区别？
15. 在何种情况下，测站偏心和目标偏心对测角地影响大？在实际操作中应采取什么措施？
16. 如何检验和校正竖盘指标差？
17. 在进行视准轴垂直于横轴的检验时，为何照准的目标与仪器大致同高？而在进行横轴垂直于竖轴的检验时，又为何选择较高的目标点？
18. 电子经纬仪有何主要特点？
19. 试整理表 2-7、表 2-8 水平角观测记录。

表 2-7　　　　　　　　　　　测 回 法 观 测 记 录 表

测站	竖盘位置	目标	水平角读数 /(° ′ ″)	半测回角值 /(° ′ ″)	一测回角值 /(° ′ ″)	备注
A	左	B	347 16 30			
		C	48 34 24			
	右	B	167 15 42			
		C	228 33 54			

表 2-8　　　　　　　　　　　全圆方向观测法记录表

测回数	测站	目标	读数 盘左 /(° ′ ″)	读数 盘右 /(° ′ ″)	2C /(″)	平均读数 /(° ′ ″)	归零后方向值 /(° ′ ″)	各测回归零后方向平均值 /(° ′ ″)	备注
Ⅰ	O	A	0 01 00	180 01 12					
		B	62 15 24	242 15 48					
		C	107 38 42	287 39 06					
		D	185 29 06	5 29 12					
		A	0 01 06	180 01 18					
	归零差								
Ⅱ	O	A	90 01 36	270 02 00					
		B	152 15 54	332 16 06					
		C	197 39 24	17 39 30					
		D	275 29 42	95 29 48					
		A	90 01 36	270 01 48					
	归零差								

20. 完成表 2-9 竖直角的记录表。

表 2-9

测站	盘位	目标	竖盘读数 /(° ′ ″)	半测回竖直角 /(° ′ ″)	指标差 /(″)	一测回竖直角 /(° ′ ″)	备注
P	左	A	69 20 30				
	右		290 40 00				
	左	B	98 03 12				
	右		261 56 54				

第三单元

距离测量和直线定向

学习目标

知识目标：本章学习，使学生了解距离测量的工具、直线定线的方法，理解一般距离丈量和精密量距、视距测量的观测和计算、直线定向的方法、坐标方位角的计算及坐标的正反算方法。

技能目标：掌握直线定线和方位角的推算方法。

单元概述

本单元主要介绍距离测量的一般工具、视距测量原理及方法、直线定向原理和坐标方位角推算的基本方法。

任务一 距 离 测 量

距离测量是确定地面点位的基本测量工作之一。距离是指地面两点之间的直线距离，主要包括两种：水平面两点之间的距离称为水平距离，简称平距；不同高度上两点之间的距离称为倾斜距离，简称斜距。距离测量的方法有钢尺和皮尺量距、视距测量、电磁波测距和 GPS 测量等。钢尺和皮尺量距是用钢尺或皮尺沿地面直接丈量两点间距离；视距测量是利用水准仪或经纬仪望远镜中的视距丝及视距标尺按几何光学原理进行测距；电磁波测距是用仪器发射并接收电磁波，通过测量电磁波在待测距离上往返传播的时间解算出距离；GPS 测量是利用 GPS 接收机接收卫星发射的信号，通过解算求出两台 GPS 接收机之间的距离、坐标和高程。本节重点介绍前两种距离测量方法。

一、量距的工具

钢尺量距的主要器材有钢尺、皮尺和测钎、温度计、弹簧秤、垂球、标杆等辅助量距工具。

（一）钢尺

钢尺也称钢卷尺，是用钢制成的带状尺，尺的宽度为 10～15mm，厚度约 0.4mm，长度有 20m、30m、50m 等几种。钢尺有卷放在圆盘型的尺壳内的，也有卷放在金属尺架上的，如图 3-1 所示。钢尺的分划也有好几种，有的以厘米为基本分划，适用于一般量距；有的也以厘米为基本分划，但尺端第一分米内有毫米分划；目前市场上的钢尺一般分划至毫米，在钢尺的厘米、分米和米的分划线上都有数字注记。钢尺一般量距的精度可达到 1/5000～1/1000，精密测距的精度可以达到 1/40000～1/10000，适合于平坦地区的距离测量。

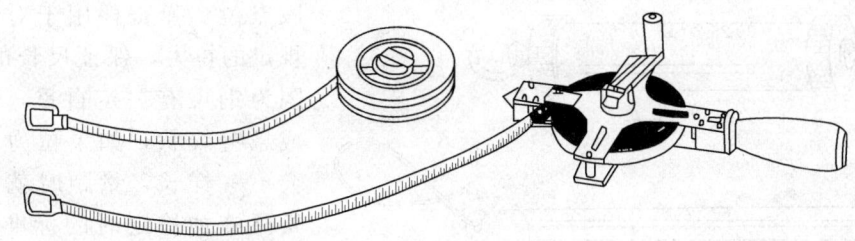

图 3-1 钢尺

（二）皮尺

皮尺是用麻线加入金属丝织成的带状尺，如图 3-2（a）所示。长度有 20m、30m 和 50m 等。皮尺的基本分划为厘米，在尺的分米和整米处有注记。尺端金属环的外端为尺子的零点，如图 3-2（b）所示。尺子不用时卷入尺壳内，携带和使用都很方便，但是皮尺容易伸缩，量距精度比钢尺低，皮尺丈量精度在 1/1000 左右，一般用于精度要求不高的碎部测量和土方工程的施工放样等。

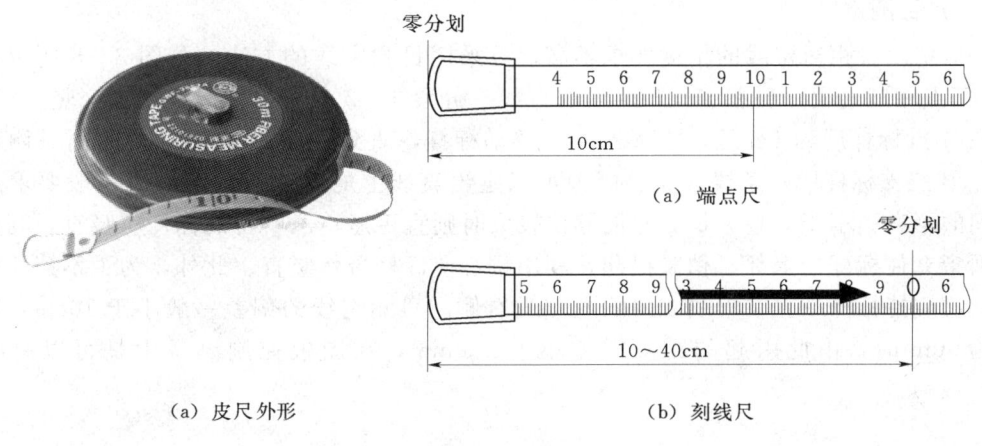

（a）皮尺外形　　　　　（b）刻线尺

图 3-2 皮尺

（三）辅助量距工具

辅助量距工具有测钎、标杆、垂球、温度计、弹簧秤等。测钎一般用钢筋制成，长 30～40cm，如图 3-3（a）所示。一端磨尖便于插入土中准确定位，另一端卷成圆环，便于串在一起携带。测钎主要用于标定尺段和作为定线的标志。标杆用木或竹竿制成，直径 0.5～2cm，长 2～3m，间隔 10cm 涂以红白相间的油漆，如图 3-3（b）所示，它主要用于直线的定线和在倾斜尺段上进行水平丈量时标定尺

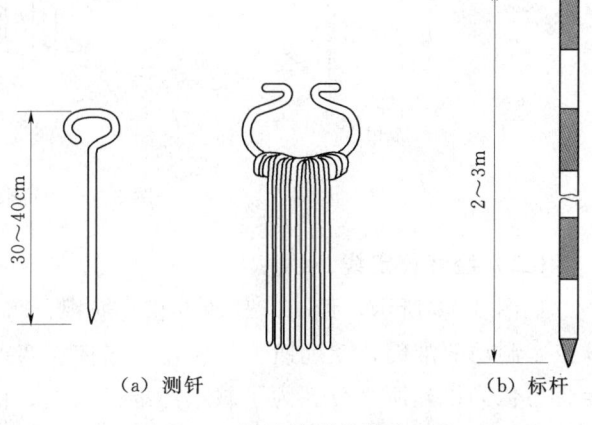

（a）测钎　　　　（b）标杆

图 3-3 钢尺量距的辅助工具

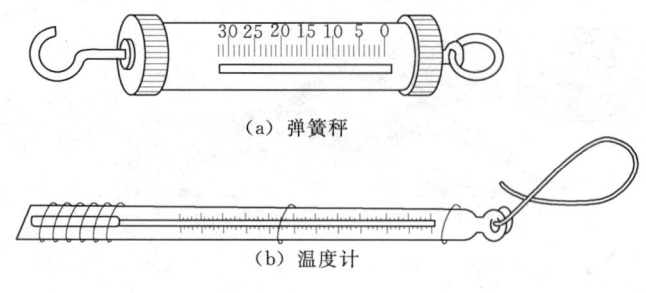

图 3-4 辅助工具

段点位。弹簧秤用于对钢尺施加规定的拉力，保证尺长的稳定性。因为钢尺有一定自重，展开时必成悬链线状，如果拉力不同尺子会不一样长，量距时就必须用弹簧秤施加检定时的标准拉力。温度计用于测定量距时的温度，以便对钢尺丈量的距离加温度改正，如图 3-4 所示。

二、直线定线

当欲丈量的两点间距离比所用尺子长时，就需要分若干尺段丈量，为使尺段点位不偏离两点连线的方向，就需要定线。所谓直线定线，就是将所有尺段点都标定在两点的连线上。直线定线的方法一般用目测定线和经纬仪定线。

（一）目测定线

一般精度量距对定线的精度要求不高，可采用目测定线的方法。如图 3-5 所示，设 A、B 两点相互通视，要在 A、B 两点的直线上分段 1、2 点。先在 A、B 点上竖立标杆，甲站在 A 点标杆后约 1m 处，指挥乙左右移动标杆，直到甲在 A 点沿标杆的同一侧看到 A、2、B 三支标杆成一条线为止。同理可以定出直线上的其他点。定线时一般要求点与点之间的距离稍小于一整尺长，地面起伏较大时则宜更短；乙所持的标杆应竖直，利用食指和拇指夹住标杆的上部，稍微提起，利用重心使标杆自然竖直。此外，为了不挡住甲的视线，乙应持标杆站立在直线方向的左侧或右侧。目测定线的偏差一般小于 10cm，若尺段长为 30m 时，由此引起的距离误差小于 0.2mm，在图根控制测量中是可以忽略不计的。

图 3-5 目测定线

（二）经纬仪定线

如图 3-6 所示，设 A、B 两点相互通视，将经纬仪安置在 A 点，用望远镜纵丝瞄准 B 点，制动照准部，望远镜上下转动，指挥在两点间某一点上的助手，左右移动标杆，直至标杆像为纵丝所平分。为了减小照准部误差，精密定线时，可用直径更细的测钎或垂球线代替标杆。

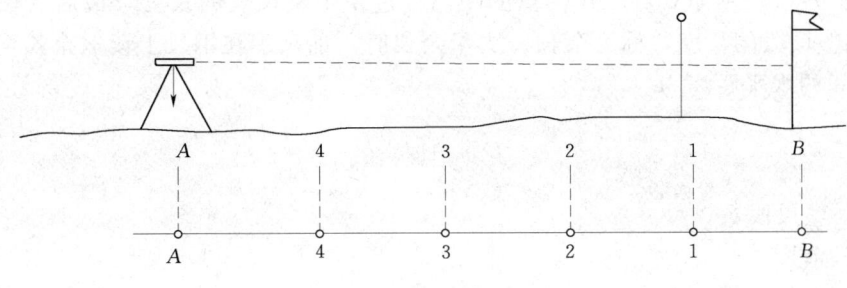

图 3-6 经纬仪定线

三、钢尺量距的一般方法

用钢尺或皮尺量距的方法是基本相同的，下面介绍用钢尺量距的一般方法。用钢尺丈量距离精度在 1/5000～1/1000 方法称为钢尺量距一般方法。

（一）平坦地面的距离丈量

如图 3-7（a）所示，丈量距离时一般需要三人，前、后尺各一人，记录一人。清除待量直线上的障碍物后，在直线两端点 A、B 竖立标杆，后尺手持钢尺的零端位于 A 点，前尺手持钢尺的末端和一组测钎沿 AB 方向前进，行至一个尺段处停下。后尺手用手势指挥前尺手将钢尺拉在 AB 直线上，后尺手将钢尺的零点对准 A 点，当两人同时把钢尺拉紧后，前尺手在钢尺末端的整尺段长分划处竖直插下一根测钎得到 1 点，即量完一个尺段。前、后尺手抬尺前进，当后尺手到达插测钎或划记号处时停住，再重复上述操作，量完第二尺段。后尺手拔起地上的测钎，依次前进，直到量完 AB 直线的最后一段为止。

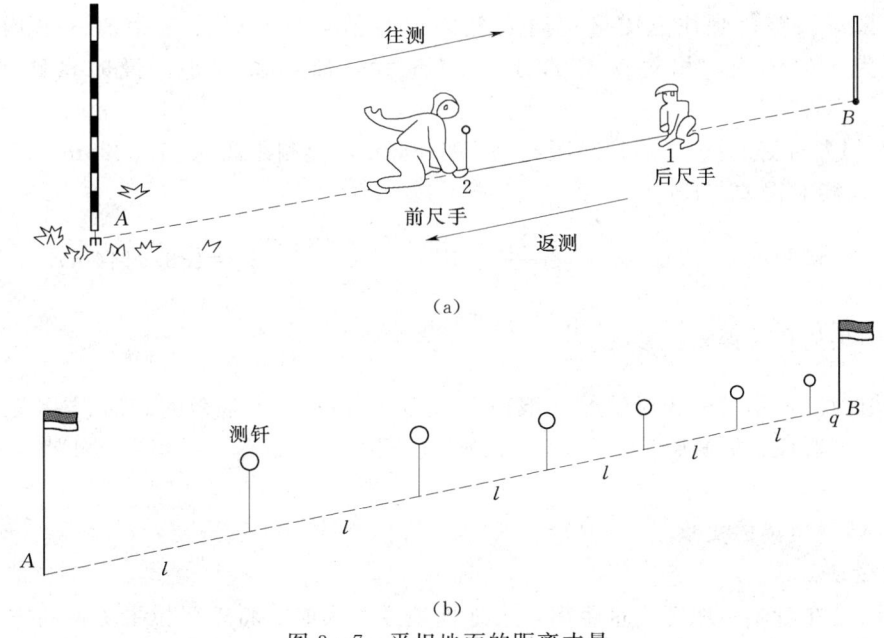

图 3-7 平坦地面的距离丈量

如图 3-7 (b) 所示，在 AB 两点的距离经过 n 个整尺段的长度，最后一段距离一般不会刚好是整尺段的长度，称为余长。丈量余长时，前尺手在钢尺上读取余长值，则最后 A、B 两点间的水平距离为

$$D_{AB} = nl + q \qquad (3-1)$$

式中　　n——整尺段数；

　　　　q——余长；

　　　　l——整尺段长。

在平坦地面，钢尺沿地面丈量的结果就是水平距离。

为了防止丈量中发生错误及提高量距的精度，需要往返丈量。上述为往测，返测时，将钢尺调头，从 B 点往 A 点方向丈量，方法相同。最后取往返丈量距离的平均值作为丈量结果，用 $D_平$ 表示，即

$$D_平 = \frac{D_{AB} + D_{BA}}{2} \qquad (3-2)$$

式中　　D_{AB}——往测距离；

　　　　D_{BA}——返测距离。

丈量结果（即平均距离）的精度或称相对误差为

$$K = \frac{|D_{AB} - D_{BA}|}{D_平} = \frac{1}{M} \qquad (3-3)$$

式中　　K——往返丈量结果的相对误差（或精度）。

所谓相对误差，是往返丈量距离之差的绝对值与其往返丈量距离的平均值之比，化成分子为 1 的分式，相对误差的分母 M 越大，K 值就越小，说明量距的精度就越高。

【例 3-1】　已知 A、B 的往测距离为 178.842m，返测距离为 178.328m，求丈量的结果（$D_平$）及相对误差（K）。

【解】　丈量的结果：$D_平 = \dfrac{D_{AB} + D_{BA}}{2} = \dfrac{186.898 + 186.930}{2} = 186.914(\text{m})$

丈量结果的相对误差：$K = \dfrac{|186.898 - 186.930|}{186.914} = \dfrac{1}{5841}$

在平坦地区，钢尺的相对误差一般应不大于 1/3000；当量距的相对误差没有超出上述规定时，可取往、返测距离的平均值作为两点间的水平距离。平坦地面距离丈量的记录和计算见表 3-1。

（二）倾斜距离的丈量

1. 平量法

平量法是在沿倾斜地面丈量距离，当地面坡度不大时，将钢尺拉平丈量的方法。平量时是由高点向低点方向进行独立两次丈量，取平均值作为丈量的结果。

表 3-1　　　　　　　　　　距 离 丈 量 记 录 表

线段	往 测		返 测		往返差 /m	相对误差 K	平均距离 $D_平$/m	备注
	分段长 /m	总长 /m	分段长 /m	总长 /m				
AB	30×6 6.898	186.898	30×6 6.930	186.930	-0.032	1/5841	186.914	
BC	30×5 12.368	162.368	30×5 12.400	162.400	-0.032	1/5074	162.384	

如图 3-8 所示，由 A 点向 B 点进行丈量，后尺手持钢尺零端，并将零刻线对准起点 A 点，前尺手进行定线后，将尺拉在 AB 方向上并使尺子抬高至水平状态，然后用垂球尖端将尺段的末端（如 30m 刻画）投于地面上，再插以测钎。若地面倾斜较大，将钢尺抬平有困难时，可将一尺段分为几段来平量。

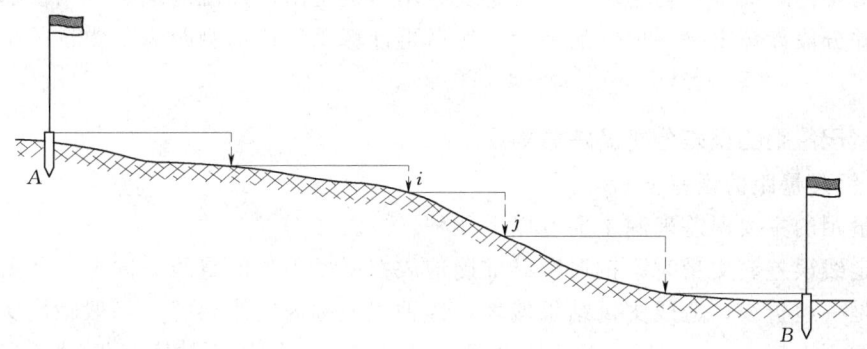

图 3-8　平量法示意图

平量法的丈量结果是取两次丈量的平均值，即

$$D_平 = \frac{D_{AB1} + D_{AB2}}{2} \tag{3-4}$$

式中　D_{AB1}、D_{AB2}——第一、第二次丈量值；
　　　$D_平$——第一、第二次丈量值的平均值。

丈量结果的相对误差采用下式计算：

$$K = \frac{|D_{AB1} - D_{AB2}|}{D_平} = \frac{1}{M} \tag{3-5}$$

平量法丈量距离可用表 3-1 进行记录和计算。

2. 斜量法

当倾斜地面的坡度比较均匀时，可采用斜量法。斜量法是沿均匀倾斜地面往返丈量出倾斜距离，用仪器测出其两端高差，用勾股定理计算出其水平距离。如图 3-9 所示，可以沿着斜坡往返丈量出 A，B 的斜距，精度符合要求后，计算往返平均斜距 L，测出地面倾斜角 α 或两端点的高差 h，然后按下式计算 A、B 的水平距离 D：

$$D = \sqrt{L^2 - h^2}$$

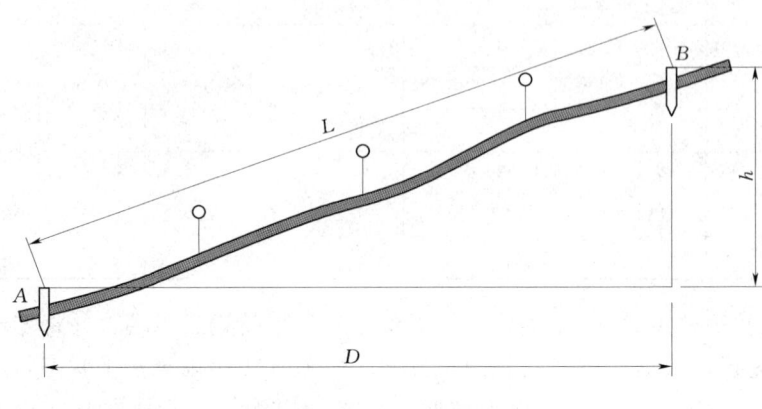

图 3-9 斜量法

当需丈量的距离不是均匀坡度时，定线时用木桩定出每尺段的端点，用仪器测出各尺段高差，并分段计算出每一尺段的平距，然后再计算总的往返测距离、丈量的结果和相对误差。

四、钢尺量距的误差分析及注意事项

（一）钢尺量距的误差分析

钢尺量距的主要误差来源主要有以下几种：

（1）定线误差。丈量时，钢尺没有准确地放在所量距离的直线方向上，使所量距离不是直线而是一组折线，造成丈量结果偏大，这种误差称为定线误差。一般距离丈量时，要求定线偏差不大于 0.1m，可以用标杆目测定线。当直线较长或精密量距时，应利用仪器定线。

（2）尺长误差。如果钢尺的名义长度和实际长度不符，则产生尺长误差。尺长误差是积累的，丈量的距离越长，误差越大。因此，新购置的钢尺必须经过检定，求出其钢尺的尺方程式。

（3）温度误差。钢尺的长度随温度而变化，当丈量时的温度与钢尺检定时的标准温度不一致时，将产生温度误差。一般量距时，当温度变化小于 10℃，可以不加温度改正，对于精密量距必须加温度改正数。

（4）钢尺倾斜和垂曲误差。在高低不平的地面上采用钢尺水平法量距时，钢尺不水平或中间下垂而成曲线时，都会使量得的长度比实际要大。因此，丈量时必须注意钢尺水平，整尺段悬空时，中间应有人托住钢尺，否则会产生不容忽视的垂曲误差。

（5）拉力误差。钢尺在丈量时所受拉力应与检定时的拉力相同，否则将产生误差。对于一般距离丈量而言，保持大概与检定钢尺时的拉力即可，但对于精密量距，必须使用拉力器。

（6）丈量误差。丈量时，在地面上标志尺段点位置处插测钎不准，前、后尺手配合不

佳,余长读数不准等,都会引起丈量误差,这种误差对丈量结果的影响可正可负,大小不定。在丈量中要尽量做到对点准确,配合协调。

(二) 钢尺量距的主要注意事项

(1) 丈量时应检查钢尺,看清钢尺的零点位置。

(2) 量距时要定线准确,尺子要水平,拉力要均匀。

(3) 读数时要细心、精确,不要看错、念错。

(4) 记录要完整、清楚、正确;不要漏记、涂改、算错。

(5) 钢尺易生锈,丈量结束后应用软布擦去尺上的泥和水,涂上机油,以防生锈。

(6) 钢尺易折断,如果钢尺出现卷曲,切不可用力硬拉。

(7) 丈量时,钢尺末端的持尺员应该用尺夹夹住钢尺后手握紧尺夹加力,没有尺夹时,可以用布或者纱手套包住钢尺代替尺夹,切不可手握尺盘或尺架加力,以免将钢尺拖出。

(8) 在行人和车辆较多的地区量距时,中间要有专人保护,以防止钢尺被车辆辗压折断。

(9) 不准将钢尺沿地面拖拉,以免磨损尺面分划。

(10) 收卷钢尺时,应按顺时针方向转动钢尺摇柄,切不可逆转,以免折断钢尺。

任务二 视 距 测 量

视距测量是利用望远镜内十字丝分划板上的视距丝及视距尺(塔尺或普通水准尺),根据光学和三角学原理同时测定仪器至立尺点间的水平距离和高差的一种方法。视距测量的精度较低,其测量距离的相对误差约为1/300,低于钢尺量距;测定高差的精度每百米约±3cm,低于水准测量。但用视距测量测定距离和高差具有速度快、劳动强度小、受地形条件限制少等优点。因此视距测量广泛用于精度要求不高的地形测量、架空输电线路中。

一、视距测量的原理

(一) 视线水平时的视距计算公式

如图 3-10 所示,AB 为待测距离,在 A 点安置经纬仪,B 点竖立视距尺,设望远镜视线水平,瞄准 B 点的视距尺,此时视线与视距尺垂直。

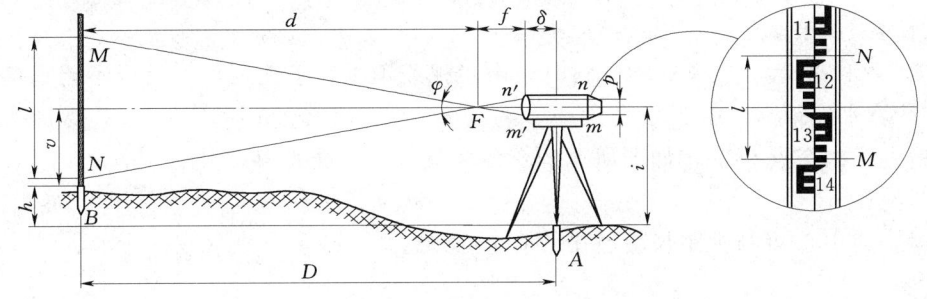

图 3-10 视准轴水平时的视距测量原理图

1. 平距计算公式

在图 3-10 中，$P=\overline{nm}$ 为望远镜上、下视距丝的间距，$l=\overline{NM}$ 为视距间隔，f 为望远镜物镜焦距，δ 为物镜中心到仪器中心的距离。

由于望远镜上、下视距丝的间距 p 固定，因此从这两根丝引出去的视线在竖直面内的夹角 φ 是固定的角度。设由上、下视距丝 n、m 引出去的视线在标尺上的交点分别为 N、M，则在望远镜视场内可以通过读取交点的读数 N、M 求出视距间隔 l。

$$D=Kl+C \tag{3-6}$$

式中　K——视距乘常数；
　　　C——视距加常数。

设计制造仪器时，通常使 $K=100$，对于内对光仪器 C 值很小接近于零，因此，视线水平时的平距计算公式为

$$D=Kl=100l \tag{3-7}$$

式中　K——视距乘常数 100；
　　　l——视距间隔，即上、下丝读数之差。

2. 高差计算公式

如图 3-10 所示，如果再在望远镜中读出中丝读数 v，用 2m 卷尺量出仪器高 i，则 A、B 两点的高差为

$$h=i-v \tag{3-8}$$

若已知测站点的高程 H_A，则立尺点 B 的高程为

$$H_B=H_A+h=H_A+i-v \tag{3-9}$$

【例 3-2】　如图 3-10 所示，设测站点的高程 $H_A=80.36\text{m}$，仪器高度 $i=1.48\text{m}$，中丝高度 $v=1.288\text{m}$，求 AB 间的水平距离和 B 的高程是多少？

【解】　视距间隔：　　　$l=1.387-1.188=0.199(\text{m})$
　　　AB 间的水平距离：　　$D=100\times 0.199=19.9(\text{m})$
　　　AB 间的高差：　　　$h=i-v=1.48-1.288=+1.192(\text{m})$
　　　B 点的高程：　　　$H_B=H_A+h=80.31+0.192=80.502(\text{m})$

（二）视线倾斜时的视距计算公式

1. 平距计算公式

如图 3-11 所示，当视准轴倾斜时，由于视线不垂直于视距尺，所以不能直接应用式 (3-7) 计算水平距离。由于 φ 角很小，约为 $34''$，所以有 $\angle MOM'=\alpha$，只要将视距尺绕与望远镜视线的交点 O 旋转如图所示的 α 角后就能与视线垂直，并有

$$l'=l\cos\alpha \tag{3-10}$$

则望远镜旋转中心 Q 与视距尺旋转中心 O 的视距为

$$S=Kl'=Kl\cos\alpha \tag{3-11}$$

由此求得视线倾斜时 A、B 两点间的水平距离计算公式为

$$D = S\cos\alpha = Kl\cos^2\alpha \tag{3-12}$$

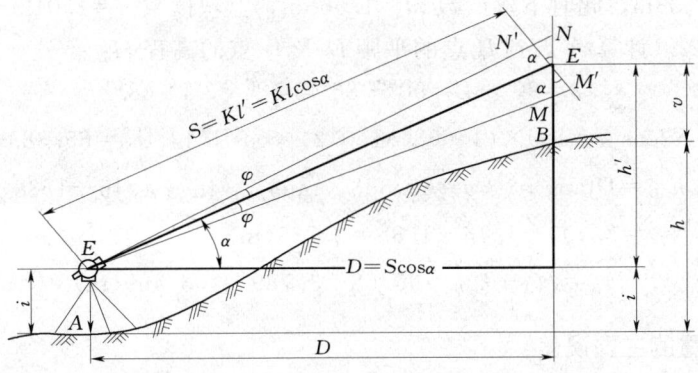

图 3-11 视准轴倾斜时的视距测量原理图

2. 高差计算公式

设 A、B 的高差为 h，由图 3-11 容易列出方程：

$$h + v = h' + i$$

其中

$$\begin{aligned} h' &= S\sin\alpha = Kl\cos\alpha\sin\alpha \\ &= \frac{1}{2}Kl\sin 2\alpha = D\tan\alpha \end{aligned} \tag{3-13}$$

上式中，h' 称为高差主值（也称初算高差），将其代入上式，得视线倾斜时高差计算公式为

$$\begin{aligned} h &= h' + i - v \\ &= \frac{1}{2}Kl\sin 2\alpha + i - v \\ &= D\tan\alpha + i - v \end{aligned} \tag{3-14}$$

这样就可以有已知高程点推算出待求高程点的高程。计算公式为

$$H_B = H_A + h \tag{3-15}$$

二、视距测量的观测和计算方法

1. 观测方法

(1) 安置仪器于测站点上，量出仪器高度 i，取至厘米即可。

(2) 盘左照准视距尺，用望远镜微动螺旋使中丝为一整数或仪器高度，读取上丝、下丝和中丝读数，并使竖盘指标水准管气泡居中（自动归零装置的仪器没有此项操作），读取竖盘读数。

(3) 计算仪器至立尺点间的平距和高差、立尺点的高程。

2. 计算方法

视距测量的计算方法，过去多采用查《视距计算表》的方法，现在这种方法很少使用，目前广泛使用多功能计算器或有程序的计算器进行计算。

【例3-3】 设测站点的高程 $H_A=96.68$m，仪器高 $i=1.46$m，观测竖直角时以中丝切准尺面使 $v=1.38$m，此时下丝读数 $m=1.668$m，上丝读数 $n=1.012$m，竖直度盘盘左读数 $L=86°45'12''$。计算 A 点到 B 点的平距 D 及 B 点的高程 H_B。

【解】
$$\alpha=90°-L=90°-86°45'12''=3°14'48''$$
$$D=Kl\cos^2\alpha=100\times(1.668-1.012)\times\cos^2 3°14'48''=65.383(m)$$
$$h_{AB}=D\tan\alpha+i-v=65.383\times\tan 3°14'48''+1.46-1.38$$
$$=3.709+1.46-1.38=3.789(m)$$
$$H_B=H_A+h_{AB}=96.68+3.789=103.469(m)$$

三、视距测量的主要误差

（1）视距乘常数 K 和视距尺分划误差。由于仪器制造工艺上的原因，K 值不一定恰好等于 100，视距尺的分划不均匀也产生误差。在使用仪器测量前必须准确测定 K 值，必要时对距离进行改正。

（2）用视距丝在标尺上读数引起的误差。由于视距测量主要按视距丝来读取标尺读数计算视距的，而视距丝有一定的宽度，估读时存在误差。因此，在读数时为了减少读数误差，要注意认真进行物镜对光，此外，可依视距丝的上边缘（或下边缘）读数，以减少读数误差。

（3）外界条件变化引起的误差。视距测量是在一定的外界条件下进行的，外界条件如温度的变化、风力的大小、空间的透明度等，都会给测量带来误差，因此，视距测量要避免在烈日、大风和尘雾中进行视距测量，另外，视线应距地面有一定高度。

（4）标尺倾斜引起的误差。标尺扶立不正，前后倾斜引起，使读数存在误差，因此在观测时要注意扶正标尺，标尺上最好装有圆水准器或水准管，以保证标尺竖直。

任务三　直　线　定　向

一、直线定向的概念

在测量工作中常要确定地面上两点间的平面位置关系，要确定这种关系除了需要测量两点之间的水平距离以外，还必须确定该两点直线的方向。在测量上，确定某一条直线与标准方向线之间的水平角称为直线定向。

二、标准方向的种类

1. 真子午线方向

椭球的子午线方向称为真子午线，通过地球表面上某点的真子午线的切线方向称为该点的真子午线方向（也称真北方向），真子午线方向可通过天文观测、陀螺经纬仪测量来测定。

2. 磁子午线方向

磁子午线方向即为磁针静止时所指的方向（也称磁北方向），它是用罗盘来测定的。

3. 坐标纵轴方向

我国采用高斯平面直角坐标系，在每一投影带中央子午线的投影为坐标纵轴方向，即 X 轴方向，平行于高斯投影平面直角坐标系 X 坐标轴的方向称为坐标纵线（也称轴北方向）。

测量中常用这三个方向来作为直线定向的标准方向，即所谓的三北方向，如图 3-12 所示。

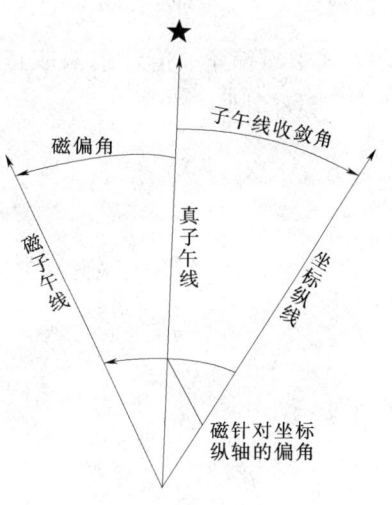

图 3-12 测量标准方向

三、直线方向的表示方法

测量工作中，常用方位角、坐标方位角或象限角来表示直线的方向。

（一）方位角的概念

从直线一端点的标准方向顺时针转至某直线的水平夹角，称为该直线的方位角。方位角的大小是 $0°\sim 360°$，方位角不能为负数。

（二）方位角的分类

根据标准方向的不同，方位角又分为真方位角、磁方位角和坐标方位角三种。

1. 真方位角

从直线一端点的真子午线方向顺时针方向转到该直线的水平角，称为该直线的真方位角，用 $\alpha_真$ 表示，如图 3-13（a）所示。

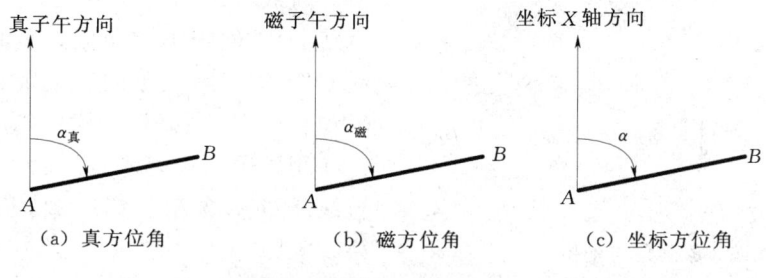

图 3-13 直线定向

2. 磁方位角

从直线一端的磁子午线方向顺时针方向量到某直线的水平角，称为该直线的磁方位角，用 $\alpha_磁$ 表示，如图 3-13（b）所示。

3. 坐标方位角

从坐标纵轴方向的北端起顺时针方向量到某直线的水平角，称为该直线的坐标方位角，一般用 α 表示，如图 3-13（c）所示。

（三）磁偏角

由于磁南北极与地球的南北极不重合，因此过地球上某点的真子午线与磁子午线不重合，同一点的磁子午线方向偏离真子午线方向某一个角度称为磁偏角，用 δ 表示，如图 3-14 所示。

（四）磁方位角与真方位角之间的关系

$$\alpha_{真} = \alpha_{磁} + \delta \qquad (3-16)$$

式中磁偏角 δ 值，东偏取正，西偏取负，如图 3-15 所示。我国的磁偏角的变化在 $-10°\sim 6°$ 之间。

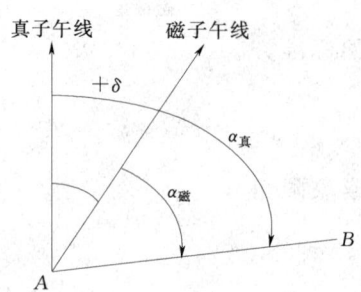

图 3-14 磁方位角和真方位角的关系

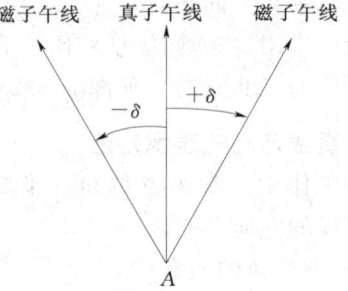

图 3-15 象限角与坐标方位角

（五）象限角

如图 3-16 所示，通过 X 和 Y 坐标轴将平面划分为四个象限。从 X 轴方向按顺时针或逆时针转至某直线的水平角称为象限角，以 R 表示。象限角的范围是 $0°\sim 90°$。正反象限角大小相等，方向相反。

直线 OP_1 位于第一象限，象限角为 R_1；直线 OP_2 位于第二象限，象限角为 R_2；直线 OP_3 位于第三象限，象限角为 R_3；直线 OP_4 位于第四象限，象限角为 R_4。

用象限角来表示直线的方向，必须注明直线所处的象限。第一象限记为"北东"，第二象限记为"南东"，第三象限记为"南西"，第四象限记为"北西"。图 3-18 中，

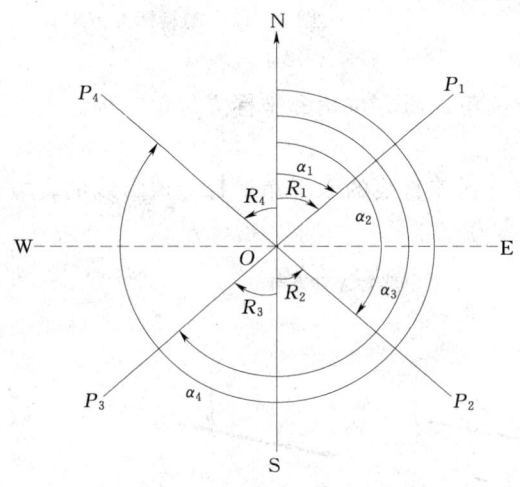

图 3-16 象限角与坐标方位角

假定 $R_1 = 42°30'$、$R_3 = 44°18'$ 则应分别记为 $R_1 = $ 北东 $42°30'$、$R_3 = $ 南西 $44°18'$。

如图 3-18 所示，直线方位角与象限角换算关系，见表 3-2。

表 3-2　　　　　　　　直线的方位角与象限角换算关系

象 限	关 系	象 限	关 系
一	$\alpha_1 = R_1$	三	$\alpha_3 = 180° + R_3$
二	$\alpha_2 = 180° - R_2$	四	$\alpha_4 = 360° - R_4$

【例 3-4】 已知 AB 直线方位角 $\alpha_{AB} = 186°39'$，求 AB 直线的象限角是多少？

【解】 AB 直线方位角 $\alpha_{AB} = 186°39'$，直线 AB 在第三象限。则直线 AB 象限角为

$$R_{AB} = 186°39' - 180° = 南西 \; 6°39'$$

【例 3-5】 已知直线 CD 象限角为：$R_{CD}=$ 南东 $16°30'$，求 CD 直线的方位角和反象限角是多少？

【解】 因为直线在第二象限，所以 CD 直线的方位角为

$$\alpha_{CD}=180°-R=164°30'$$

因为正反象限角相等，方向相反，所以 CD 直线的反象限角：$R'_{CD}=$ 北西 $16°30'$

任务四　坐标方位角的推算

一、正、反坐标方位角

测量工作中的直线存在正、反两个方向，如图 3-17 所示。就直线 AB 而言，点 A 是起点，B 点是终点。通过起点 A 的坐标纵轴北方向与直线 AB 所夹的坐标方位角 α_{AB} 称为直线 AB 的正坐标方位角；过终点 B 的坐标纵轴北方向与直线 BA 所夹的坐标方位角 α_{BA}，称为直线 AB 的反坐标方位角（是直线 BA 的正坐标方位角）。正、反坐标方位角相差 $180°$，即

$$\alpha_{\text{反}}=\alpha_{\text{正}}\pm 180° \quad (3-17)$$

公式中，当 $\alpha_{\text{反}}\geqslant 180°$ 时，取"$-$"号；当 $\alpha_{\text{反}}<180°$ 时，取"$+$"号。

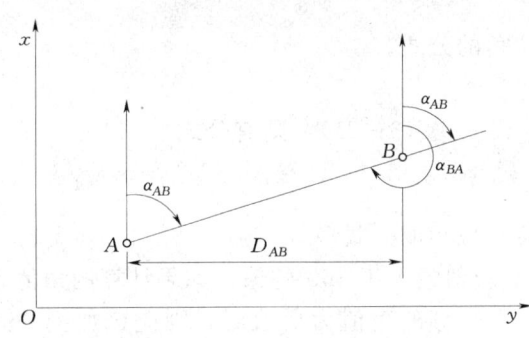

图 3-17　正反坐标方位角

【例 3-6】 已知 AB 直线方位角 $\alpha_{AB}=196°35'$，求 AB 直线的反方位角 α_{BA} 是多少？

【解】 $\because \alpha_{\text{反}}=\alpha_{\text{正}}\pm 180°$

$\therefore \alpha_{BA}=196°35'-180°=16°35'$

二、坐标方位角的推算

在测量工作中，通常只测定起始边的方位角，其他各边的方位角是用导线点上观测的水平角进行推算的。

如图 3-18 所示，通过已知坐标方位角和观测的水平角来推算出各边的坐标方位角。在推算时水平角 β 有左角和右角之分，图中沿前进方向 $A\to B\to C\to D\to E$ 左侧的水平角称为左角，沿前进方向右侧的水平角称为右角。

1. 用左角推算各边方位角

设 α_{AB} 为已知起始方位角，各转折角为左角。从图 3-18 中可以看出，每一边的正、反坐标方位角相差 $180°$，则有

$$\alpha_{BC}=\alpha_{AB}+\beta_{B\text{左}}-180° \quad (3-18)$$

同理有

$$\alpha_{CD}=\alpha_{BC}+\beta_{C\text{左}}-180° \quad (3-19)$$

$$\alpha_{DE}=\alpha_{CD}+\beta_{D\text{左}}-180° \quad (3-20)$$

由此可知，按线路前进方向，由后一边的已知方位角和左角推算线路前一边的坐标方

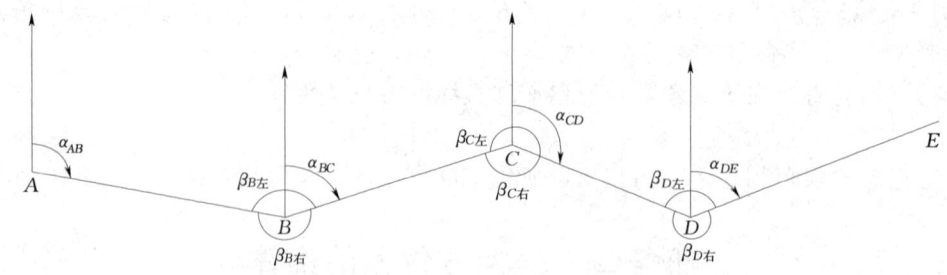

图 3-18 坐标方位角的推算

位角的计算公式为

$$\alpha_{前}=(\alpha_{后}+\beta_{左})-180° \tag{3-21}$$

式（3-21）称为左角公式，即用左角推算方位角的公式。

2. 用右角推算各边方位角

根据左、右角间的关系，将 $\beta_{左}=360°-\beta_{右}$ 代入式（3-21），则有公式

$$\alpha_{前}=(\alpha_{后}+180°)-\beta_{右} \tag{3-22}$$

式（3-22）称为右角公式，即用右角推算方位角的公式。

注意：坐标方位角的范围是 0°~360°，没有负值或大于 360°的值。如果计算的角值大于 360°时，则应该减去 360°才是其方位角；如果计算的角值为负值时，则应该加上 360°才是其方位角。

【例 3-7】 在图 3-20 中，已知 $\alpha_{AB}=86°$，$\beta_{B左}=160°$，$\beta_{C左}=210°$，$\beta_{D左}=150°$，求各边方位角是多少？

【解】 根据左角公式，推算各边方位角如下：

BC 边方位角：

$$\alpha_{BC}=(\alpha_{AB}+\beta_{B})-180°$$
$$=(86°+160°)-180°=66°$$

CD 边方位角：

$$\alpha_{CD}=(\alpha_{BC}+\beta_{C})-180°$$
$$=(66°+210°)-180°=96°$$

DE 边方位角：

$$\alpha_{DE}=(\alpha_{CD}+\beta_{D})-180°$$
$$=(96°+150°)-180°=66°$$

如果用右角，推算得各边的方位角是相同的。

任务五 距离、方向与地面点直角坐标的关系

一、坐标正算

根据直线始点的坐标、直线的水平距离及其方位角计算直线终点的坐标，称为坐标正

算。如图 3-19 所示，已知直线 AB 的始点 A 的坐标 (X_A, Y_A)，AB 的水平距离 D_{AB} 和方位角 α_{AB}，则终点 B 的坐标 (X_B, Y_B) 可按下列步骤计算。

1. 计算两点间纵横坐标增量

由图 3-19 可以看出 A、B 两点间纵横坐标增量分别为

$$\left.\begin{array}{l}\Delta x_{AB} = D_{AB}\cos\alpha_{AB} \\ \Delta y_{AB} = D_{AB}\sin\alpha_{AB}\end{array}\right\} \tag{3-23}$$

2. 计算 B 点坐标

由图 3-17 可以看出，B 点坐标为

$$\left.\begin{array}{l}x_B = x_A + \Delta x_{AB} = x_A + D_{AB}\cos\alpha_{AB} \\ y_B = y_A + \Delta y_{AB} = y_A + D_{AB}\sin\alpha_{AB}\end{array}\right\} \tag{3-24}$$

【例 3-8】 已知 A 点的坐标为 $(500.21, 680.30)$，AB 边的边长为 100.12m，AB 边的坐标方位角 α_{AB} 为 $135°30'12''$，试求 B 点坐标。

【解】 $x_B = 500.21 + 100.12 \times \cos135°30'12'' = 500.21 + (-71.417) = 428.795$(m)

$y_B = 680.30 + 100.12 \times \sin135°30'12'' = 680.30 + 70.171 = 750.471$(m)

二、坐标反算

根据直线始点和终点的坐标，计算两点间的水平距离和该直线的坐标方位角，称为坐标反算。

如图 3-17 所示，A、B 两点的水平距离及方位角可按下列公式计算：

$$\alpha_{AB} = \arctan\frac{\Delta y_{AB}}{\Delta x_{AB}} = \arctan\frac{y_B - y_A}{x_B - x_A} \tag{3-25}$$

$$D_{AB} = \sqrt{\Delta x_{ab}^2 + \Delta y_{AB}^2} = \sqrt{(x_B - x_A)^2 + (y_B - y_A)^2} \tag{3-26}$$

或

$$D_{AB} = \frac{\Delta y_{AB}}{\sin\alpha_{AB}} = \frac{\Delta x_{AB}}{\cos\alpha_{AB}} \tag{3-27}$$

如果用一般函数计算器，式 (3-25) 中 $\frac{\Delta y_{AB}}{\Delta x_{AB}}$ 应取绝对值，反算所得的角值是象限角，再根据方位角与象限角的换算关系换算为方位角，方法如下。

(1) 当 $\Delta x_{AB} > 0$，$\Delta y_{AB} > 0$ 时，α_{AB} 位于第 Ⅰ 象限内，范围在 $0° \sim 90°$ 之间，象限角与方位角相同，即 $\alpha = R$，计算的象限角值即为方位角值。

(2) 当 $\Delta x_{AB} < 0$，$\Delta y_{AB} > 0$ 时，α_{AB} 位于第 Ⅱ 象限内，范围在 $90° \sim 180°$ 之间。计算得到象限角后，按公式 $\alpha = 180° - R$ 计算该直线方位角值。

(3) 当 $\Delta x_{AB} < 0$，$\Delta y_{AB} < 0$ 时，α_{AB} 位于第 Ⅲ 象限内，范围在 $180° \sim 270°$ 之间。计算得到的象限角后，按公式 $\alpha = 180° + R$ 计算该直线方位角值。

(4) 当 $\Delta x_{AB} > 0$，$\Delta y_{AB} < 0$ 时，α_{AB} 位于第 Ⅳ 象限内，范围在 $270° \sim 360°$ 之间计算得象限角后，按公式 $\alpha = 360° - R$ 计算该直线方位角值。

如果用多功能计算器或有可编程序计算器计算，方法更为简便，在这里不再介绍。

【例 3-9】 已知 A、B 两点的坐标为 $A(500.00, 500.00)$，$B(356.25, 256.88)$，试计算 AB 的边长及 AB 边的坐标方位角。

【解】 $D_{AB} = \sqrt{(356.25-500.00)^2 + (256.88-500.00)^2} = 282.438(\text{m})$

$\alpha_{AB} = \arctan \left| \dfrac{256.88-500.00}{356.25-500.00} \right| = \arctan \left| \dfrac{-243.12}{-143.75} \right| = 59°24'19''$

由于 $\Delta x_{AB} < 0$，$\Delta y_{AB} < 0$，所以 α_{AB} 应为第三象限的角，根据方位角与象限角的换算公式得

$$\alpha_{AB} = 59°24'19'' + 180° = 239°24'19''$$

思 考 题

1. 测量上常用的测距方法有哪几种？
2. 什么是视距测量？视距测量有什么特点？
3. 什么是直线定线？怎样进行直线定线？
4. 用什么来衡量距离丈量结果的精度？什么是相对误差？
5. 在平坦地面，用钢尺一般量距的方法丈量 A、B 两点间的水平距离，往测为 168.336m，返测为 168.368m，则水平距离 D_{AB} 的结果如何？其相对误差是多少？
6. 什么是直线定向？为什么要进行直线定向？
7. 测量上作为定向依据的标准方向有几种？
8. 什么是直线正方位角、反方位角和象限角？已知各边的方位角见表 3-3，求各边的反方位角和象限角。

表 3-3　　　　　　　方位角与反方位角、象限角的换算

直　　线	方位角 /(° ′ ″)	反方位角 /(° ′ ″)	象限角 /(° ′ ″)
AB	336　45　46		
BC	268　36　32		
CD	156　28　58		
DE	87　12　36		

9. 某直线的磁方位角为 $120°17'$，而该处的磁偏角为东偏 $13°30'$，问该直线的真方位角为多少？

10. 已知 A 点的坐标为 $A(500.00, 500.00)$，AB 边的边长为 $D_{AB} = 130.08$m，AB 边的方位角为 $\alpha_{AB} = 206°18'36''$，试计算 B 点的坐标。

11. 已知 A 点的坐标为 $A(636.286, 463.220)$，B 点的坐标为 $B(562.018, 603.528)$，试求 AB 边的边长 D_{AB} 和方位角 α_{AB}。

第四单元

全 站 仪 测 量

学习目标

知识目标：了解全站仪的基本工作原理和基本构造，清楚全站仪的按键功能和测量模式，掌握全站仪测量的基本方法。

技能目标：具有使用全站仪进行角度测量、距离测量、高差测量、坐标测量、坐标放样、对边测量、悬高测量、面积测量和后方交会测量的能力。

单元概述

全站仪是由电子测角、光电测距、微处理器与机载软件组合而成的智能光电测量仪器，它的基本功能是测量水平角、竖直角、斜距，借助机载程序，可以组合成多种测量功能，如计算并显示平距、高差及镜站点的三维坐标，进行偏心测量、悬高测量、对边测量、后方交会测量、面积计算等。全站仪的自动记录、储存、计算功能以及数据通信功能，进一步提高了测量作业的自动化程度。随着计算机技术的不断发展与应用，结合用户的特殊要求，这一测量仪器能满足越来越多的需求。

任务一 全站仪的分类与特点

一、全站仪按测量功能的分类

1. 经典型全站仪

经典型全站仪也称为常规全站仪，它具备全站仪电子测角、电子测距和数据自动记录等基本功能，有的还可以运行厂家或用户自主开发的机载测量程序。其经典代表为徕卡公司的 TC 系列全站仪、尼康 DTM 系列、我国南方测绘公司的 NTS-660 系列和 NTS310 系列等。

2. 机动型全站仪

在经典全站仪的基础上安装轴系步进电机，可自动驱动全站仪照准部和望远镜的旋转。在计算机的在线控制下，机动型系列全站仪可按计算机给定的方向值自动照准目标，并可实现自动正、倒镜测量。徕卡 TCM 系列全站仪就是典型的机动型全站仪。

3. 无合作目标性全站仪

无合作目标型全站仪是指在无反射棱镜的条件下，可对一般的目标直接测距的全站仪。因此，对不便安置反射棱镜的目标进行测量，无合作目标型全站仪具有明显优势。如徕卡 TCR 系列全站仪，无合作目标距离测程可达 1000m，可广泛用于地籍测量、房产测量和施工测量等。

4. 智能型全站仪

在机动化全站仪的基础上，仪器安装自动目标识别与照准的新功能，因此在自动化的进程中，全站仪进一步克服了需要人工照准目标的重大缺陷，实现了全站仪的智能化。在相关软件的控制下，智能型全站仪在无人干预的条件下可自动完成多个目标的识别、照准与测量，因此，智能型全站仪又称为"测量机器人"。典型的代表有徕卡的TCA型全站仪等。

二、全站仪的特点

全站仪与经纬仪和水准仪相比，具有如下特点：

（1）仪器操作简单，高效。全站仪具有现代测量工作所需的所有功能，现已应用于控制测量、地形测量、工程测量等测量工作中。

（2）快速安置。简单地整平和对中后，仪器一开机后便可工作。仪器具有专门的动态角扫描系统，因此无需初始化。关机后，仍会保留水平和垂直度盘的方向值。电子"气泡"有图示显示并能使仪器始终保持精密置平。

（3）全站仪能够在一个测站上完成采集水平角、垂直角和倾斜距离三种基本数据的功能，并通过仪器内部的中央处理器，由这三种基本数据计算出平距、高差、高程及坐标等数据。

（4）全站仪设有双向倾斜补偿器，可以自动对水平和竖直方向进行修正，以消除竖轴倾斜误差的影响。还可进行地球曲率改正、折光误差以及温度、气压改正。

（5）可以通过传输接口把野外采集的数据与计算机、绘图仪连接起来，再配以数据处理软件和绘图软件，可实现测图的自动化。

任务二　了解尼康全站仪的基本构造和功能

图4-1所示为日本生产的尼康DTM452-C全站仪，下面说明全站仪的基本构造与功能。

全站仪基本上由同轴望远镜、键盘、度盘读数系统、补偿器、存储器和I/O通信接口几部分组成。

全站仪的结构原理如图4-1所示。图中上半部分包含着测量的四大光电系统，即测距、测水平角、测竖直角和水平补偿。电源是可充电池，供各部分运转、望远镜十字丝和显示器照明。键盘是测量过程的控制系统，测量人员可通过键盘调用内部指令，指挥仪器的测量工作过程和测量数据的处理。以上各系统通过I/O接口接入总线与数字

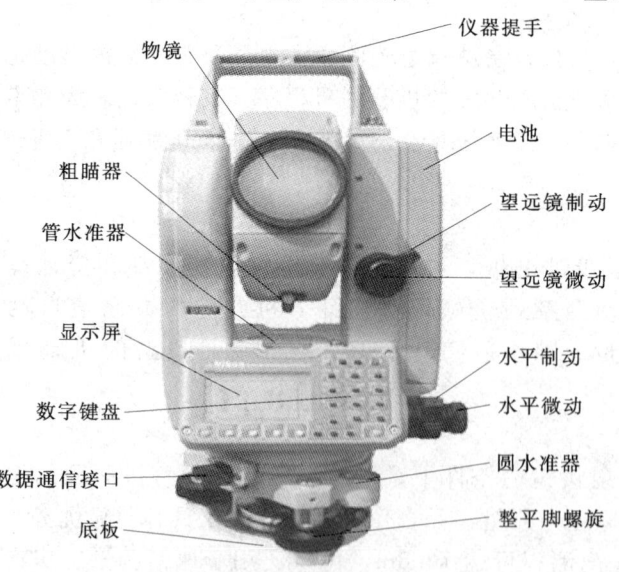

图4-1　尼康DTM452-C全站仪

计算机系统联系起来。微处理机是全站仪的核心部分，它如同计算机的中央处理器（CPU），主要由寄存器系列（缓冲寄存器、数据寄存器、指令寄存器等）、运算器和控制器组成。微处理机的主要功能是根据键盘指令启动仪器进行测量工作，执行测量过程的检核和数据的传输、处理、显示、储存等工作，保证整个光电测量工作有序的完成。输入输出单元是与仪器外部设备连接的装置（接口）。为便于测量人员设计软件系统，在全站仪的微型电脑中还提供有程序存储器。

一、同轴望远镜

全站仪的望远镜中，瞄准目标用的视准轴和光电测距仪的光波发射、接收系统的光轴是同轴的。望远镜与调光透镜中间设置分光棱镜系统，使它一方面可以接收目标发出的光线，在十字丝分划上成像，进行目标瞄准；又可使光电测距部分的发光管射出的测距光波经物镜射向目标棱镜，并经同一路径反射回来，由光敏二极管接收，并配置电子计算机中央处理机、存储器和输入输出设备，根据外业观测数据实时计算并显示所需要的测量结果。在全站仪测距头里，安装有两个光路与视准轴同轴的发射管，提供两种测距方式，一种为 IR，它可以利用棱镜和反射片发射和接收红外光束；另一种为 RL，它可以发射可见的红色激光束，不用反射镜（或反射片）即可测距。两种测量方式的转换可通过仪器键盘上的操作控制内部光路来实现，由此引起的不同的常数改正会由系统自动修正到测量结果上。正因为全站仪是同轴望远镜，因此，一次瞄准目标棱镜，即可同时测定水平角、垂直角和斜距。望远镜也能作 360°纵转，通过直角目镜，甚至可以瞄准天顶的目标（工程测量中有此需要），并可测得其垂直距离（高差）。

二、键盘

全站仪的键盘为测量时的操作指令和数据输入的部件，键盘上的按键分为硬键和软件键（简称软键）两种。每一个硬键有一固定的功能，或兼有第二、第三功能；软键与屏幕最下一行显示的功能菜单相配合，使一个软键在不同的功能菜单下有多种功能。

三、度盘读数系统

电子测角，即角度测量的数字化，也就是自动数字显示角度测量结果，其实质是用一套角码转换系统来代替传统的光学经纬仪光学读数系统。目前，这种转换系统有两类：一类是采用光栅度盘的所谓"增量法"测角，一类是采用编码度盘的所谓"绝对法"测角。然而，无论是编码度盘或是光栅度盘，都只给出角度的大数（格值为 $1'$）。如果要提高角度的分辨力，必须再采用电子内插技术，对格值进行测微，达到秒级才能成功。

四、补偿器

在测量工作中，有许多方面的因素影响着测量的精度，不正确安装常常是诸多误差源中最重要的因素。补偿器的作用就是通过寻找仪器在垂直和水平方向的倾斜信息，自动地对测量值进行改正，从而提高采集数据的精度。

补偿器类型一般有摆式补偿器和液体补偿器两种，前者为老式补偿器，多见于早期徕卡电子经纬仪［如 T(c)1000 或 r(c)1600 等］，液体补偿器则几乎为当今所有全站仪所使用。

补偿器按补偿范围一般分为单轴（纵向，即 X 方向）补偿、双轴（纵横向，即 X、Y 方向）补偿和三轴补偿。单轴补偿仅能补偿由于垂直轴倾斜而引起的垂直度盘读数误差；双轴补偿可同时补偿由于垂直轴倾斜而引起的垂直和水平度盘的读数误差；三轴补偿则不仅能补偿经纬仪垂直轴倾斜引起的垂直度盘和水平度盘读数误差，而且还能补偿由于水平轴倾斜误差和视准轴误差引起的水平度盘读数的影响。

与全站仪的双轴补偿器密切相关的是电子气泡。在仪器工作过程中，它显示的就是仪器的倾斜状态，而这种状态对垂直和水平度盘读数的影响，就是通过补偿器有关电路来进行改正。电子气泡的形式有两种，一种是数字型，用仪器在 X、Y 方向的倾斜值来表示，当二者都为零时，仪器为整平状态；一种是图形型，常常用一个圆点在大圆中的位置来表示，当圆点位于大圆的圆心时，仪器为整平状态。电子气泡的使用使仪器整平过程更加容易。在实际测量时，仪器允许电子气泡起作用并有效地整平。当倾斜量被自动地用来改正水平角和垂直角时，单面测量将会获得更高的精度，特别在垂直角较大时这一点很重要。大范围的补偿范围为测量工作者增强了信心，特别是工作在松软的地面上，或者接近震动源（如高速公路或铁路轨道）时更是这样。

五、存储器

把测量数据先在仪器内存储起来，然后传送到外围设备（电子记录手簿、计算机等），这是全站仪的基本功能之一。全站仪的存储器有机内存储器和存储卡两种。

1. 机内存储器

机内存储器相当于计算机中的内存（RAM），利用它来暂时存储或读出测量数据，其容量的大小随仪器的类型而异，较大的内存可同时存储测量数据和坐标数据多达 3000 点以上，若仅存坐标数据可存 8000 点。现场测量所必需的已知数据也可以放入内存。经过接口线将内存数据传输到计算机以后将其清除。

2. 存储卡

存储器卡的作用相当于计算机的磁盘，用作全站仪的数据存储装置，卡内有集成电路、能进行大容量存储的元件和运算处理的微处理器。一台全站仪可以使用多张存储卡。通常，一张卡能存储大约 10000 个点的距离、角度和坐标数据。在与计算机进行数据传送时，通常使用称为"卡片读出打印机"（读卡器）的专用设备。

将测量数据存储在卡上后，把卡送往办公室处理测量数据。同样，在室内将坐标数据等存储在卡上后，送到野外测量现场，就能使用卡中的数据。

六、I/O 通信接口

全站仪可以将内存中的存储数据通过 I/O 接口和通信电缆传输给计算机，也可以接收由计算机传输来的测量数据及其他信息，这个过程称为数据通信。通过 I/O 接口和通信电缆，在全站仪的键盘上所进行的操作，也同样可以在计算机的键盘上操作，便于用户应用开发,即具有双向通信功能。

全站仪的基本功能是仪器照准目标后,通过微处理器控制,自动完成测距、水平方向、竖直角的测量,并将测量结果进行显示与存储。可以自动记录测量数据和坐标数据,并直接与计算机传输数据,实现真正的数字化测量。随着计算机的发展,全站仪的功能也在不断扩展,生产厂家将一些规模较小但很实用的计算机程序固化在微处理器内,如悬高测量、偏心测量、对边测量、距离放样、坐标放样、设置新点、后方交会、面积计算等,只要进入相应的测量模式,输入已知数据,然后依照程序观测所需的观测值,即可随时显示结果。

任务三　了解尼康全站仪的按键功能

全站仪的种类很多,功能各异,操作方法也不尽相同,但全站仪的测角、测边及测定高差的基本测量功能却大同小异,若要想熟练掌握一种全站仪的测量方法,首先要熟悉它的键盘及其功能。本任务主要介绍尼康DTM352c系列全站仪的按键功能,如图4-2和图4-3所示。

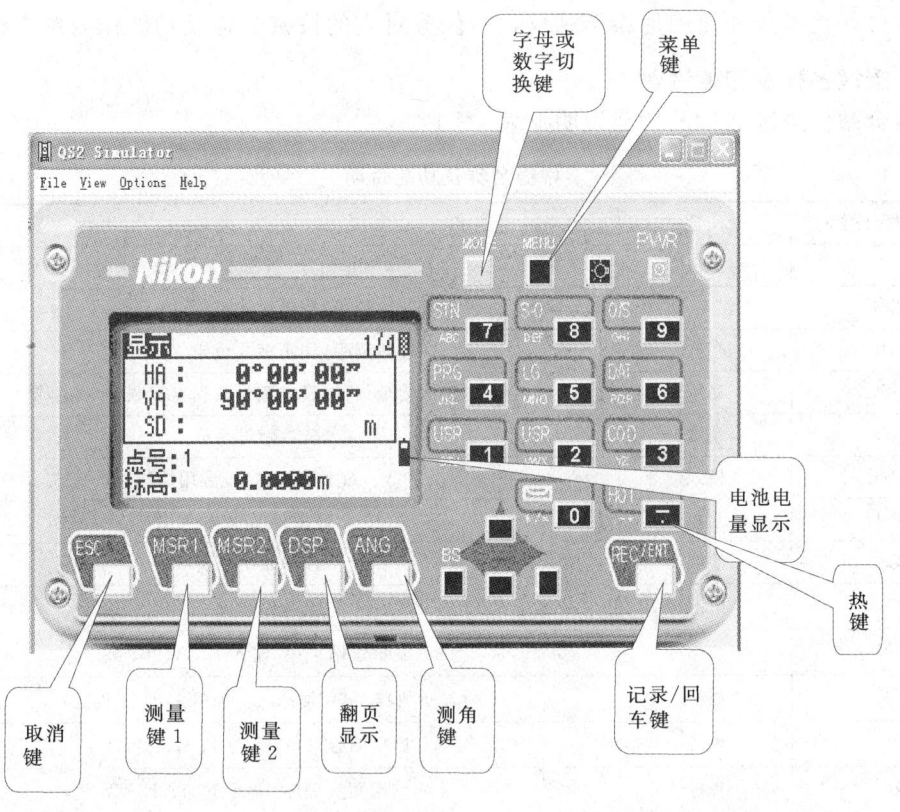

图 4-2　键盘说明(一)

图 4-3 键盘说明（二）

任务四　认识尼康全站仪屏幕显示符号

为了更好地操作和使用尼康全站仪，本任务对它的按键名称及功能作简单介绍。

一、按键名称及功能说明

尼康全站仪按键名称及功能说明见表 4-1。

表 4-1　　　　　　　　　　　　按键名称及功能说明

英文缩写/图标	中文含意	功　　能
ESC	返回	终止命令/返回上一级菜单
MSR1	测量 1	开始测距/测距模式设定（1 秒键）
MSR2	测量 2	开始测距/测距模式设定（1 秒键）
DSP	显示	分屏显示测量数据/设定测量数据显示顺序（1 秒键）
ANG	角度	显示测角菜单
MOOE	模式	变换字母、数字输入状态/调用快速代码模式
MENU	菜单	显示仪器主菜单
	照明	背景照明开关
PWR	电源	电源开关
STN	建站	显示建站菜单/输入 7、A、B、C
S-O	放样	显示放样菜单/输入 8、D、E、F（1 秒键）
O/S	偏心	显示偏心菜单/输入 9、G、H、I
PRG	程序	调用测量程序/输入 4、J、K、L
DAT	数据	数据管理/输入 6、P、Q、R（1 秒键）
USR1	用户 1	执行用户设定功能/输入 1、S、T、U（1 秒键）

续表

英文缩写/图标	中文含意	功　　能
USR2	用户 2	执行用户设定功能/输入 2、V、W、S（1秒键）
COD	代码	打开代码输入列表/输入 3、Y、Z
	电子气泡	指示全站仪水平状态
HOT	热键	显示热键菜单/输入—、+
REC/ENT	回车	纪录测量数据/确认操作结束
5		输入 5、M、N、O

二、屏幕显示符号说明

尼康全站仪屏幕显示符号说明，如表 4-2 所示。

表 4-2　　　　　　　　　屏　幕　显　示　符　号　说　明

符号	含　义	符号	含　义	符号	含　义
ANG	测角	ARC	弧	AZ	方位角
BM	水准点	BMS	水准测量	BUBBLE	气泡
BS	后视	CC	计算坐标	CO	说明记录
COD	代码	Cogo	坐标几何计算	COORD	坐标
CP	控制点	C&R	地球曲率/大气折光改正	DAT	数据
DEG	度	DSP	显示	ENT	输入
HA	水平角	HD	平距	HOT	热（键）
HT	目标高	HI	仪器高	ITEM	项
JOB	项目	LIST	列表	MENU	菜单
MODE	模式	MSR	测量（键）	O/S	偏心
PWR	电源	RAW	原始（数据）	REC	记录
STACK	堆栈	PT	点	PRG	程序
RDM	遥测距离	RE	后交点	STN	站点
RBM	遥测高程	SD	斜距	S-O	放样
SO	放样	S-Pln	倾斜平面	SS	碎部点
ST	站点	TGT	目标点	VA	垂直角
VD	垂距（高差）	USR	用户（键）	V-Pln	垂直平面

三、开机与关机

1. 开机

按［电源］键开机显示以前设置的温度和气压，如图 4-4 所示。

上下转动望远镜进入基本测量状态，如图 4-5 所示。

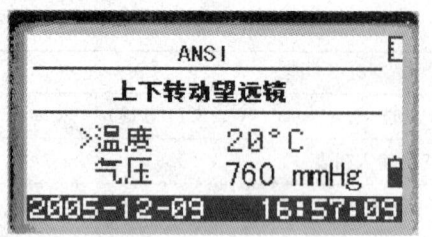

图4-4 设置温度和气压

2. 基本测量屏幕显示说明

在基本测量状态下（图4-5），屏幕左上角[显示]二字说明全站仪所处状态，"1/4"标明基本测量状态下的1/4屏幕，按[显示]键依次显示基本测量状态下2/4、3/4、4/4屏幕，如图4-6～图4-8所示。

3. 屏幕显示各符号含义说明

HA：水平角或方位角；VA：垂直角或天顶距；SD：斜距；VD：垂距（高差）；HD：平距；HL：逆水平角；V%：坡度比；X：X坐标；Y：Y坐标；Z：Z坐标。

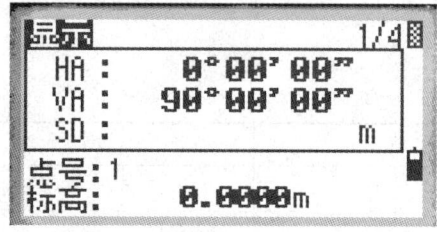

图4-5 基本测量状态屏幕1/4

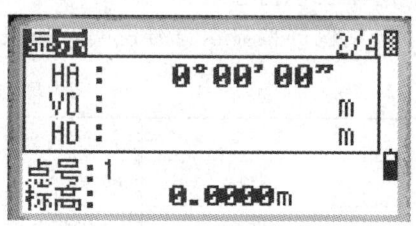

图4-6 基本测量状态屏幕2/4

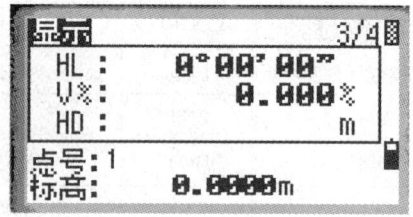

图4-7 基本测量状态屏幕3/4

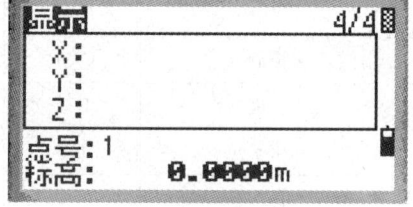

图4-8 基本测量状态屏幕4/4

点号：正在测量目标点的点号。

标高：被测目标的目标高（望远镜横丝所切棱镜处到地面的高度）。

4. 关机

在测量状态下，按[电源]键关机，显示如图4-9所示，进入关机状态。

按[回车]键关机，按[复位]键和[返回]键返回键关机前状态。

按[休眠]键进入休眠状态，显示图4-10，按[任意]键退出休眠状态，返回关机前状态。

图4-9 按[回车]关闭仪器

图4-10 仪器休眠状态

任务五　全站仪常规测量

一、测量水平角

全站仪和经纬仪一样可以进行角度测量，而且更方便，快速。在进行角度测量前，首先也要在角顶点上进行安置仪器，安置仪器包括对中、整平和照准的方法，与经纬仪相同，不再介绍。

角度测量是测定测站至两目标间的水平夹角，同时可测定相应视线的天顶距，设地面上有 A、B、C 三点，A 为测站点如图 4-11 所示，测定 ∠BAC 的步骤如下。

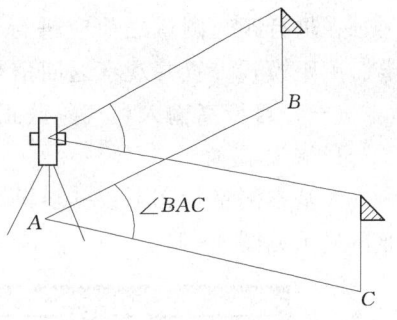

图 4-11　水平角观测

(1) 在测站点安置仪器，开机进入基本测量模式。
(2) 将仪器望远镜瞄准起始目标点 B。
(3) 按 [角度] 键，全站仪显示角度测量菜单如图 4-12，选第一项置零，将起始方向值置成零，如图 4-13 所示。

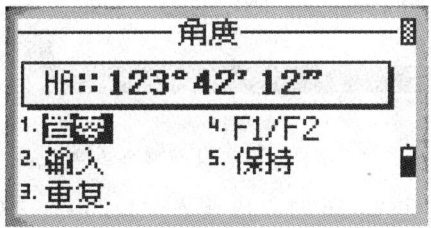

图 4-12　设置水平角零值

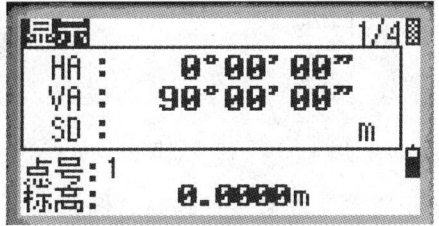

图 4-13　水平角显示零值

(4) 将全站仪望远镜右旋瞄准目标点 C，全站仪屏幕即显示所测角度，如图 4-14 所示。

图 4-14 中显示的 HA 76°50′02″即为盘左所测水平角。图 4-14 中显示的 VA 89°12′56″为视线的天顶距。如果此时是横丝照准目标，则该目标 C 的盘左所测竖直角为

$$90°-89°12'56''=0°47'04''$$

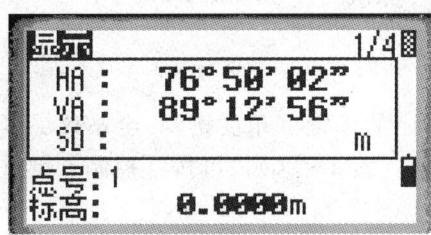

图 4-14　显示测量角度

图 4-15　盘右测量时显示角值

若要盘右测量时，将照准右方目标时设置水平角为零，将仪器左旋照准左方目标 B，这时图 4-15 所示 HL 76°50′07″，表示盘右所测的水平角。图 4-15 中显示的

VA 270°47′12″为 A 目标视线的天顶距。如果此时是横丝照准目标,则该目标 A 的盘右所测竖直角为

$$270°47′12″-270°=0°47′12″$$

一测回水平角计算:

$$(76°50′02″+76°50′07″)/2=76°50′04″$$

注意:竖直角不能取平均值,因为不是同一目标的观测值。

二、测量距离

在进行距离测量之前应进行目标高输入、气象改正、棱镜类型设定、棱镜常数值设定、测距模式设置并观察返回信号的大小,然后才能进行距离测量。

(一) 目标高输入和气象改正

1. 目标高输入

在基本测量状态下按〔热键〕键,全站仪屏幕显示为图 4-16,选第一项〔目标高〕,屏幕显示见图 4-17。

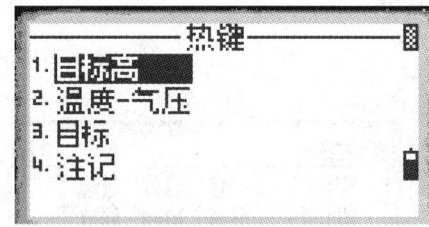
图 4-16 按〔热键〕显示菜单

图 4-17 显示标高输入状态

按相应数字键输入目标高。例如,目标高为 1.230m 时,应输入"1.230",按回车键确认,如图 4-18、图 4-19 所示。

图 4-18 显示标高输入数据

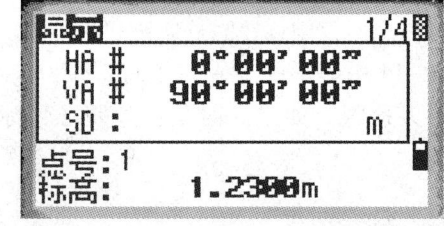
图 4-19 输入标高回车显示

图 4-18 中堆栈的含义是:按下堆栈下面对应的按键(角度键),全站仪屏幕将按后进先出的原则,显示最近用过的 20 个目标高数据(图 4-20),可按〔控制〕键进行快速选择目标高,按回车键确认。

注:〔热键〕键包含目标高、温度与气压,选择目标与注记输入功能,在任一屏幕均可使用。

2. 气象改正

在基本测量状态下按〔热键〕键,全站仪屏幕显示〔热键〕菜单见图 4-16,选第二

项［温度-气压］，屏幕显示见图 4-21，用［控制］键、［数字］键输入测定的温度和气压，按［回车］键确认。

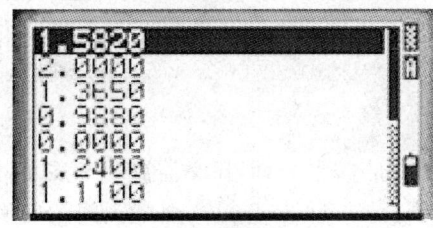

图 4-20　最近输入的标高

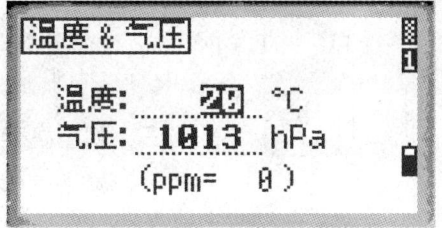

图 4-21　气象改正设置

3. 棱镜类型设定、棱镜常数值设定、测距模式设置

在基本测量状态下按［测量1］键或［测量2］键1秒钟，全站仪屏幕显示测量模式菜单见图 4-22，用［控制］键的上下键选中需要改变的项目，用［控制］键的左右键选择各项目中的参数，最后按［回车］键确认。各参数的含义如下：

（1）目标：棱镜和反射片、免棱镜或无棱镜。

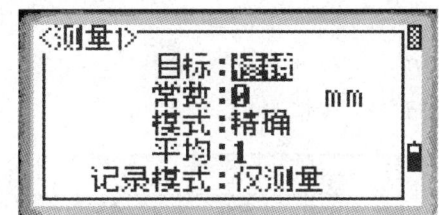

图 4-22　测距时参数设置

（2）常数：即棱镜常数，根据使用棱镜大小输入，范围-999～999mm。尼康仪器有棱镜时输入 30mm，无棱镜或反射片时输入 0mm。其他仪器按说明输入相应的参数。

（3）模式：精测与正常两种，精测距离测量显示到 0.1mm，正常距离测量显示到 1mm。

（4）平均：按1次［测量］键全站仪内部所进行的测距次数，输入范围 0～99。输入 0 次，按下［测量］键，全站仪内部进行不停的测距，直到再一次按下［测量］键或［返回］键，才能停止测距。输入 1～99 次，按下［测量］键，全站仪内部设置次数进行测距，完成后以平均值显示。

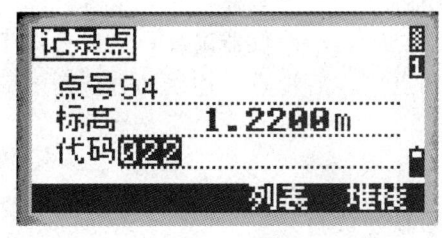

图 4-23　输入相应数据后回车

（5）记录模式：记录模式有"仅测量""确定""所有的"三种。

• 仅测量：只测距不记录，要记录必须按［记录］键才进行记录。

• 确定：测距后显示要记录的点号、目标高、代码，输入相应数值，按［回车］键确认存储测量数据（图 4-23）。

• 所有的：测距后点号自动加1，存储测量数据。

注："列表"表示列出全站仪内部存储的代码；"堆栈"表示按后进先出的原则列出最近使用的 20 个代码。

（二）测量距离

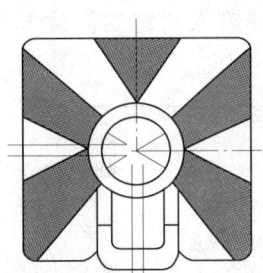

图 4-24　照准镜中心

用望远镜十字丝精确照准棱镜上的标志，如图 4-24 所示，按［测量 1］键或［测量 2］键，经数秒即可测出距离并显示在屏幕上。按［显示］键依次显示基本测量状态下 1/4、2/4、屏幕。如图 4-25、图 4-26 所示，斜距 $SD=1230.5675m$，平距 $HD=1230.5276m$。

三、测量高差

在测量水平距离的同时，也显示出仪器到棱镜之间的高差主值 VD，见图 4-26 所示。VD 不是测站至棱镜间的实际高差，实际高差按式（4-1）计算：

$$h = VD + HI - HT \tag{4-1}$$

式中　h——仪器到棱镜间的高差；

　　　VD——高差主值；

　　　HI——仪器高度；

　　　HT——棱镜高度。

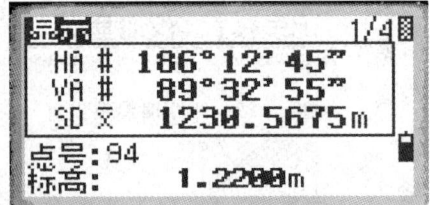

图 4-25　显示斜距和天顶距

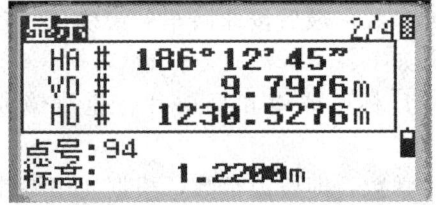

图 4-26　显示平距和高差主值

当仪器照准棱镜的高度与仪器高度相等时，$h=VD$。

任务六　全站仪坐标测量

用全站仪进行测量坐标是全站仪测量的重要内容之一。本任务是先学习用全站仪测量点的坐标的操作方法，然后使用全站仪进行测量案例中各导线点的坐标。

测量坐标的基本操作思路是：首先安置仪器于测站点上，量出仪器高度，然后按以下步骤操作：①建立或打开项目；②设置测站和另一已知点（称后视点）连线的方位角（简称建站）；③测量各立镜点的坐标并记录。

一、建立项目

当进行坐标测量时，一般数据都要存储记录，必须新建或打开一个项目。

1. 创建项目

第一次使用仪器时，或在新的工程中，应创建一个新项目，以便进行存储记录数据。其步骤如下。

（1）按［菜单］键，选择第一项，进入项目管理功能（图 4-27），全站仪列出了以前所有建立的项目。按屏幕左下方的［创建］键，进入项目创建屏幕（图 4-28）。

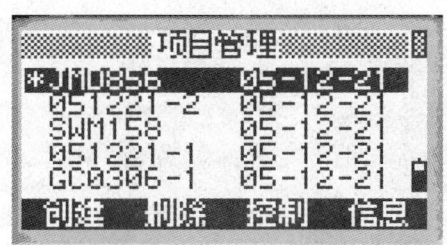
图 4-27 进入项目管理界面

图 4-28 创建——自动形成项目

（2）仪器自动生成以日期为文件名的项目，如图 4-28 所示的"051221-1"，表示 2005 年 12 月 21 日第 1 个文件。如果不要这个生成文件名，输入新的项目名称建立项目（图 4-29），按［回车］键进入项目创建菜单（图 4-30）。

图 4-29 创建——输入项目名称

图 4-30 按［OK］完成项目创建

在图 4-30 中，按［放弃］键可将新创建的项目放弃，返回项目管理状态。按［OK］键默认项目中的设置模式，创建了新项目，项目文件名为"GC0306-1"。

在图 4-30 中，按［设置］键进入项目设置检查，图 4-31～图 4-33 共 12 个项目设置项，用控制键逐项设置后，最后按［回车］键，新项目创建成功。

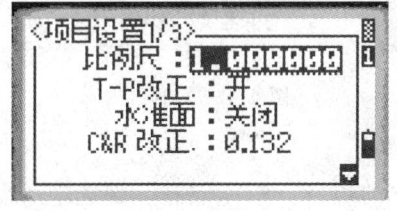
图 4-31 设置测距比例尺

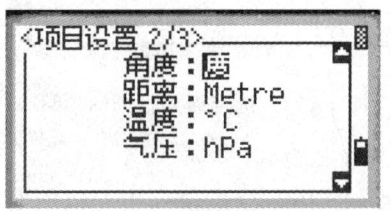
图 4-32 角度单位设置

12 个项目设置项各项设置含义及内容如下：
（1）比例尺：测距比例尺，比例尺范围。
（2）T-P 改正：温度、气压改正，可设置打开与关闭状态。
（3）水准面：将直接测得的距离经改正后显示在屏幕上，可设置打开与关闭状态。
（4）C&R 改正：地球曲率和大气折光改正，取值

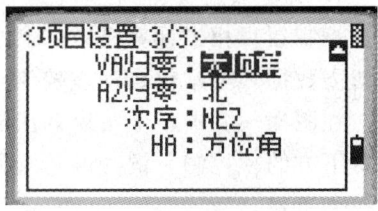
图 4-33 天顶距设置

范围 0.132/0.200 或关闭。

（5）角度：角度单位设置，单位有度、CON（哥恩）、MIL（密尔）。

（6）距离：距离单位设置，单位有 Metre（米）、I-FT（国际英尺）、US-FT（美制英尺）。

（7）温度：温度单位设置，单位有℃（摄氏度）、℉（华氏度）。其中，℃＝5/9（℉－32），℉＝℃×9/5＋32。

（8）气压：气压单位设置，单位有 mmHg（毫米汞高）、inHg（英寸汞高）、hPa（百帕）。其中，760mmHg＝1013.25hPa（1hPa＝10^5Pa，1mmHg＝133.322Pa）。

（9）VA 归零：竖直角零方向设置，有天顶距、水平角、罗盘三种。

（10）AZ 归零：方位角零方向设置，有南、北两个方向。

（11）次序：坐标显示次序设置，有 NEZ、ENZ 两种次序（即分别对应 XYZ、YXZ）。

（12）HA：水平角零方向设置，有方位角（以正北方向或正南方向为零方向）、"0 to BS"两种（以后视方向为零方向）。

2. 打开项目

按［菜单］键在菜单中选择第一项，进入项目管理功能，见图 4-27，全站仪列出了以前所有建立的项目。用［控制］键或上下光标移动选中所需项目，按［回车］键打开所需项目。在打开项目的过程中，全站仪给出提示（图 4-34），以前的项目的设置将会改变，可根据实际情况进行选择。

图 4-34 选定需要打开的项目

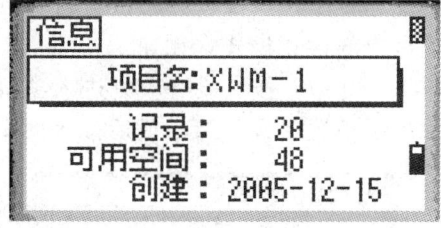
图 4-35 项目内容

3. 查看项目内容

在图 4-27 中，全站仪列出了以前所有建立的项目。用［控制］键选中所需项目，按屏幕右下方的［信息］键，屏幕显示选中项目的基本信息见图 4-35。基本信息有：项目名、已记录的数据各数、总的可用空间和创建项目的时间。

4. 创建控制项目

控制项目相当计算机中的共享文件夹。所不同的是，在应用中如果在当前项目中找不到所需数据，全站仪自动在控制项目中查找，一旦找到自动将数据复制到当前项目中。

在图 4-27 中，全站仪列出了以前所有建立的项目。用［控制］键选中所需项目，按屏幕下方的［控制］键，屏幕显示创建控制项目的信息（图 4-36），按 Yes 或回车键建立控制项目。

如果要取消当前的控制项目，只要将光标移至该项目名上，按屏幕下方的［控制］

键，屏幕显示创建控制项目的信息见图 4-36，按 NO 键，则取消对该控制项目的设定。

5. 删除项目

如果出现"MA X 32J OB S"或"数据满"的提示，则必须删除一些老的项目。如果只在项目中删去一些记录，则不能增加记录空间。

在图 4-27 中，用[控制]键选中要删除项目，按屏幕下方的[删除]键，屏幕显示删除项目的信息见图 4-37，按[DEL]键或[回车]键删除项目。

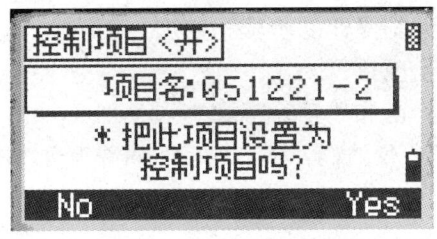
图 4-36 创建控制项目

图 4-37 删除项目

注：显示"*"表示当前项目，"@"表示控制项目，"!"表示一些项目设置与当前项目不一致。

当打开一个项目，所有的项目设置就自动地改变为该打开项目的设定。

二、建站的五种方式

在基本测量状态下（图 4-38），按[建站]键屏幕显示五项内容，如图 4-39 所示。

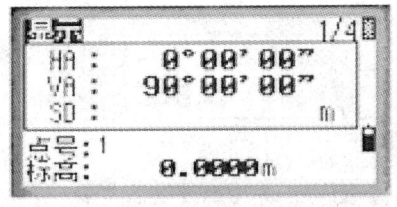
图 4-38 基本测量状态

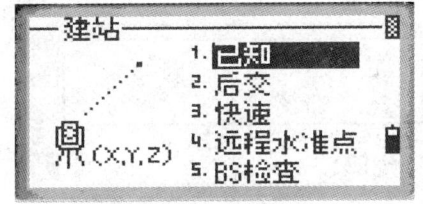
图 4-39 建站选择

1. 已知点建站

选择已知项，是将全站仪所在已知点的数据和后视点的数据输入全站仪，以便全站仪调用内部坐标测量和施工放样程序，进行坐标测量和施工放样。当全站仪在已知点上架设时必须选择第一项进行建站，否则全站仪默认上一个已知点的数据，测出的坐标和放样数据都是错误的。

2. 多点后方交会

选择后交项，是将全站仪架设在未知点上，通过对两个以上的已知点进行距离或角度测量，得到未知点上的坐标数据，同时进行建站。

3. 快速建站

选择快速项，是将全站仪架设在未知点上，默认 $X=0$、$Y=0$、$Z=0$；也可将全站仪架设在已知点上进行建站；后视点可有可无，方位角也可假定，是一种独立坐标系的建站

4. 测站高程检验

选择远程水准点项，是在完成建站之后，用一个已知水准点对测站高程进行检验，用检验结果对测站高程更新。

5. 后视检查

选择 BS 检查项，是在完成建站之后，经过一段时间的测量，对测站后视方向进行检验，如发现问题用检查结果对测站后视方向进行重置。

三、用已知测站点坐标和后视点坐标进行建站操作的步骤和方法

当进行已知点建站时，必须新建或打开一个项目。

按［建站］键，显示见图 4-39，选择"1. 已知"项，屏幕显示见图 4-40，要求输入测站点（ST）点号、坐标、代码（可以不要）、仪器高，输入过程的屏幕显示如图 4-41～图 4-45 所示。

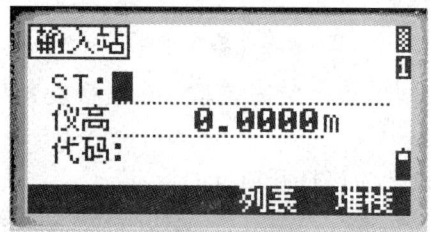

图 4-40 要求输入测站点点号

图 4-41 输入测站点点号

图 4-42 要求输入测站点坐标

图 4-43 输入测站点坐标

图 4-44 要求输入测站仪器高

图 4-45 输入测站点仪器高

以上输入完成后按［回车］键屏幕显示见图 4-46，有两种方法输入后视点（BS）的数据。输入后视点数据的目的，是为了建立测站点与后视点连线的方位角，同时全站仪内部自动记录了以后视为零方向的水平角值。为以后的测角、测坐标及施工放样提供水平角

起始值。

1. 输入后视点坐标建立测站点与连线的方位角

在图 4-46 中选择"1 坐标"屏幕显示图 4-47，要求输入后视点（BS）点号，接着需要输入后视点坐标、代码、目标高（HT），输入过程的屏幕显示见图 4-47～图 4-51。

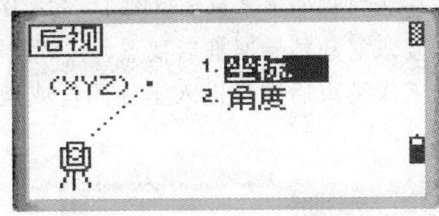

图 4-46　输入后视点的数据

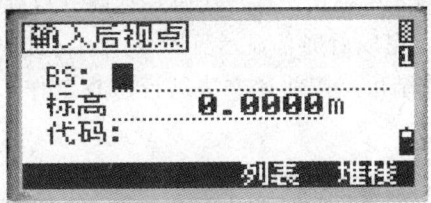

图 4-47　要求输入后视点号

图 4-48　输入后视点点号

图 4-49　要求输入后视点坐标

图 4-50　输入后视点坐标、代码

图 4-51　要求后视点目标高

输入完成［回车］后，屏幕显示见图 4-52，此时要求必须精确照准后视底部按［回车］键，建站工作结束。

图 4-52　显示方位角

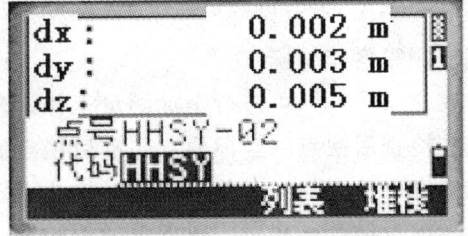

图 4-53　显示后视点的误差

检查：照准在后视点上的棱镜，按［测量］键，4/4 屏幕显示建站后测量后视点坐标，并存到后视点号上，即显示出测量的后视点与原已知后视点的坐标差值（图 4-53），检验建站的正确性，当误差在容许范围内，即完成检查工作。在检查中最好是检查另一已知控制点。

2. 直接输入测站点与后视点连线的方位角

在图 4-54 中选择"2."输入方位角，屏幕显示见图 4-55，要求输入后视点点号，接着需要输入后视点坐标、代码、标高（目标高），输入过程的屏幕显示见图 4-56~图 4-58。

输入完成后屏幕显示见图 4-59，此时同样要求必须精确照准后视点，按［回车］键。建站工作结束，按前述方法进行检查工作，检查工作结束后即可进入坐标测量或坐标放样工作。

图 4-54　选择 2 输入方位角

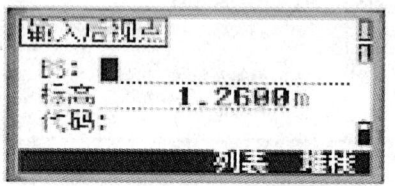

图 4-55　要求输入 BS 点号

图 4-56　输入 BS 点镜高

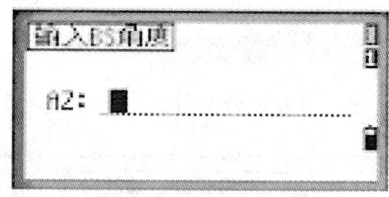

图 4-57　要求输入方位角

图 4-58　输入方位角

图 4-59　照准后视（按回车键）

注意：全站仪关机后或碰动仪器或搬站均需要重新进行建站工作。

四、测量各点坐标

完成建站后，即可进行坐标测量工作。坐标测量的操作步骤如下：

（1）检查后视点的坐标值。照准后视点底部后按［测量 1］或［测量 2］键，测量后视点坐标进行检查，当误差很小时，说明设置正确。检查最好是用第 3 点（后视点外已知点）坐标进行检查。如果后视点坐标不知道，按［回车］储存。

（2）测量其他碎部点坐标并储存。用全站仪直接照准 001 点，按［测量］键，测出 001 点的坐标；照准 002 点，按［测量］键，测出 002 点的坐标；照准 003 点……如此测出各点坐标并［回车］，直到当显示"记录 xyz"，说明该点坐标已储存。

注意：重新安置仪器或搬站时要重新进行建站。

任务七　全站仪坐标放样

坐标放样，就是将图纸上设计的或计算好的建筑物主要轴线端点或角点的坐标，从图纸上放样到实地上并标定其位置，以便进行施工。放样之前必须先进行建站，建站方法与上述坐标测量时建站方法相同，否则会造成放样点点位的偏差。在基本测量状态下（图 4-60）按［放样 S-O］键，屏幕显示放样有四项内容，如图 4-61 所示。有角度-距离放样（HA-HD）、坐标放样（XYZ）、分割线放样、参考线放样（偏心放样）四项。这里介绍坐标放样，按"2"进入坐标放样功能。

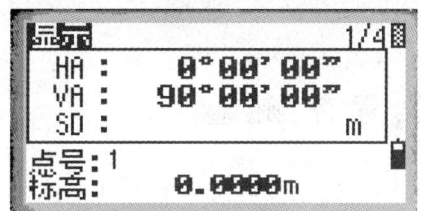
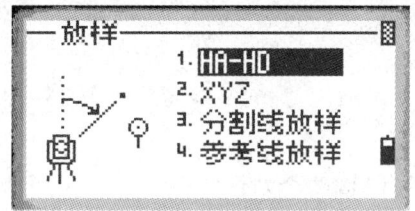

图 4-60　基本状态　　　　　　　　图 4-61　放样方式选项

在图 4-61 中选择"2.XYZ"项，屏幕显示见图 4-62，要求输入放样点点号或者输入放样点距全站仪的半径。输入放样点点号后回车，屏幕显示见图 4-63，要求输入放样点 X、Y、Z 坐标。输入放样点 X、Y、Z 坐标［回车］后屏幕显示见图 4-64，按 dHA 后面的箭头方向旋转仪器使"dHA 0°00′00″"为止，此时需要放样该点在仪器望远镜方向上，移动棱镜对准此方向，当望远镜十字丝在棱镜上，按［测量］键，这时显示图 4-65，说明此立杆点并非放样点位置，还要移动。

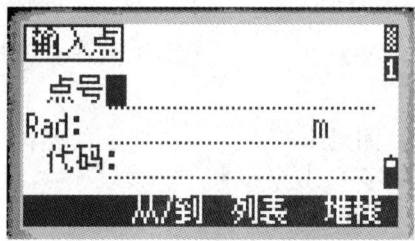

图 4-62　要求输入放样点号　　　　　图 4-63　要求输入坐标

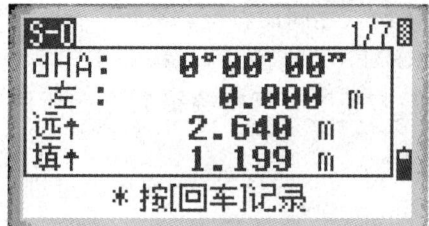

图 4-64　旋转方向、角值，距离　　　图 4-65　移动方向、距离

图 4-65 中各项含义如下：

(1) dHA：仪器至目标点的水平角之差。

(2) 右/左：横向差值。

(3) 远/近：远近差值。

(4) 填/挖：填/挖值。

按照屏幕上指示移动棱镜，再按［测量1］键或［测量2］键进行测量，直至 dHA＝0，右/左＝0，远/近＝0，填/挖＝0，至此放样结束。

在棱镜尖的位置即为放样上点的位置，并用木桩或铁钉标定。要放样其他点时，方法相同。

检查：放样完后，测量各放样点的坐标与已知坐标进行比较，或丈量边长与设计边长比较，做好记录，符合要求，放样结束。

任务八 全站仪程序测量

尼康 DTM352 全站仪内存了七个实用测量程序，调用这些程序可以进行一些特殊要求的快速测量。在基本测量状态下（图 4-66）按［程序］键，屏幕显示七项内容（图 4-67、图 4-68），其中各项含义分述如下：

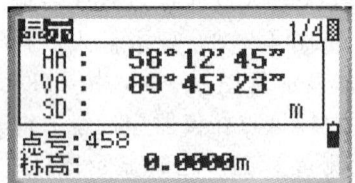
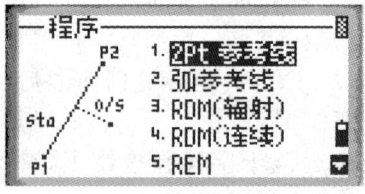
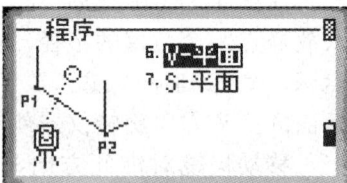

图 4-66 基本状态　　　图 4-67 程序测量选项　　　图 4-68 程序测量选项续

(1) 二点参考线：选择二点参考线项，测量未知点在一直线上的距离 Sta 和与直线的偏心距离 O/S。

(2) 弧-曲线参考线：选择弧-曲线参考线项，测量未知点在一曲线上的距离 Sta 和与曲线的偏心距离 O/S。

(3) RDM（辐射式对边测量）：RDM（辐射）也称为辐射式对边测量。选择此项，是测量第一点与最后一点之间的斜距、平距、高差等数据。

(4) RDM（连续式对边测量）：RDM（连续）也称为连续式对边测量。选择此项，是测量最新两点之间的斜距、平距、高差等数据。

(5) REM（悬高测量）：选择 REM（悬高）项，是进行高度测量。当所测目标不能直接放置棱镜时，可将棱镜放置在所测目标的铅垂线下，从而间接获得被测目标的高度。

(6) V-平面：选择 V-平面项，可进行垂直平面的距离与偏移量测量。

(7) S-平面：选择 S-平面项，可进行倾斜平面的距离与偏移量测量。

下面仅介绍对边测量和悬高测量方法，其他方法请参考有关资料。

一、对边测量（RDM）

对边测量分为 RDM（辐射）和 RDM（连续）两种方式。

1. RDM（辐射式）

如图 4-69 所示，RDM 测量时屏幕显示含义如下。

rSD：两点间的斜距；

rHD：两点间的水平距离；

rVD：两点间的高差；

rV%：（rVD/rHD）×100 两点间的斜度百分比；

rGD：（rHD/rVD）：两点间的垂度坡度；

rHA：第一点到第二点连线的方位角。

辐射式对边测量与连续式对边测量的区别见图 4-70。

在图 4-71 中选第三项功能 RDM（辐射式），屏幕显示见图 4-72，照准目标 P1 按［测量］键，屏幕显示见图 4-73，按［显示］键，屏幕显示见图 4-74。屏幕显示的数据为测站点与目标 P1 之间的数据。

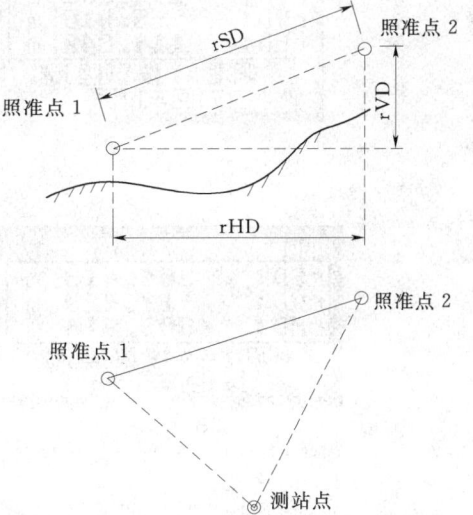

图 4-69 对边测量示意图

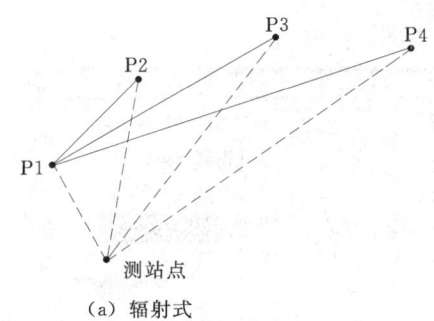

(a) 辐射式

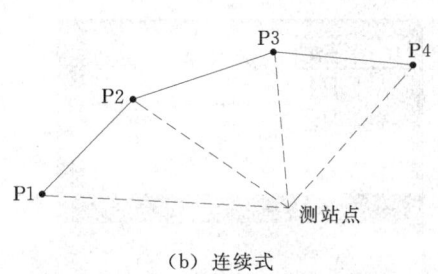

(b) 连续式

图 4-70 对边测量方式

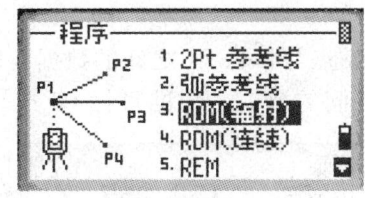

图 4-71 程序测量选项

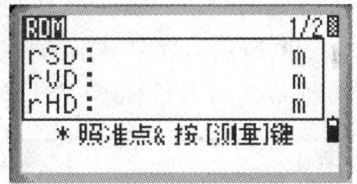

图 4-72 照准 P1 点并测量

照准目标 P2 按［测量］键，屏幕显示见图 4-75，按［显示］键屏幕显示见图 4-76。屏幕显示的数据为目标 P1 与目标 P2 之间的数据。同理，照准目标 P3 按［测量］键，屏幕显示的数据为目标 P1 与目标 P3 之间的数据；依此类推屏幕显示 P1-P4、P1-

P5、P1-P6、…，即第一点与最后一点之间的数据按［ESC］键退出对边测量状态。

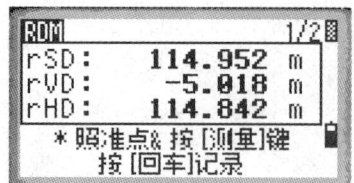

图4-73 测站至P1点数据

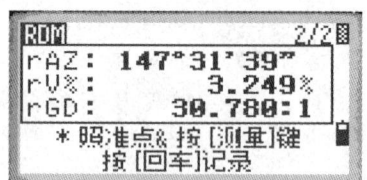

图4-74 测站点至P1点数据

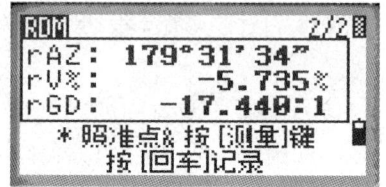

图4-75 P1至P2点间数据（一）

图4-76 P1至P2点间数据（二）

需要记录时按［回车］键屏幕显示图4-77，输入两点之间数据的点名，按［回车］键存储后进行下一个点测量。需要注意的是，无论是放射式对边测量还是连续式对边测量，无论是P1-P2、P1-P3还是P1-P4，在对边测量的过程中屏幕都没有任何提示，需要测量人员记清所选的对边测量方式，以及哪两点之间的数据。如果先建站，这些测量数据可以储存，在测量数据中可以查取。

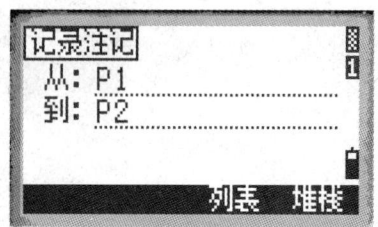

图4-77 记录测量数据

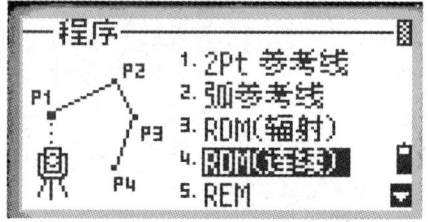

图4-78 选择连续测量

2. RDM（连续式）

在图4-78中选第四项，则屏幕显示如图4-79所示，照准目标P1按［测量］键，屏幕显示如图4-80所示，屏幕显示的数据为测站点与目标P1之间的数据。照准目标P2按［测量］键，屏幕显示为目标P1与目标P2之间的数据。照准目标P3按［测量］键，

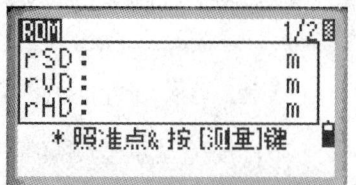

图4-79 照准P1点并测量

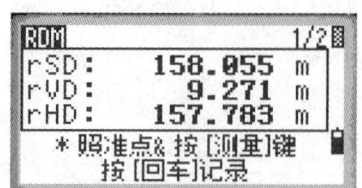

图4-80 测站至P1点数据

屏幕显示为目标 P2 与目标 P3 之间的数据；依此类推屏幕显示 P3-P4、P4-P5、P5-P6、…之间的数据，即最新两点之间的数据。按［ESC］键退出对边测量状态。

二、悬高测量（REM）

在一些工程测量中，需测某点的高度，但不能在其上面放置棱镜或其他标志，给测量工作带来了诸多不便。应用 DTM352C 全站仪，调用悬高测量程序，可方便地解决此问题。其悬高测量的原理如图 4-81 所示。

基本原理是：仪器首先测出测站到 A 点的斜距和天顶距，以 A 点作为高度的起始零点，随着望远镜的转动，天顶距变化，由内部程序，根据天顶距、平距、高差等数据，随时计算出 A 点到 B 点的垂直距离 Vh，并显示 B 点的实际高度为 Vh 值加上 A 点到地面的距离。

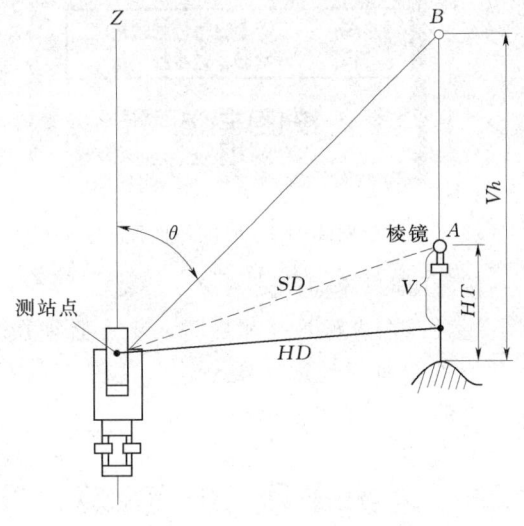

图 4-81 悬高测量原理

$$Vh = HD\tan(90°-\theta) + HT - V$$

悬高测量方法如下：

将棱镜（A 点）架设在被测目标（B 点）的铅垂线下，在图 4-82 中选第五项，屏幕显示见图 4-83，输入目标高，此时目标高可大致假设，后面还要进行校正。按［测量］键屏幕显示见图 4-84，要求照准目标棱镜按［测量］键，显示目标点高度（图 4-85）。

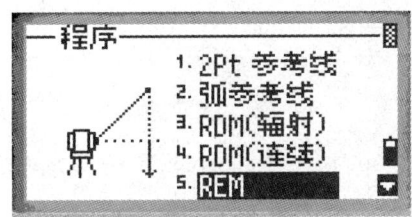

图 4-82 选择悬高测量 REM

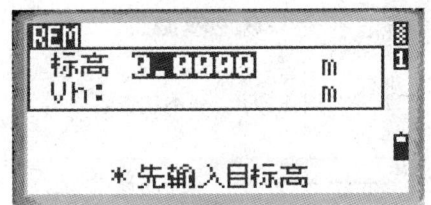

图 4-83 要求输入棱镜高

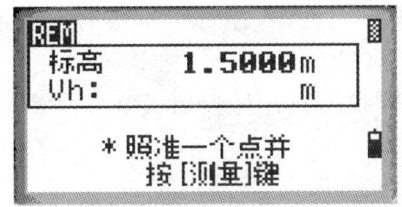

图 4-84 输入棱镜高

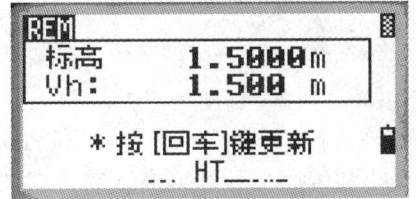

图 4-85 照准棱镜测量显示

松开垂直制动旋钮，转动望远镜，对准目标 A 地面标志进行目标高检查，屏幕显示见图 4-86，Vh 为校正数据，按［回车］键进行目标高更新。

目标高更新后望远镜照准被测目标（B 点），屏幕显示从 A 点地面到 B 点的垂直高度

(图4-87)。

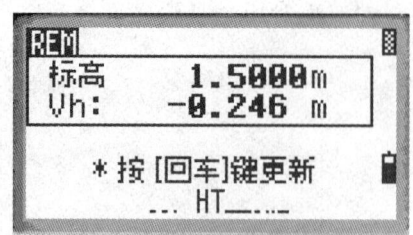
图4-86 照准地面显示

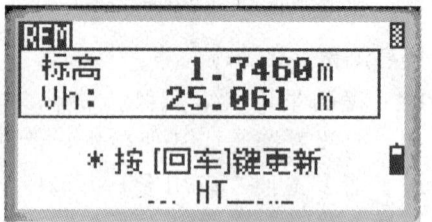
图4-87 显示B点悬高值

按[ESC]键退出。

注意：在进行悬高测量时，A点必须在B点的铅垂线下，否则Vh将出现误差，A点离B点的铅垂线越远，误差越大。在A点不能放在B点铅垂线上时，要视具体情况进行人工改正。

任务九 坐标反算、导线坐标计算、面积计算

在基本测量状态下（图4-88），按[菜单]键屏幕显示8项内容（图4-89）。

图4-88 基本状态

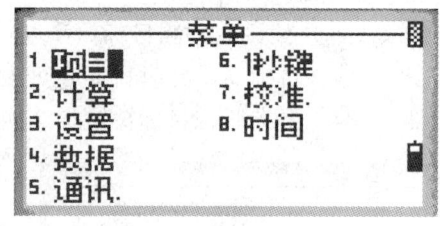
图4-89 菜单选项

图4-90 选择坐标反算

在计算菜单中，有四项计算和一项输入（图4-90）。

（1）反算：坐标反算，由两个已知点计算方位角和平距。

（2）方向&距离：坐标正算，由方位角和距离计算坐标。

（3）面积和周长：计算由已知点所围成的面积和周长。

（4）直线和偏心：计算偏离直线方向的点的坐标。

（5）输入XYZ：向全站仪输入已知点坐标。

本任务主要学习坐标反算、坐标正算和面积计算。

一、坐标反算

在图4-90中选"1反算"进入坐标反算菜单（图4-91）。

(1) 点-点反算（坐标反算）：在坐标反算菜单中选第一项（图4-92）。输入第一个点的点名，并按[回车]键，全站仪内有坐标即显示坐标，无坐标则输入坐标并输入代码（图4-93），按[回车]键显示图4-94，输入第二点点号和坐标，输入方法同第一点，输入完成后按[回车]键显示图4-95，给出两点之间的方位角AZ、平距dHD、高差dVD。

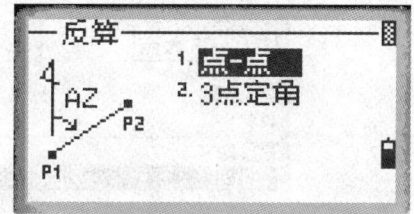

图4-91 选择坐标反算

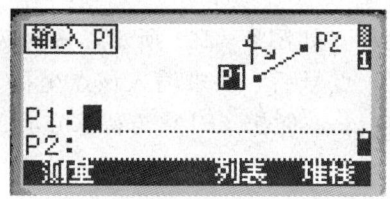

图4-92 输入点号

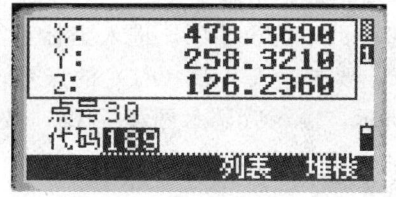

图4-93 输入坐标、代码

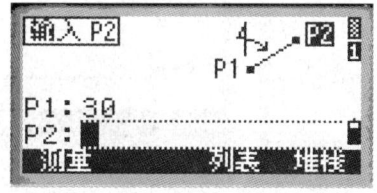

图4-94 输入点号坐标

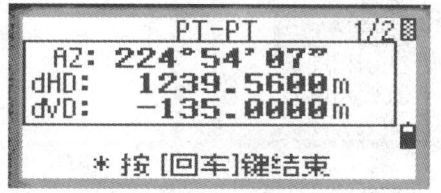

图4-95 显示方位角、距离、高差

按[显示]键显示图4-96，含义如下：
Gd：坡度（HD/VD）；V%：100/Gd；rSD：PT1/PT2的坡距。

(2) 3点定角：反算的另一功能是"3点定角"，计算三点所构成的两条直线的夹角。P1是基点，分别与P2、P3构成两条直线，见图4-97。可以键入三个点或使用[测量]键测量三个点，见图4-98。依次输入P1、P2和P3的坐标，可显示三点之间的夹角和平距，见图4-99。

用测量的方法计算夹角和距离的方法此处从略。

二、方向与距离（即坐标正算）

利用角度与距离计算坐标，在方向与距离功能中有两种计算新的坐标点方法：一种用方位角、平距计算，另一种用导线（2点加角度输入）计算。

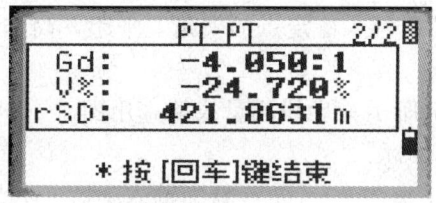

图4-96 显示垂坡、坡度、坡距

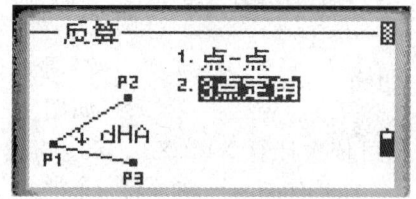

图4-97 选择3点定角

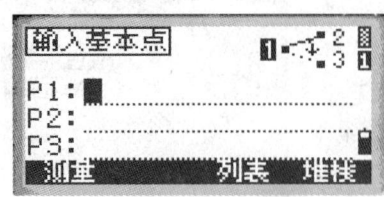
图4-98 输入各点坐标

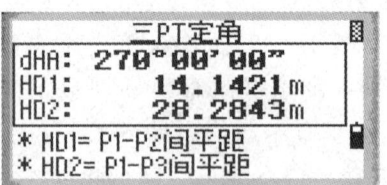
图4-99 显示角度、距离

1. 输入方位角和平距

从4-100图中选第二项,进入坐标正算菜单,如图4-101所示,选择AZ+HD显示图4-102,要求输入基点(P1)的点号,输入点号后,要求输入该点坐标及代码,如图4-103所示,输入后显示图4-104,要求输入基准点(P1)与待求点连线的方位角(AZ),平距(HD)和高差。

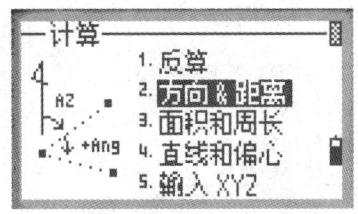
图4-100 选择坐标正算第二项

图4-101 坐标正算菜单第一项

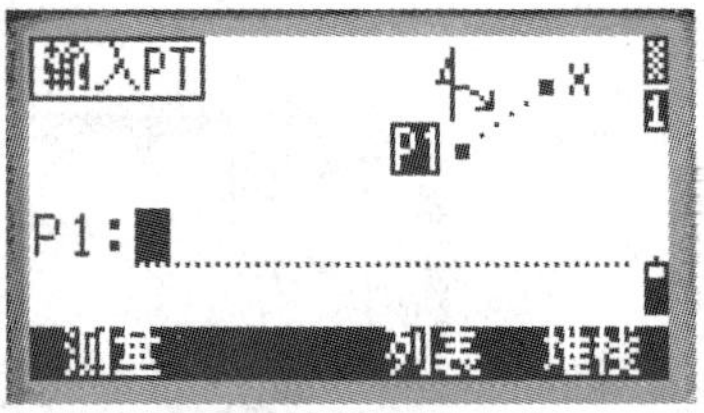

图4-102 输入P1点号

图4-103 P1坐标

图4-104 输入P1-P2方位角、距离、高差

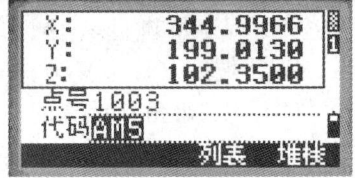
图4-105 显示P2点坐标

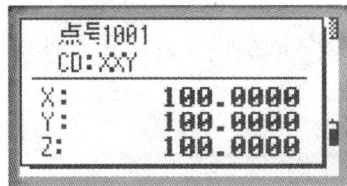
图4-106 显示坐标

输入后,显示计算结果(X,Y,Z),点号在P1的基础上自动加1,见图4-105,按[回车]键存储。返回计算菜单。

注:如果全站仪内存有(P1)的坐标,将自动显示后(图4-106),进入输入待定点的夹角,平距,高差的状态。

2. 导线计算

如图4-107所示为导线测量线路,用图4-108的导线计算程序,可依次计算X1、X2、X3、X4、…坐标。

在图4-108中选第二项,按[回车]键显示图4-109,分别输入P1、P2点的坐标后,显示图4-110,要求输入水平角(Ang),平距(HD)和高差(dVD)。

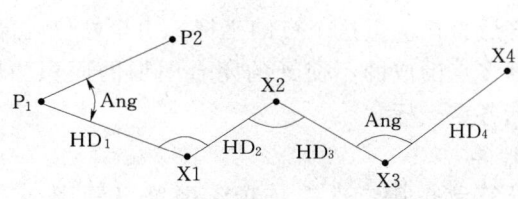

图 4-107 导线测量示意图

图 4-108 选择导线

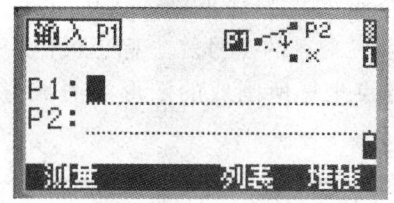

图 4-109 输入坐标

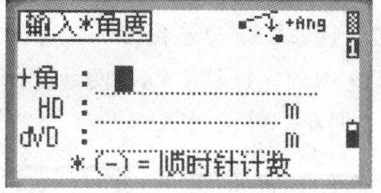

图 4-110 输入水平角

水平角的输入方法为：按前进方向左角为正角，输入正角，右角为负角输入负角，见图 4-111。高差同理，按前进方向高为正，低为负输入。输入完成后按 [回车] 键，显示图 4-112，为 X1 点的坐标。

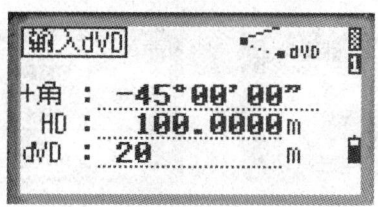

图 4-111 输入右角为负

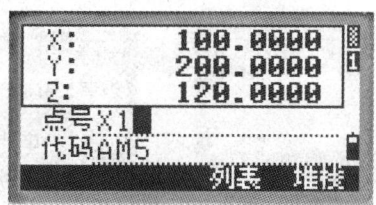

图 4-112 显示 X1 点坐标

如果在设置中将 ENE 改为 NEE，则显示的 X、Y 坐标值互换。

需要说明的是在此显示的是在上一点点号上自动加 1 的点号。如需改变，用 [控制] 键移至 X1 处，输入相应的点号，按 [回车] 键存储记录。屏幕返回下一个点的计算状态。并自动将要用的已知点点号列于屏幕，如图 4-113 所示，检查无误后即可按 [回车] 键，进行下一个点的计算和输入。

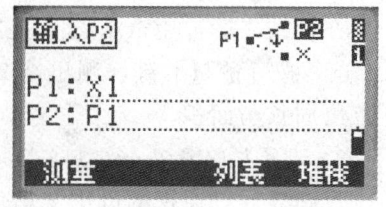

图 4-113 返回下一点计算

点号的计算顺序参考图 4-107，此导线计算程序只能计算下一点的坐标，不能进行导线计算中的角度闭合差、坐标增量闭合差等计算，在使用中应加以注意。

注：当 dVD（高差）为空白的时候，则假定为 0.000。

三、面积和周长计算

在计算菜单中，选第三项"面积和周长"，如图 4-114 所示，可计算由多点围成的不

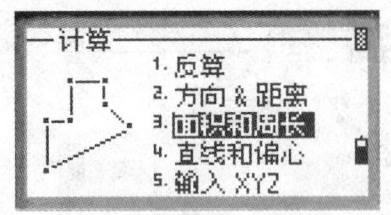

图 4-114 选择面积和周长

交叉的闭合图形的面积和周长，同时存储各点坐标。也可建站之后直接测量这个点的坐标，由全站仪内部程序自动计算多点围成的不交叉的闭合图形的面积和周长，同时存储各点坐标。

1. 计算

在计算菜单中，选第三项，屏幕显示图 4-115，要求输入第一个点的点号，输入后见图 4-116，输入坐标及代码，按［回车］键；接着输入第二个点的点号、坐标、代码（图 4-117、图 4-118），按［回车］键显示图 4-119；输入第三个点的点号、坐标、代码、……需计算时按图 4-119 中的［计算］键，便计算出来各点坐标所围成的图形的周长与面积，见图 4-120，按［回车］键记录。

图 4-115 输入第 1 点号

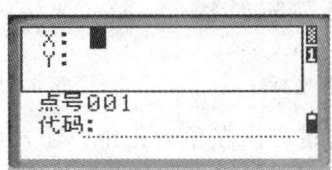
图 4-116 输入 1 点坐标

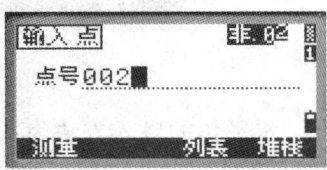
图 4-117 输入第 2 点号

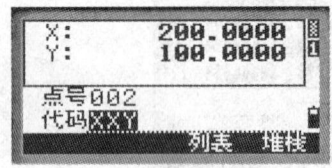
图 4-118 输入 2 点坐标

图 4-119 输入第 3 点坐标

图 4-120 显示面积周长

2. 测量

在设站之后，用全站仪直接照准 001 点，按［测量］键，测出 001 键的坐标，照准 002 点，按［测量］键，测出 002 键的坐标，照准 003 点……如此测出各点坐标，同样可计算出周长与面积。

3. 计算与测量混合应用

设站之后，通视的可用全站仪测量出坐标，不通视的可输入坐标，同样计算出周长和坐标。

注：（1）在缺省情况下，系统会将输入的最后一个点与第一个点闭合该面积。

（2）为取得正确的结果，必须以正确的顺序输入构成该区域的各个点。

（3）最多可计算 99 个点。

任务十　全站仪多点后方交会测量

多点后方交会是将全站仪架设在未知点上，对已知点进行角度或距离测量，从而建立新的测站点。调用多点后方交会程序，一次最多可用 10 个已知点进行后交，根据不同情况对已知点可以即测距又测角，也可以只测角不测距。当有足够的测量数据达到时，屏幕自动显示计算结果，按屏幕提示可以进行添加下一点、查看、显示与记录。

在建站菜单（图 4-121）中选择"后交"项，屏幕显示图 4-122，要求输入第一个已知点点号、坐标、代码、目标高及测量，其过程的屏幕显示见图 4-123～图 4-126。

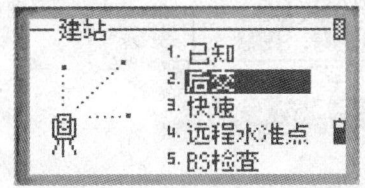
图 4-121 建站菜单

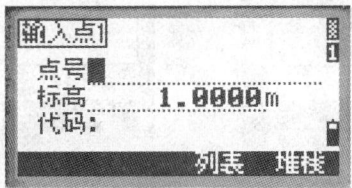
图 4-122 要求输入第一个点号

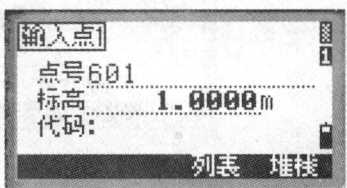
图 4-123 输入第一个点号

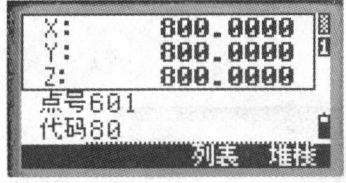
图 4-124 输入坐标及代码

图 4-125 输入目标高

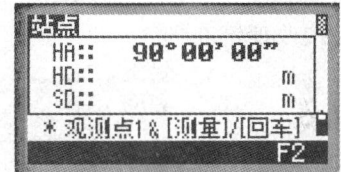
图 4-126 照准已知点测量

照准第一个已知点测量后屏幕显示图 4-127，显示测站（未知点）到第一个已知点的平距、斜距和水平角。按[回车]键进入下一个点的测量程序见图 4-128。同第一点一样，需输入点号、坐标、代码、目标高及测量，其过程的屏幕显示见图 4-129～图 4-132。

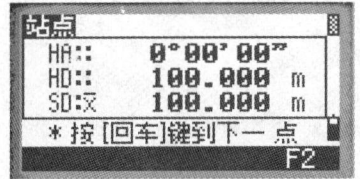
图 4-127 显示测站至第一个已知点的测量数据

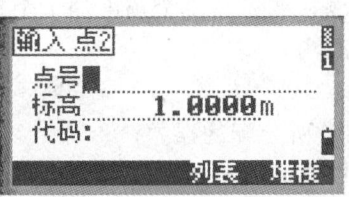
图 4-128 要求输入第二个已知点的点号

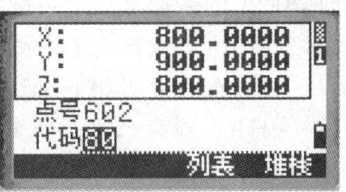
图 4-129 输入第二个点已知坐标

图 4-130 输入第二个已知点目标高

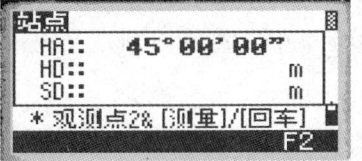
图 4-131 照准第二个已知点并测量

图 4-132 测量结果，按回车进入下点

照准第二个已知点测量后屏幕显示图4-132，显示测站（未知点）到第二个已知点的平距、斜距和水平角。按键进入第三个点的测量图4-133，按［显示］键显示图4-134。图4-133显示了测量值与计算值的差值，图4-134给出了未知点的坐标。

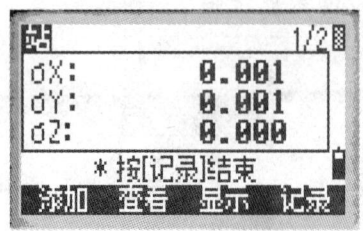 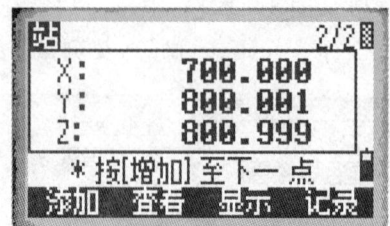

图4-133　测量值与计算值之差值　　图4-134　按［显示］后显示未知点坐标

在图4-133中选择［添加］则进行第三个已知点的测量，选择［记录］则进行建站显示图4-135，输入建站点的点号、仪器高、代码以及后视点号。对于后视点选择，可按改变键在图4-136中进行选择。

 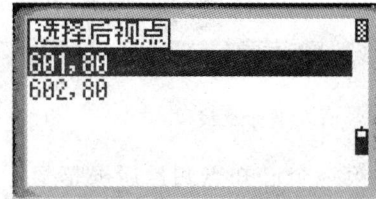

图4-135　输入测站点号、仪器高、代码　　图4-136　选择后视点号

选择后视点号后按［回车］键完成多点后方交会建站操作。进行多点后方交会建站时，最少的数据是三个角度观测，或者是1个角度加1个距离观测值（在此情况下，目标点之间的距离应该大于所测的距离）。

显示符号说明如下：

dHA：对每个方向的HA的所分配的误差；

dVD：在测量与计算的VD之间的差值；

dHD：在测量与计算的HD之间的差值。

任务十一　测量数据下载与上传

在全站仪上操作，先在主菜单中选择第5项，如图4-137所示进入［通讯］菜单。进行数据通讯有四种方式。

一、下载记录的数据

在图4-138中，选第1项下载，如图4-139所示，具体步骤如下。

（1）根据数据处理时运行的不同软件选择下载的数据格式，格式有三种：NIKON、SDR2X、SDR33。

任务十一　测量数据下载与上传

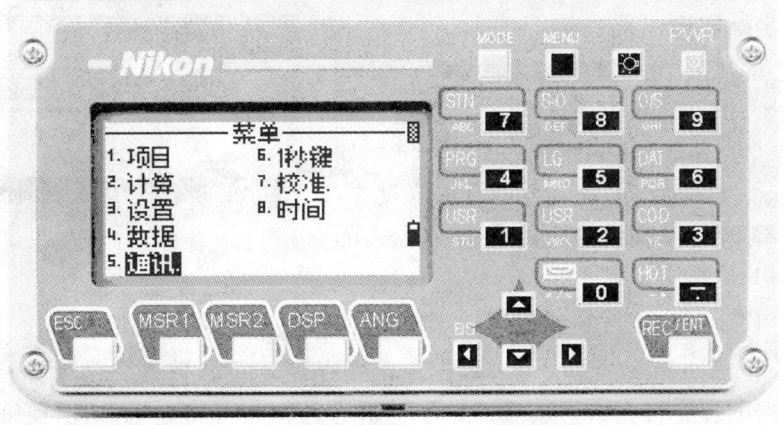

图 4-137　按 [菜单] 键后显示内容

（2）选择下载的数据类型：原始/坐标。

（3）要进行下载项目的选择，因为 DTM-352C 一次只能下载一个项目中的内容。按 [项目] 键屏幕显示图 4-139，从中选择要下载数据所在的项目。

（4）最重要的是进行与计算机的通讯协议设定。在图 4-139 中，按 [通讯] 键，屏幕显示图 4-140。

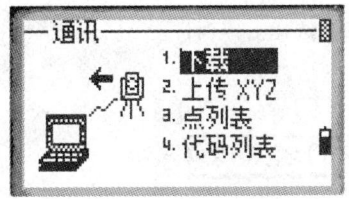  

图 4-138　通讯选项　　　　　图 4-139　选择数据格式　　　　图 4-140　选择下载项目

根据计算机上所设定的通讯协议，将波特率、字节长度、奇偶检校位、停止位四项与计算机上的设置一样，这样才能保证不失真的传输数据。设置完成后按 [回车] 键。

（5）数据下载：将计算机上的通讯软件打开设置好，确认无误后，按下全站仪的 [回车] 键，等待数据传输，见图 4-141。计算机打开通讯接口后按图 4-142 中的 [开始] 键进行数据传输。传输完成后，显示图 4-143，询问是否删除刚刚传输过的项目中的内容。按 [放弃] 键不删除数据。返回基本测量状态。在此特别注意，建议不要删除项目中的内容。只有等到确认所传输的数据已经完整的保存在计算机中后方可删除。

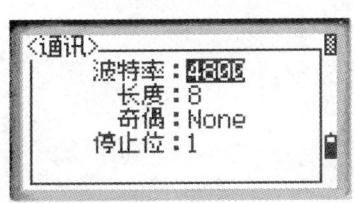 

图 4-141　选择波特率　　　　　　　图 4-142　数据下载

109

二、上传坐标数据

在图 4-138 中，选第 2 项"上传 XYZ"，如图 4-144 所示。按［项目］键选择上传数据存放的位置，选中所要存放的项目按［回车］键，如图 4-145 所示。按［通讯］键进行通讯协议设置，方法与数据下载相同。按编辑键进行数据各式的编辑，如图 4-146 所示。用［控制］键左右选择，改变数据项。用［?］改变各项数据。按［回车］键显示如图 4-147 所示。图 4-147 说明在项目 051223-2 中，有 15 个记录数据，正在存储 412 个数据。当计算机通讯软件准备好后而且数据电缆连接完毕，按［开始］键进行数据上传，显示如图 4-148 所示。随着上传数据的增加，数据从 0 开始增加。

图 4-143　选择［放弃］

图 4-144　［上传］界面

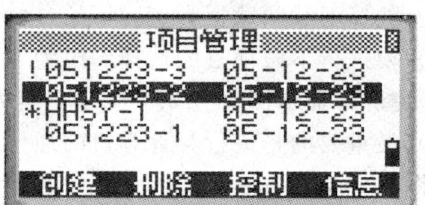

图 4-145　选择上传项目

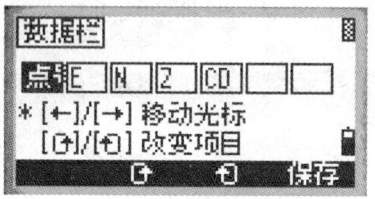

图 4-146　数据编辑

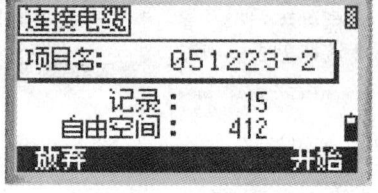

图 4-147　显示该项目下已有数据和上传数据数

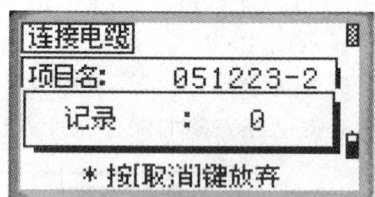

图 4-148　按［开始］后显示上传数据

思　考　题

1. 全站仪能做哪些工作？

2. 全站仪由哪几部分组成？
3. 怎样建立项目（任务）？
4. 什么是建站？全站仪的建站工作有几个步骤？
5. 怎样进行坐标测量的校核？
6. 怎样进行温度、气压、棱镜系数、测量方式、记录方式的设置？
7. 在测量记录中怎样进行点号、棱镜高的修改？
8. 怎样输入已知坐标和查取坐标数据？
9. 进行后方交会测量时最少需要几个已知坐标点？后方交会测量时需要量取仪器高吗？
10. 如果只需要测量出某图形的面积时，一定需要已知点进行建站吗？

第五单元

控 制 测 量

学习目标
　　知识目标：了解控制测量和大地测量的一般知识。
　　能力目标：掌握控制测量的技能方法，具有控制网的组网能力。

单元概述
　　本单元主要介绍了控制测量的原理及方法。重点讲述了导线测量、小三角测量原理及其计算方法，三角高程测量及 GPS 测量原理及方法。

任务一　认识控制测量

　　测量的基本工作是确定地物和地貌特征点的位置，即确定空间点的三维坐标。这样的工作若从一个起点开始，逐步依据前一个点来测定后一点的位置，会将前一个点的误差带到后一个点上。这种测量方法会导致误差逐步积累，并将达到惊人的程度。所以，为了保证所测点的位置精度，减少误差积累，测量工作必须遵循"从整体到局部""先整体后碎部"的组织原则，即先在测区内测定少数控制点，建立统一的平面和高程系统。由这些控制点互相联系形成的网络，称为控制网。根据控制网的精度不同，可以分为基本控制网和图根控制网；后者在前者的基础上补充加密而来，精度比前者低。基本控制网按其作用又分为平面控制网和高程控制网，二者所用测量仪器和测量方法完全不同，布点方案也有不同要求。专门测设平面控制网的工作称为平面控制测量，专门测设高程控制网的工作称为高程控制测量。因此，控制测量分为平面控制测量和高程控制测量两种。

　　控制测量的主要工作内容是：①依据控制点的用途和作用在测区内布设控制网；②进行外业测量；③内业计算出待定点的平面坐标和高程，并对测量成果进行精度评定。

一、平面控制测量

　　平面控制测量是确定控制点的平面位置。建立平面控制网的常规方法有三角测量和导线测量。如图 5-1 所示，A、B、C、D、E、F 组成互相邻接的三角形，观测所有三角形的内角，并至少测量其中一条边长作为起算边，通过计算就可以获得它们之间的相对位置。这种三角形的顶点称为三角点，构成的网形称为三角网，进行这种测量称为三角测量。有如图 5-2 所示控制点 1、2、3、…用折线连接起来，测量各边的长度和各转折角，通过计算同样可以获得它们之间的相对位置。这种控制点称为导线点，进行这种控制测量称为导线测量。

　　平面控制网除了经典的三角测量和导线测量外，还有卫星大地测量。目前常用的是 GPS 卫星定位。如图 5-3 所示，在 A、B、C、D 控制点上，同时接收 GPS 卫星 S_1、S_2、

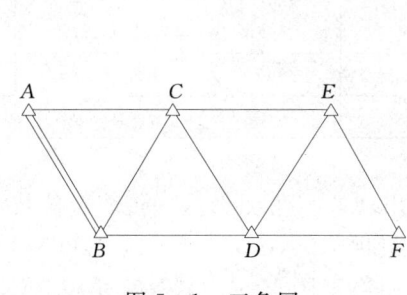

图 5-1 三角网

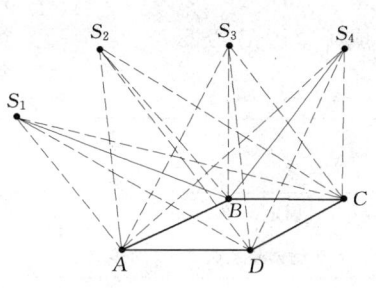

图 5-2 导线网

S_3、S_4、…发射的无线电信号，从而确定地面点位，称为 GPS 测量。

国家平面控制网，是在全国范围内建立的控制网。逐级控制，分为一、二、三、四等三角测量。它是全国各种比例尺测图和工程建设的基本控制，也为空间科学技术和军事需求提供精确的点位坐标、距离、方位资料，并为研究地球大小和形状、地震预报等提供重要资料。

图 5-3 GPS 网

为满足大比例尺地形测量，建立了城市控制网，作为城市规划、施工放样的测量依据，城市平面控制网可分为二、三、四等三角网或一、二、三级导线。然后再布设图根小三角网或图根导线。按《城市测量规范》（CJJ T8—2011），其技术要求列于表 5-1 和表 5-2。

表 5-1　城市三角网及图根三角网的主要技术要求

等级	测角中误差 /(″)	三角形最大闭合差 /(″)	平均边长 /km	起始边相对中误差	最弱边相对中误差	测回数		
						DJ_1	DJ_2	DJ_3
二等	±1.0	±3.5	9	1:30万	1:12万	12		
三等	±1.8	±7.0	5	首级 1:20万	1:8万	6	9	
四等	±2.5	±9.0	2	首级 1:12万	1:4.5万	4	6	
一级	±5	±15	1	1:4万	1:2万		2	6
二级	±10	±60	0.5	1:2万	1:1万		1	2
图根	±20	±60	不大于测图最大视距1.7倍	1:1万				1

表 5-2　城市导线及图根导线的主要技术要求

等级	测角中误差 /(″)	方向角闭合差 /(″)	附合导线长度 /km	平均边长 /km	测距中误差 /mm	全长相对中误差
一级	±5	±10$\sqrt{n}$	3.6	300	±15	1:1.4万
二级	±8	±16$\sqrt{n}$	2.4	200	±15	1:1万

续表

等级	测角中误差/(″)	方向角闭合差/(″)	附合导线长度/km	平均边长/km	测距中误差/mm	全长相对中误差
三级	±12	±24$\sqrt{n}$	1.5	120	±15	1:0.6万
图根	±30	±60$\sqrt{n}$				1:0.2万

注 n 为测站数。

随着科学技术的发展和现代化测量仪器的出现,三角测量这一传统定位技术大部分已经被卫星定位技术所替代。按照《GPS 控制测量规范》(GB/T 18314—2001),将 GPS 控制网分成 A～E 五级,见表 5-3。其中 A、B 相当于国家一、二等三角点,C、D 相当于城市三、四等。我国已于 1992 年在全国布设了覆盖全国的 A 级 GPS 网点 27 个,1996 年完成了全国 B 级 GPS 网点 730 个,城市控制网也基本采用 GPS 定位技术。

表 5-3　　　　　　　　　GPS 控制网主要技术要求

级别＼项目	A	B	C	D	E
固定误差 a/mm	≤5	≤8	≤10	≤10	≤10
比例误差系数 $b/10^{-6}$	≤0.1	≤1	≤5	≤10	≤20
相邻点最小距离/km	100	15	5	2	1
相邻点最大距离/km	2000	250	40	15	10
相邻点平均距离/km	300	70	15～10	10～5	5～2

二、高程控制网

建立高程控制网的主要方法是水准测量。在山区可采用三角高程测量的方法来建立高程控制网,这种方法不受地形起伏的影响,工作速度快,但其精度水准测量低。由于全站仪的出现,在地形复杂地区现在常采用全站仪高程控制测量或称 EDM 高程控制测量来代替二等以下水准测量。

国家水准测量分为一、二、三、四等,逐级布设。一、二等水准测量是用高精度水准仪和精密水准测量方法进行施测,其成果作为全国范围的高程控制之用。三、四等水准测量除用于国家高程控制网的加密外,在小地区用作建立首级高程控制网。

为了城市建设的需要所建立的高程控制称为城市水准测量,采用二、三、四等水准测量及直接为测地形图用的图根水准测量,其技术要求列于表 5-4。

表 5-4　　　　　　城市与图根水准测量的主要技术要求　　　　　　单位:mm

等级	每千米高差中数中误差		测段、区段、路线往返测高差不符值	测段、路线左右测高差不符值	附合路线或环线闭合差		检测已测段高差之差
	偶然中误差 M	全中误差 M_w			平原、丘陵	山区	
二等	≤±1	≤±2	≤±4$\sqrt{L_S}$		≤±4$\sqrt{L}$		≤±6$\sqrt{L_i}$
三等	≤±3	≤±6	≤±12$\sqrt{L_S}$	≤±8$\sqrt{L_S}$	≤±12$\sqrt{L}$	≤±15$\sqrt{L}$	≤±20$\sqrt{L_i}$

注　1. L_S 为测段、区段或路线长度,L 为附合路线或环线长度,L_i 检测测段长度,均以 km 计。
　　2. 山区是指路线中最大高差超过 400m 的地区。

在平原地区,可采用 GPS 水准进行四等水准测量,在地形比较复杂的地区,采用 GPS 水准时,需进行高程异常改正。海上高程测量由于控制点和测量点分布受岛屿位置的影响,地面无法实现长距离水准测量,因此,在海上可优先用 GPS 水准测量。

任务二 导 线 测 量

一、导线测量的基本概念

依相邻次序地面上所选定的点连接成折线形式,测量各线段的边长和转折角,再根据起始数据用坐标传递方法确定各点平面位置的测量工作称导线测量。导线测量布设灵活,要求通视方向少,边长可直接测定,适宜布设在视野不够开阔的地区,如城市、厂区、矿山建筑区、森林,也适用于狭长地带的控制测量,如铁路、隧道、渠道等。随着全站仪的普及,一测站可同时完成测距、测角,导线测量方法广泛地用于控制网的建立,特别是图根导线的建立,并成为主要测量方法。

导线测量的布设形式有以下 4 种。

1. 闭合导线

导线的起点和终点为同一个已知点,形成闭合多边形,如图 5-4 所示,B 点为已知点,P_1、…、P_n 为待测点,α_{AB} 为已知方向。

2. 附合导线

敷设在两个已知点之间的导线称为附合导线。如图 5-5 所示,B 点为已知点,α_{AB} 为已知方向,经过 P_i 点最后附合到已知点 C 和已知方向 α_{CD}。

3. 支导线

支导线也称自由导线,它从一个已知点出发不回到原点,也不附合到另外已知点,如图 5-6 所示。由于支导线无法检核,故布设时应十分仔细,规范规定支导线不得超过三条边。

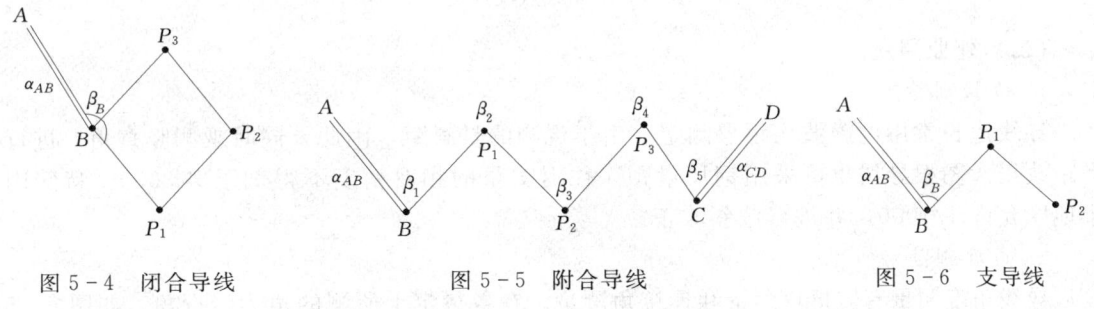

图 5-4 闭合导线　　　　图 5-5 附合导线　　　　图 5-6 支导线

4. 导线网

由若干个闭合导线和附合导线组成的闭合网形称为导线网。导线网检核条件多,精度较高,多用于城市控制网。在地形复杂地区的高精度控制网,也适宜布设成导线网的形式。

二、导线测量外业工作

导线测量外业工作包括踏勘选点、角度测量、边长测量。

(一) 踏勘选点

在踏勘选点前应尽量搜集测区的有关资料，如地形图，已有控制点的坐标和高程，以及控制点的点之记。在图上规划导线布设方案，然后到现场选点，埋设标志。选点时，应注意以下事项：

(1) 导线点应选在土质坚硬，能长期保存和便于安置测量仪器的地方。

(2) 相邻导线点间通视良好，便于测角、量边。

(3) 导线点视野开阔，便于测绘周围地物和地貌。

(4) 导线点数量足够、密度均匀、方便测量，即导线边长应大致相等，避免过长、过短，相邻边长之比不应超过三倍。

导线点选定后，应在地面上建立标志，并沿导线走向顺序编号，绘制导线略图。对于等级导线点，应按规范埋设混凝土桩，如图5-7（a）所示，并在导线点附近的明显地物（房角、电杆）上用油漆注明导线点编号和距离，并绘制草图，注明尺寸，称为点之记，如图5-7（b）所示。

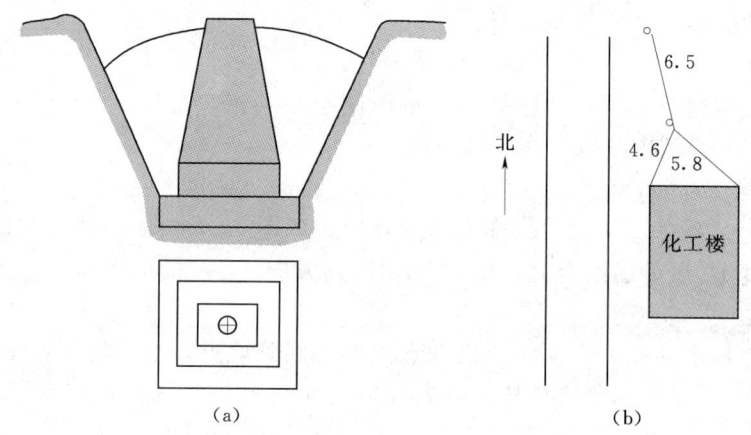

图5-7 导线点及点之记

(二) 外业测量

1. 边长测量

导线边长常用电磁波测距仪测定。由于观测的是斜距，因此要同时观测竖直角，进行平距改正。图根导线也可采用钢尺量距。往返丈量的相对精度不得低于1/3000，特殊困难地区允许1/1000，并进行倾斜改正。

2. 角度测量

导线角度测量有转折角测量和连接角测量。在各待定上所测的角为转折角，如图5-5中$\beta_1 \sim \beta_n$。这些角有左角和右角之分。在导线前进方向右侧的水平角为右角，左侧的为左角。角度测量的精度要求见表5-2。导线应与高级控制点连测，才能得到起始方位角，这一工作称为连接角测量，也称导线定向。目的是使导线点坐标纳入国家坐标系统或该地区统一坐标系统。附合导线与两个已知点连接，应测两个连接角β_B、β_C。闭合导线和支导线只需测一个连接角β_B，如图5-4、图5-6所示。对于独立地区周围无高级控制点时，可假定某点坐标，用罗盘仪测定起始边的磁方位角作为起算数据。

三、导线测量内业计算

导线内业计算之前,应全面检查导线测量外业工作、记录及成果是否符合精度要求,然后绘制导线略图,标注实测边长、转折角、连接角和起始坐标,以便于导线坐标计算,如图 5-5 所示。

(一)附合导线计算

由于附合导线是在两个已知点上布设的导线,因此测量成果应满足两个几何条件。

(1)方位角闭合条件:即从已知方位角 α_{AB},通过各 β_i 角推算出终点 CD 边方位角 α'_{CD},应与已知方位角 α_{CD} 一致。

(2)坐标增量闭合条件:即从 B 点已知坐标 X_B、Y_B,经各边长和方位角推算求得的 C 点坐标 X'_C、Y'_C 应与已知 C 点坐标 X_C、Y_C 一致。

上述两个条件是附合导线外业观测成检核条件,又是导线坐标计算基础。其计算步骤如下:

1)坐标方位角的计算与角度闭合差的调整。推算 CD 边坐标方位角为

$$\alpha'_{CD} = \alpha_{AB} + \sum \beta_i - n \times 180$$

由于测角存在误差,所以 α'_{CD} 和 α_{AB} 之间有误差,称为角度闭合差。

$$f_\beta = \alpha'_{CD} - \alpha_{CD}$$

本例中 $\alpha'_{CD} = 351°36'59''$,$\alpha_{CD} = 351°36'48''$,则 $f_\beta = +11''$,详细数据见表 5-5。

表 5-5 附合导线测量计算

测点	观测角度(左角)/(° ′ ″)			坐标方位角/(° ′ ″)			边长/m	坐标增量 ΔX/m	坐标增量 ΔY/m	坐标 X/m	坐标 Y/m
A											
B				60	46	12				1107.730	5182.460
	250	10	−3 12	130	56	21	189.770	−11 −124.348	−3 143.353		
1										983.371	5325.810
	130	0	−3 36	80	56	54	174.210	−10 27.408	−3 172.041		
2										1010.769	5497.848
	210	54	−3 45	111	51	36	160.140	−9 −59.627	−2 148.625		
3										951.134	5646.471
	181	13	−3 24	113	4	57	151.330	−8 −59.330	−2 139.215		
4										891.795	5785.684
	160	47	−3 36	93	52	30	134.960	−8 −9.121	−2 134.651		
5										882.667	5920.333
	174	58	−3 36	88	51	03	357.560	−20 7.171	−5 357.488		
C										889.818	6277.816
	82	45	48								
D				351	36	48					
Σ	1190	50	57				1167.97	−217.847	1095.374		
计算辅助	$f_\beta = 11''$ $f_{\beta容} = \pm 40''\sqrt{n} = \pm 40''\sqrt{7} = \pm 106''$										

图根导线角度闭合差的容许误差为

$$f_{容}=\pm 40\sqrt{n}=\pm 106''$$

若 $f_\beta \geqslant f_{容}$，说明角度测量误差超限，要重新测角；若 $f_\beta < f_{容}$，说明角度测量成果合格，可对各角度进行闭合差调整。由于各角度是同精度观测，所以将角度闭合差反符号平均分配给各观测角，然后再计算各边方位角。最后计算的 α'_{CD} 和 α_{CD}，并以是否相等作为检核条件。

2) 坐标增量闭合差的计算和调整。利用上述计算的各边坐标方位角和边长，可以计算各边的坐标增量。各边坐标增量之和理论上应与控制点 B、C 的坐标差一致，若不一致，产生的误差称为坐标增量闭合差 f_x、f_y。计算式为

$$f_x = \sum \Delta x - (x_c - x_b)$$
$$f_y = \sum \Delta y - (y_c - y_b)$$

由于 f_x、f_y 的存在，使计算出的 C' 点与 C 点不重合。CC' 用 f 表示，称为导线全长闭合差，用下式表示

$$f_D = \sqrt{f_x^2 + f_y^2}$$

f_D 值和导线全长 $\sum D$ 之比 K 称为导线全长相对闭合差，即

$$K = \frac{f_D}{\sum D} = \frac{1}{\sum D / f_D}$$

K 值的大小反映了测角和测边的综合精度。不同导线的相对闭合差容许值是不相同的，见表 5-2。图根导线 K 值小于 1/2000，困难地区可放宽到 1/1000。若 $K > K_{容}$，应分析原因，必要时重测；一般情况下是量距误差较大。调整的方法是将 f_x、f_y 反号按与边长成正比的原则进行分配，对于第 i 边的坐标增量改正值为

$$V_{x_i} = \frac{-f_x}{\sum D} \times D_i$$

$$V_{y_i} = \frac{-f_y}{\sum D} \times D_i$$

计算完毕，改正后的坐标增量之和应与 B、C 两点坐标差相等，即 $\sum \Delta x = \Delta x_{BC}$，$\sum \Delta y = \Delta y_{BC}$ 以此作为检核。

根据起始点 B 的坐标及改正后各边的坐标增量按下式计算各点坐标。

$$x_{i+1} = x_i + \Delta x_{i,i+1}$$
$$y_{i+1} = y_i + \Delta y_{i,i+1}$$

最后推算出的 C' 点坐标应与原来 C 点坐标一致。

（二）闭合导线计算

闭合导线计算方法与附合导线相同，也要满足角度闭合条件和坐标闭合条件。

(1) 角度闭合差的计算与调整。闭合导线测的是内角，所以角度闭合条件要满足 n 边形内角和条件，即

$$\sum \beta_{理} = (n-2) \times 180$$

则角度闭合差为

$$f_\beta = \sum \beta_{测} - \sum \beta_{理} = \sum \beta_{测} - (n-2) \times 180$$

（2）坐标增量闭合差的计算与调整。闭合导线的起、终点是同一个点，所以坐标增量总和理论值为零，即 $\sum \Delta x = 0$，$\sum \Delta y = 0$。则坐标增量闭合差为

$$f_x = \sum x_i$$

$$f_y = \sum y_i$$

$$f = \sqrt{f_x^2 + f_y^2}$$

$$K = \frac{f}{\sum D} = \frac{1}{\sum D/f}$$

角度闭合差 f_β，坐标增量闭合差 f_x、f_y 及导线全长闭合差 f 的检验和调整与附合导线计算方法相同。由起点坐标通过各点坐标增量改正计算，求得各点坐标，最后推回到 B 点坐标并相同，作为计算检核。表 5-6 为闭合导线计算表。

表 5-6　　　　　　　　　　　闭合导线测量计算

测点	观测角度（左）/(° ′ ″)			坐标方位角 /(° ′ ″)			边长 /m	坐标增量 ΔX /m	坐标增量 ΔY /m	坐标 X /m	坐标 Y /m
B								−4	+10	1000.000	1000.000
				96	51	36	201.783				
P1			−14					−24.102	200.338	975.894	1200.348
	108	27	00	25	18	22	263.288	−6	+13		
P2			−14					238.022	112.543	1213.911	1312.904
	84	10	30	289	28	37	241.030	−5	+12		
P3			−14					80.366	−227.237	1294.272	1085.678
	135	48	00	245	16	23	200.441	−4	+10		
P4			−14					−83.843	−182.063	1210.424	903.625
	90	07	30	155	23	38	231.435	−5	+11		
B			−14					−210.419	96.364	1000.000	1000.000
	121	28	12	96	51	36					
P1											
Σ	540	01	12				1137.977	0.024	−0.054		
计算辅助	$f_\beta = 72$ $f_{\beta容} = \pm 40''\sqrt{n}$ $= \pm 40''\sqrt{5}$ $= \pm 89''$							$f_x = 0.024$ $f_y = -0.054$ $f = 0.060$ $K = 1/19000$			

（三）角度闭合差超限检查方法

在导线测量中，角度闭合差超限要进行外业重测。首先要检查外业记录手簿，看是否有记错、算错的数据，再找外业测量本身的原因。但初学者往往不知道是哪一个角超限或者是否有多个角超限，只得全部重测，这样易造成财力物力及人力的浪费。当只有一个角有较大误差时，可从观测数据中很容易发现是哪一个角超限。检查办法是将前次的推算路线反向之后重新推算各点坐标（注意：只推算，不进行角度闭合差和坐标增量的调整），

比较两次坐标计算结果，当发现某一点坐标非常接近时，说明该点的角度测量误差很大。表 5-5 中，假若 3 点角度测量误差较大，其余很小，则按 $A-B-1-2-3-4-5-C-D$ 路线推算结果是 1、2、3 点坐标准确，4、5 点坐标偏离正确值；按 $D-C-5-4-3-2-1-B-A$ 路线推算结果是 5、4、3 点坐标准确，2、1 点坐标偏离正确值。因此，两次推算结果中，仅 3 点坐标相近，其余相差较大。若有多个测角误差较大，则仅从数据很难找出原因来。

任务三 小三角测量

小三角测量与导线测量相比，量边工作量减少，所以在山区、丘陵和城市首级控制网大多采用小三角测量建立平面控制网。三角网常用的基本图形有单三角锁、中点多边形、大地四边形、线形锁等，如图 5-8 所示。本任务只介绍单三角锁测量。

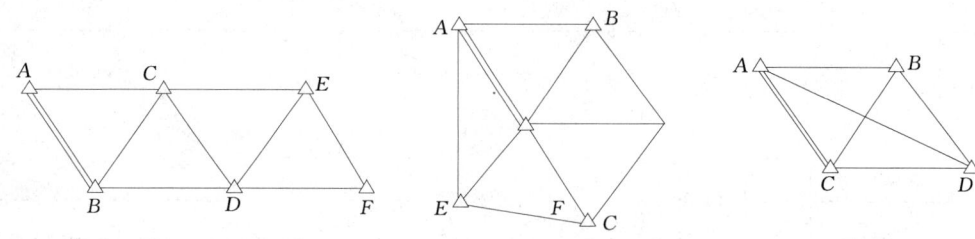

图 5-8 小三角形的基本形式

一、小三角测量的外业工作

小三角测量外业工作包括踏勘选点、角度测量和基线边测量。

1. 选点、建立标志

同导线测量一样，选点前要搜集测区已有的地形图和控制点成果，在图上初步拟定布网方案，再到实地踏勘选点。选点时应注意以下几点：

(1) 基线应选在地势平坦，便于量距的地方（用电磁波测距仪测基线，不受此限制）。

(2) 三角点应选在地势较高，土质坚实的地方，相邻三角点应互相通视。

(3) 为保证推算边长的精度，三角形内角一般不小于 30°，不应该大于 120°。

2. 角度测量

角度测量是小三角测量的主要外业工作。有关技术指标见表 5-1。三角点照准标志一般用花杆或小标杆，底部对准三角点标志中心，标杆用杆架或三根铅丝拉紧，并保证标杆垂直。当边长较短时，可用三个支架悬挂垂球，在垂球线上系一小花杆作照准标志。

在控制点上，当观测方向是 2 个时，采用测回法测角；当观测方向为 3 个或 3 个以上时，采用全圆测回法。

角度测量时应随时计算各三角形角度闭合差 f_i 公式为

$$f_i=(a_i+b_i+c_i)-180 \tag{5-1}$$

式中 i——三角形序号。

若 f_i 超出表 5-1 的规定，应重测。角度观测结束后，按菲罗列公式计算测角中误

差 m_β。

$$m_\beta = \pm\sqrt{\frac{[f_i f_i]}{3n}} \tag{5-2}$$

3. 基线测量

一般采用电磁波测距仪测量三角网起始边的平距。若采用钢尺丈量时，要用精密丈量方法。

二、小三角测量内业计算

小三角测量内业计算包括外业成果的整理、检查、角度、边长和坐标平差计算。一般图根小三角测量计算采用近似平差，一、二级小三角测量用严密平差。下面主要介绍图根三角锁的近似平差计算方法。

1. 绘制小三角测量略图

图 5-9 为单三角锁略图。图中 D_0 或 D_n 是起始边。从第一个三角形开始，由 D_0 按正弦定律推算与下一个三角形的邻边边长，该边长即为第二个三角形的已知边，这种相邻边称为传距边。依次类推，即可推出所有三角形的边长。为了方便，三角形内角按以下规定编号：已知边所对的角为 b_i，待求边所对的角为 a_i，第三边所对的角为 c_i，称为传距角，亦称为间隔角。

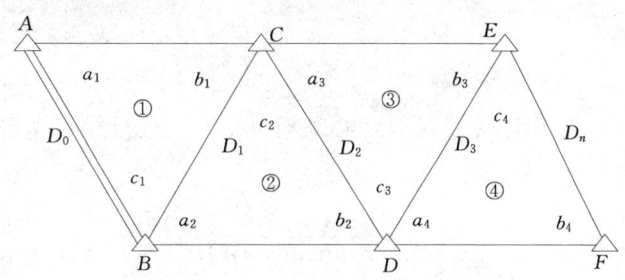

图 5-9 单三角锁略图及编号

2. 角度闭合差的计算与调整

设 a'_i、b'_i、c'_i 为第 i 个三角形的角度观测值，则各三角形的角度闭合差用式（5-1）计算，图根小三角测量角度闭合差容许值 $f_{\beta容} \leq 60''$。若 $f_i \leq f_{\beta容}$，则进行角度闭合差调整，否则，该三角形的内角要进行外业重测。

设各角度第一次改正数为 v_{ai}、v_{bi}、v_{ci}。因各角度为同精度观测，各改正数应相等。则

$$v_{ai} = v_{bi} = v_{ci} = -\frac{f}{3} \tag{5-3}$$

改正数取至秒位，第一次改正后的角值为

$$\left.\begin{array}{l} a_i = a'_i + v_{ai} \\ b_i = b'_i + v_{bi} \\ c_i = c'_i + v_{ci} \end{array}\right\} \tag{5-4}$$

经过第一次改正后的角度应满足三角形闭合条件，即

$$a_i + b_i + c_i - 180 = 0 \tag{5-5}$$

3. 基线闭合差的计算与调整

根据基线 D_0 和第一次改正后的角值 a_i、b_i，按正弦定理推算另一条基线 D'_n 过程如下。

$$D_1 = D_0 \times \frac{\sin a_1}{\sin b_1}$$

$$D_2 = D_1 \times \frac{\sin a_2}{\sin b_2} = D_0 \times \frac{\sin a_1}{\sin b_1} \times \frac{\sin a_2}{\sin b_2}$$

$$D_n = D_0 \times \frac{\sin a_1}{\sin b_1} \times \frac{\sin a_2}{\sin b_2} \times \cdots \times \frac{\sin a_n}{\sin b_n} = D_0 \times \frac{\sum\limits_{i=1}^{n} \sin a_i}{\sum\limits_{i=1}^{n} \sin b_i} \quad (5-6)$$

计算的第二条基线 D'_n 应与实测的 D_n 相等。但由于第一次改正后的角度仍有误差，所以往往 $D'_n \neq D_n$，从而产生基线闭合差 ω'。

$$\omega' = D'_n - D_n = D_0 \times \frac{\sum\limits_{i=1}^{n} \sin a_i}{\sum\limits_{i=1}^{n} \sin b_i} - D_n \quad (5-7)$$

为了消除 ω' 误差，必须对 a_i、b_i 进行第二次改正，设 v''_{ai}、v''_{bi} 为角度第二次改正数，则有

$$\frac{D_0 \sin(a_1+v''_{a1})\sin(a_2+v''_{a2})\cdots\sin(a_n+v''_{an})}{D_n \sin(b_1+v''_{b1})\sin(b_2+v''_{b2})\cdots\sin(b_n+v''_{bn})} - 1 = 0 \quad (5-8)$$

将式（5-8）按泰勒级数展开，取前两项得

$$\sum_{i=1}^{n} \frac{v''_{ai}}{\rho} \cot a_i - \sum_{i=1}^{n} \frac{v''_{bi}}{\rho} \cot b_i + \omega'_D = 0 \quad (5-9)$$

为使第二次改正后仍能满足三角形内角和为180，必使 v''_{ai}、v''_{bi} 大小相等，符号相反，所以

$$v''_{ai} = -v''_{bi} = -\frac{\omega'_D \rho}{\sum\limits_{i=1}^{n} \cot a_i + \sum\limits_{i=1}^{n} \cot b_i} \quad (5-10)$$

4. 边长和坐标计算

根据第二次改正后的角度和基线 D_0，按正弦定理计算三角形各边长。最后求得的 D'_n 应与 D_n 相等。求得各边长和改正后的角度，按闭合导线计算各点坐标。

以图 5-9 为例，按上述推算步骤，角度和边长计算见表 5-7，坐标计算见表 5-8，表中坐标计算按 $A-C-E-F-D-B-A$ 闭合导线进行。

表 5-7　　　　　　　　　　三角锁闭合差调整与边长计算

三角形编号	角号	角度观测值 /(° ′ ″)	第一次改正 /(″)	第一次改正后角值/(° ′ ″)	cota cotb	第二次改正 /(″)	第二次改正后角值/(° ′ ″)	边长 /m
1	a	63 41 18	3	63 41 21	0.49	2	63 41 23	415.607
	b	51 13 44	3	51 13 47	0.8	−2	51 13 45	361.478
	c	65 04 48	4	65 04 52			65 04 52	420.475
	Σ	179 59 50	10	180 00 00			180 00 00	

续表

三角形编号	角号	角度观测值/(°′″)	第一次改正/(″)	第一次改正后角值/(°′″)	cota cotb	第二次改正/(″)	第二次改正后角值/(°′″)	边长/m
2	a	41 05 39	−2	41 05 37	1.15	2	41 05 39	321.188
	b	58 16 12	−2	58 16 10	0.62	−2	58 16 08	415.607
	c	80 38 15	−2	80 38 13			80 38 13	482.138
	Σ	180 00 06	−6	180 00 00			180 00 00	
3	a	60 08 24	4	60 08 28	0.57	2	60 08 30	312.276
	b	63 07 34	4	63 07 38	0.51	−2	63 07 36	321.188
	c	56 43 50	4	56 43 54			56 43 54	301.061
	Σ	179 59 48	12	180 00 00			180 00 00	260.732
4	a	53 59 25	−3	53 59 22	0.73	2	53 59 24	312.276
	b	75 39 28	−3	75 39 25	0.26	−2	75 39 23	248.188
	c	50 21 16	−3	50 21 13			50 21 13	
	Σ	180 00 09	−9	180 00 00			180 00 00	
	Σ				5.13			

表 5-8　　　　　　　　　　三角锁坐标计算

三角点	转折角/(°′″)	方位角/(°′″)	边长/m	坐标增量 x	坐标增量 y	坐标 x	坐标 y
B							
		22 56 00					
A	63 41 23					500.000	500.000
		86 37 23	420.475	24.768	419.745		
C	192 00 28					524.768	919.745
		98 37 51	301.061	−45.180	297.652		
E	113 28 49					479.588	1217.397
		32 06 40	260.732	220.845	138.595		
F	75 39 23					700.433	1355.992
		287 46 03	248.189	75.736	−236.351		
D	168 59 26					776.169	1119.641
		276 48 29	482.138	56.737	−478.788		
B	106 10 31					832.906	640.853
		22 56 00	361.476	−332.906	−140.853		
A						500.000	500.000

任务四　交　会　测　量

当控制点不能满足工程需要时，可用交会法加密控制点，这种定点工作称为交会测量。交会测量分测角交会定点、距离交会定点和边角交会定点三种形式。在测角交会中又分三种形式，即前方交会、侧方交会和后方交会。

1. 前方交会

在两个已知控制点上,分别对待定点观测水平角以计算待定点的坐标,如图 5-10 所示。为了进行检核和提高点位精度,在实际工作中,通常要在 3 个控制点上进行交会,用 2 个三角形分别计算待定点的坐标,既可取其平均值为所求结果,也可根据两者的差值判定观测结果是否可靠。

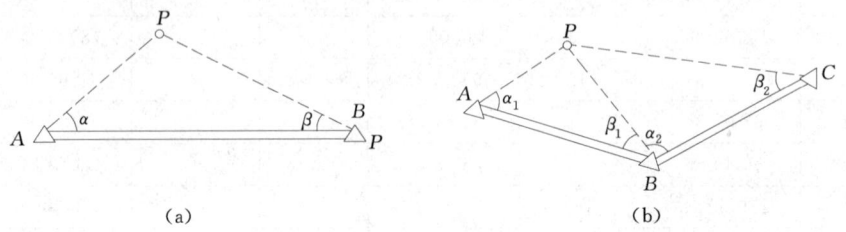

图 5-10 前方交会

2. 侧方交会

侧方交会与前方交会相似,它是在 1 个已知控制点和 1 个待定点上观测水平角以计算待定点的坐标,如图 5-11 所示。为了进行检核,一般还在待定点观测第 3 个控制点方向的水平角,如图 5-11(b)所示。

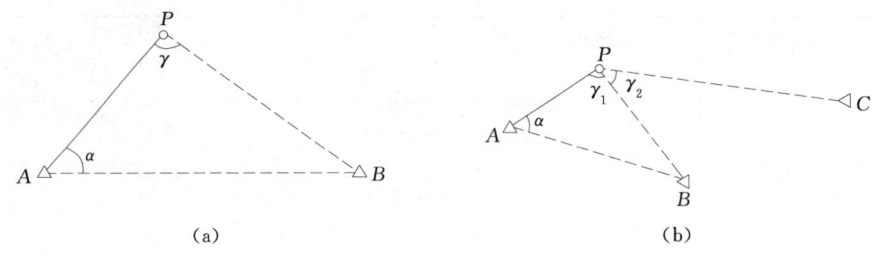

图 5-11 侧方交会

3. 后方交会

在待定点上对 3 个已知控制点观测 3 个方向间的水平角以计算待定点的坐标。如图 5-12 所示。为了进行检核,一般还在待定点观测第 4 个控制点方向的水平角,如图 5-12(b)所示。为了提高交会点的精度,待定点上的交会角应大于 30°和小于 120°;水平角应按方向观测法观测 2 个测回。

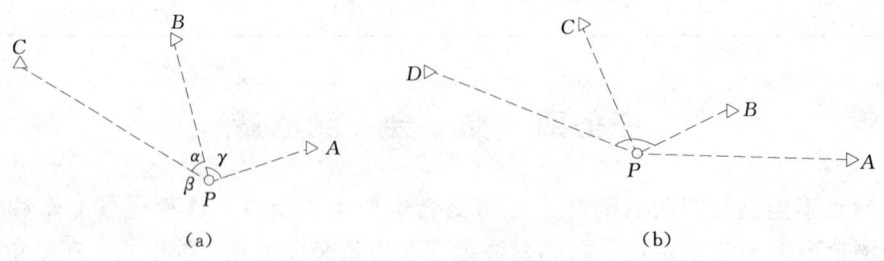

图 5-12 后方交会

一、前方交会

如图 5-10（a）所示，A、B 为已知控制点，P 为待定点，A、B、P 三点按逆时针次序排列。

（1）根据已知坐标计算已知边 AB 的方位角和边长：

$$\alpha_{AB} = \arctan \frac{y_B - y_A}{x_B - x_A}$$

$$D_{AB} = \sqrt{(x_B - x_A)^2 + (y_B - y_A)^2}$$

（2）推算 AP 和 BP 边的坐标方位角和边长：

$$\alpha_{AP} = \alpha_{AB} - \alpha$$

$$D_{AP} = \frac{D_{AB} \sin\beta}{\sin[180 - (\alpha + \beta)]}$$

$$D_{BP} = \frac{D_{AB} \sin\alpha}{\sin[180 - (\alpha + \beta)]}$$

（3）计算 P 点坐标。分别由 A 点和 B 点按式（5-11）、式（5-12）推算 P 点坐标，并校核。

$$\left. \begin{array}{l} x_P = x_A + D_{AP} \cos\alpha_{AP} \\ y_P = y_A + D_{AP} \sin\alpha_{AP} \end{array} \right\} \quad (5-11)$$

$$\left. \begin{array}{l} x_P = x_B + D_{BP} \cos\alpha_{BP} \\ y_P = y_B + D_{BP} \sin\alpha_{BP} \end{array} \right\} \quad (5-12)$$

应用式（5-11）时，要注意 A、B、P 的点号须按逆时针次序排列，如图 5-10 所示。A、B、P 的点号按顺时针次序排列时，式（5-11）中 A、B 数据要交换使用，算例见表 5-9。

表 5-9　　　　　　　　前 方 交 会 计 算

测　点				x 坐标/m		y 坐标/m	
A	狮子山	α_1	53°07′44″	x_A	4992.54	y_A	9674.50
B	珞珈山	β_1	56°06′07″	x_B	5681.04	y_B	9850.00
P	洪山			x_{P1}	5479.12	y_{P1}	9282.88
B	珞珈山	α_2	35°27′40″	x_B	5681.04	y_B	9850.00
C	喻家山	β_2	66°41′00″	x_C	5856.24	y_C	9233.51
P	洪山			x_{P2}	5479.12	y_{P2}	9282.84
检核	$f_{计算}=0.03$		$f_{容}=0.40$	平均 x_P	5479.12	平均 y_P	9282.86

二、侧方交会

侧方交会与前方交会的基本原理一样，计算时只需计算出 $\beta=180-(\alpha+\gamma)$，再按公式（5-11）计算 P 点坐标。

三、后方交会

测角后方交会计算坐标的方法很多，下面介绍一种适合于编程计算的方法。

设 A、B、C 为三个已知点构成的三角形的三个内角，α、β、γ 为未知点 P 上的三个角，其对边分别为 BC、CA、AB，且 $\alpha+\beta+\gamma=360°$。则

$$P_A=\frac{1}{\cot A-\cot\alpha}$$

$$P_B=\frac{1}{\cot B-\cot\beta}$$

$$P_C=\frac{1}{\cot C-\cot\gamma}$$

$$x_P=\frac{P_A x_A+P_B x_B+P_C x_C}{P_A+P_B+P_C}$$

$$y_P=\frac{P_A y_A+P_B y_B+P_C y_C}{P_A+P_B+P_C}$$

P 点坐标解算出来后，可通过坐标反算求得 P 点至三个已知点 A、B、C 的坐标方位角 α_{PA}、α_{PB}、α_{PC}，然后用下列等式作检核计算：

$$\alpha=\alpha_{PB}-\alpha_{PC}$$
$$\beta=\alpha_{PB}-\alpha_{PA}$$
$$\gamma=\alpha_{PA}-\alpha_{PB}$$

在用后方交会进行定点时，还应注意危险圆问题。如图 5-13 所示，当 P、A、B、C 四点共圆时，根据圆的性质，P 点无论在何处，α 和 β 的值都是由这个圆而确定的固定值，即 P 点是一个不定解，这就是后方交会中的危险圆。在后方交会时，一定要使 P 点远离危险圆。

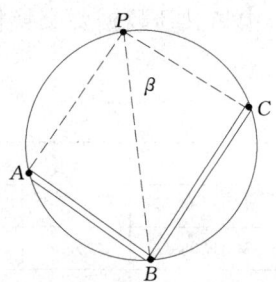
图 5-13　后方交会危险圆

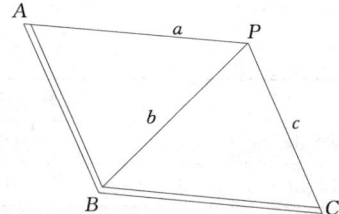
图 5-14　后方交会危险圆测边交会定点

四、测边交会定点

当不便于用测角交会的方法加密控制点时，可用钢尺直接在地面上进行距离交会，确定待定点的位置。如图 5-14 所示，在两个已知点 A、B 上分别量至待定 P 的边长 a、b，求解 P 点坐标，称为测边交会。为了提高测量精度和增加检核条件，可再从另一已知点 C，量距 c，可第二次求得 P 点坐标。计算过程如下。

(1) 利用 A、B 已知坐标求方位角 α_{AB} 和 D_{AB}。

$$D_{AB}=\sqrt{(x_B-x_A)^2+(y_B-y_A)^2}$$

$$\alpha_{AB}=\arctan\frac{y_B-y_A}{x_B-x_A}$$

(2) 利用余弦定理求∠A：

$$\angle A = \arccos \frac{D_{AB}^2 + a^2 - b^2}{2aD_{AB}}$$

$$\cos \angle A = \frac{D_{AB}^2 + a^2 - b^2}{2aD_{AB}}$$

$$u = a\cos \angle A$$

$$v = a\sin \angle A = \sqrt{a^2 - u^2}$$

(3) P 点坐标计算：

$$\left.\begin{array}{l} x_P = x_A + u\cos\alpha_{AB} + v\sin\alpha_{AB} \\ y_P = y_A + u\sin\alpha_{AB} - v\cos\alpha_{AB} \end{array}\right\}$$

上式 P 点在 AB 线段左侧（A、B、P 逆时针构成三角形）。若待定点 P 在 AB 线段右侧（A、B、P 顺时针构成三角形），公式为

$$\left.\begin{array}{l} x_P = x_A + u\cos\alpha_{AB} - v\sin\alpha_{AB} \\ y_P = y_A + u\sin\alpha_{AB} + v\cos\alpha_{AB} \end{array}\right\}$$

任务五　三角高程测量

当地面两点间地形起伏较大而不便于施测水准时，可应用三角高程测量的方法测定两点间的高差而求得高程。该法较水准测量精度低，常用于山区各种比例尺测图的高程控制。

一、三角高程测量原理

三角高程测量原理是根据测站与待测点两点间的水平距离和测站向目标点所观测的竖直角来计算两点间的高差。

如图 5-15 所示，已知 A 点高程 H_A，欲求 B 点高程 H_B。将仪器安置在 A 点，照准目标顶端 M，测得竖直角 α，量取仪器高 i 和目标高 v。如果测得 AM 之间的距离 D'，则高差 h_{AB} 为

$$h_{AB} = D'\sin\alpha + i - v \tag{5-13}$$

如果两点间的平距为 D，则 A、B 高差为

$$h_{AB} = D\tan\alpha + i - v \tag{5-14}$$

B 点高程为

$$H_B = H_A + h_{AB}$$

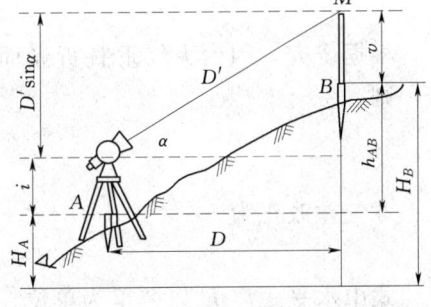

图 5-15　三角高程测量原理图

二、地球曲率和大气折光对高差的影响

上述公式是在把水准面当作水平面、观测视线是直线的条件下导出的，当地面两点间的距离小于 300m 时是适用的。两点间距离大于 300m 时就要顾及地球曲率，并加以曲率改正，简称为球差改正。同时，观测视线受大气垂直折光的影响而成为一条向上凸起的弧线，必须加以大气垂直折光差改正，简称为气差改正。以上两项改正合称为球气差改正。

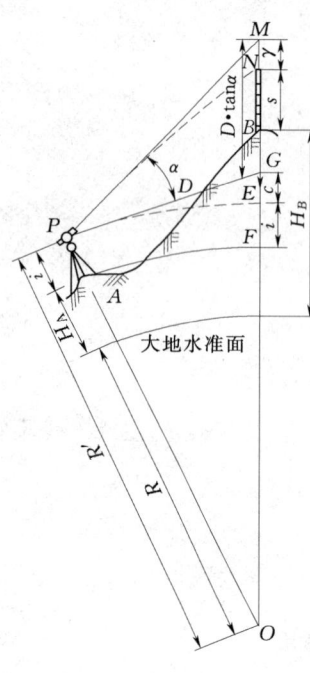

图 5-16 球气差对三角
高程的影响

如图 5-16 所示，O 为地球中心，R 为地球曲率半径（$R=6371$km），A、B 为地面上两点，D 为 A、B 两点间的水平距离，R' 为过仪器高 P 点的水准面曲率半径，PE 和 AF 分别为 P 点和 A 点的水准面。实际观测竖直角 α 时，水平线交于 G 点，GE 就是由于地球曲率而产生的高程误差，即球差，用符号 c 表示。由于大气折光影响，来自目标 N 的光沿弧线 PN 进入望远镜，而望远镜却位于弧线 PN 的切线 PM 上，MN 即为大气垂直折光带来的高程误差，即气差，用符号 γ 表示。

由于 A、B 两点间的水平距离 D 与曲率半径 R' 之比很小，例如当 $D=3$km 时，其所对圆心角约为 $2.8'$，故可认为 PG 近似垂直 OM，则

$$MG = D\tan\alpha$$

于是，A、B 二点高差为

$$h = D\tan\alpha + i - s + c - \gamma \quad (5-13)$$

令 $f = c - \gamma$，则公式为

$$h = D\tan\alpha + i - s + f \quad (5-14)$$

从图 5-16 可知

$$(R'+c)^2 = R'^2 + D^2$$

即

$$c = \frac{D^2}{2R+c}$$

c 与 R' 相比很小，可略去，并且考虑到 R' 与 R 相差甚小，故以 R 代替 R'，上式为

$$c = \frac{D^2}{2R}$$

根据研究，因为大气垂直折光而产生的视线变曲的曲率半径约为地球曲率半径的 7 倍，则

$$\gamma = \frac{D^2}{14R}$$

球气差改正为

$$f = c - \gamma = 6.7D^2 \quad (\text{cm}) \quad (5-15)$$

式中水平距离 D 以公里为单位。

表 5-10 给出了 1km 内不同距离的球气差改正数。三角高程测量一般都采用对向观测，即由 A 点观测 B 点，再由 B 点观测 A 点，取对向观测所得高差绝对值平均可抵消两差的影响。

表 5-10　　　　　　　　　　　　球 气 差 改 正 数

D/km	0.1	0.2	0.3	0.4	0.5	0.6	0.7	0.8	0.9	1.0
$f=6.7D^2$/cm	0	0	1	1	2	2	3	4	6	7

三、三角高程测量的观测和计算

1. 三角高程测量的测站观测工作

(1) 安置经纬仪于测站上，量取仪器高 i 和目标高 v。

(2) 当中丝瞄准目标时，将竖盘水准管气泡居中，读取竖盘读数，必须分别以盘左、盘右进行观测。

(3) 竖直观测测回数与限差应符合表 5-11 的规定。

(4) 用电磁波测距仪测量两点间的倾斜距离 D'，或用三角测量方法计算得两点间的水平距离 D。

表 5-11　　　　　　　　　　竖直角观测测回数及限差

等　　级	四等和一、二级小三角		一、二、三级导线	
仪器	DJ$_2$	DJ$_6$	DJ$_2$	DJ$_6$
测回数	2	4	1	2
各测回竖直角互差限差	15″	25″	15″	25″

2. 三角高程测量计算

三角高程测量往返测所得的高差之差（经球差改正后）不应大于 $0.1D$ m（D 为边长，以 km 为单位）。三角高程测量路线应组成闭合或附合路线。如图 5-17 所示，三角高程测量可沿 $A-B-C-D-A$ 闭合路线进行，每边均取对向观测。观测结果列表 5-12 中，其路线高差闭合差 f_h 的容许值按下式计算：

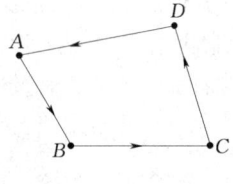

图 5-17　三角高程路线

$$f_{h容} = \pm 0.05 \sqrt{\sum D^2} \quad (\text{m}) \qquad (5-16)$$

其中，D 以 km 为单位。若 $f_h < f_{h容}$，则将闭合差按与边长成正比例分配给各高差，再按平差后的高差推算各点高程。

表 5-12　　　　　　　　　　三　角　高　程　测　量

起算点	A		B		C		D	
待求点	B		C		D		A	
	往	返	往	返	往	返	往	返
水平距离 D/m	581.38	581.38	488.01	488.01	567.92	567.92	486.93	486.93
竖直角	11°38′30″	−11°24′00″	6°52′15″	−6°34′30″	…	…	…	…
仪器高 i/m	1.44	1.49	1.49	1.50	…	…	…	…
目标高 v/m	−2.50	−3	−3.00	−2.50	…	…	…	…
两差改正 f/m	0.02	0.02	0.02	0.02	…	…	…	…
高差 h/m	118.74	−118.72	57.31	−57.23				
平均高差/m	118.73		57.27		−38.29		−137.75	

$$f_h = -0.04$$
$$f_{h容} = \pm 0.05\sqrt{1.14} = \pm 0.053$$

$f_h < f_{h容}$，符合规范要求，观测成果合格。

由于现代光电子测量仪器迅速发展，使测量方式发生了很大的变化，传统的三角高程测量已被电子测距三角高程测量（简称 EDM 高程测量）所取代，不仅速度快、精度高，而且工作强度很小。

任务六　GPS　测　量

一、概述

全球定位系统（global positioning system，GPS）是随着现代科学技术的迅速发展而建立起来的新一代精密卫星定位系统。由美国国防部于 1973 年开始研制，历经方案论证、系统论证、生产实验三个阶段，于 1993 年建设完成。该系统是以卫星为基础的无线电导航定位系统，具有全能性、全球性、全天候、连续性和实时性的导航、定位和定时的功能，能为各类用户提供精密的三维坐标、速度和时间。

随着 GPS 定位技术的发展，其应用的领域在不断拓宽。不仅用于军事上各兵种和武器的导航定位，而且广泛应用于民用上，如飞机、船舶和各种载运工具的导航、高精度的大地测量、精密工程测量、地壳形变监测、地球物力测量、航空救援、水文测量、近海资源勘探、航空发射及卫星回收等。

二、GPS 的组成

全球定位系统（GPS）包括三大组成部分，即空间星座部分、地面监控部分和用户设备部分。

（一）空间星座部分

全球定位系统的空间卫星星座由 24 颗卫星组成，其中包括 21 颗工作卫星和 3 颗随时可以启用的备用卫星。如图 5-18 所示，卫星分布在 6 个轨道面内，每个轨道面上均匀分布有 4 颗卫星。卫星轨道平面相对地球赤道面的倾角约为 55°，各轨道平面升交点的赤经相差 60°。在相邻轨道上，卫星的升交距角相差 30°。轨道平均高度约为 20°200km，卫星运行周期为 11 小时 58 分。因此，同一观测站上，每天出现的卫星分布图形相同，只是每天提前约 4 分钟。每颗卫星每天约有 5 个小时在地平线以上，同时位于地平线

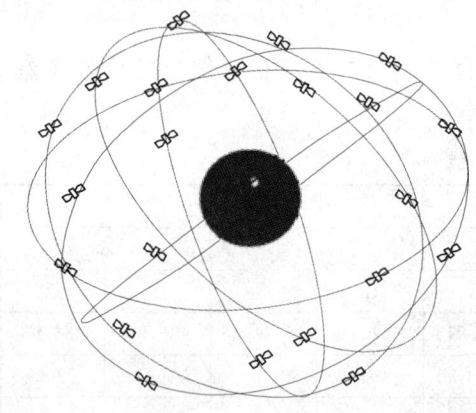

图 5-18　GPS 卫星星座

以上的卫星数目，随时间和地点的不同而异，最少为 4 颗，最多可达 11 颗。

在 GPS 系统中，GPS 卫星的基本功能如下。

(1) 接收和储存由地面监控站发来的导航信息，接收并执行监控站的控制指令。

(2) 向广大用户连续发送定位信息。

(3) 卫星上设有微处理机，进行部分必要的数据处理工作。

(4) 通过星载的高精度铯钟和铷钟提供精密的时间标准。

(5) 在地面监控站的指令下，通过推进器调整卫星的姿态和启用备用卫星。

（二）地面监控部分

地面监控系统为确保 GPS 系统的良好运行发挥了极其重要的作用。目前主要由分布在全球的 5 个地面站所组成，其中包括主控站、卫星监测站和信息注入站。

1. 主控站

主控站一个，设在美国本土科罗拉多州斯本斯空间联合执行中心。主控站除协调和管理地面监控系统的工作外，其主要任务是根据本站和其他监测站的所有跟踪观测数据，计算各卫星的轨道参数、钟差参数以及大气层的修正系数，编制成导航电文并传送至各注入站；主控站还负责调整偏离轨道的卫星，使之沿预定轨道运行。必要时启用备用卫星以代替失效的工作卫星。

2. 监测站

监测站是在主控站控制下的数据自动采集中心。全球现有的 5 个地面站均具有监测站的功能。其主要任务是为主控站提供卫星的观测数据。每个监测站均用 GPS 接收机对可见卫星进行连续观测，以采集数据和监测卫星的工作状况，所有观测数据连同气象数据传送到主控站，用以确定卫星的轨道参数。

3. 注入站

三个注入站分别设在南大西洋的阿松森群岛、印度洋的狄哥伽西亚岛和南太平洋的卡瓦加兰岛。其主要任务是在主控站的控制下，将主控站推算和编制的卫星星历、钟差、导航电文和其他控制指令等，注入相应卫星的存储系统，并监测注入信息的正确性。

整个 GPS 的地面监控部分，除主控站外均无人值守。各站间用现代化的通信网络联系起来，在原子钟和计算机的精确控制下，各项工作实现了高度的自动化和标准化。

（三）用户设备部分

用户设备的主要任务是接受 GPS 卫星发射的无线电信号，以获得必要的定位信息及观测量，并经数据处理而完成定位工作。

GPS 用户设备部分主要包括 GPS 接收机及其天线，微处理器及其终端设备以及电源等。其中接收机和天线，是用户设备的核心部分，一般习惯上统称为 GPS 接收机。

随着 GPS 定位技术的迅速发展和应用领域的不断开拓，世界各国对 GPS 接收机的研制与生产都极为重视。世界上 GPS 接收机的生产厂家约有数百家，型号超过数千种，而且越来越趋于小型化，便于外业观测。目前，各种类型的 GPS 测地型接收机用于精密相对定位时，其双频接收机精度可达 $5mm + 10^{-6} \cdot D$，单频接收机在一定距离内精度可达 $10mm + 2 \times 10^{-6} \cdot D$，用于差分定位其精度可达分米级至厘米级。

三、GPS 坐标系统

GPS 是全球性的定位导航系统，其坐标系统也必须是全球性的，通常称为协议地球坐标系（conventional terrestrial system，CTS）。目前，GPS 测量中所用的协议坐标系统称为 WGS-84。其几何定义是：原点位于地球质心，Z 轴指向 BIH1984.0 定义的协议地球极（CTP）方向，X 轴指向 BIH1984.0 的零子午面和 CTP 赤道的交点，Y 轴与 Z、X 轴构成右手坐标系。

WGS-84椭球及其常数采用国际大地测量（IAG）和地球物理联合会（IUGG）第17届大会对大地测量常数的推荐值，4个基本常数如下。

（1）长半轴：$a=6378137\pm2m$。

（2）扁率：$f=1/298.257223563$。

（3）地心引力常数（含大气层）：$GM=(3986005\pm0.6)\times10^8(m^3\cdot s^{-2})$。

（4）地球自转角速度：$\omega=7292115\times10^{11}\pm0.1500\times10^{11}(rad\cdot s^{-1})$。

在实际工程中，测量成果往往是属于某一国家坐标系或地方坐标系，因此必须进行坐标转换。

四、GPS定位原理

GPS的定位原理，简单来说，是利用空间分布的卫星以及卫星与地面点间进行距离交会来确定地面点位置。因此若假定卫星的位置为已知，通过一定的方法可准确测定出地面点A至卫星间的距离，那么A点一定位于以卫星为中心、以所测得距离为半径的圆球上。若能同时测得点A至另两颗卫星的距离，则该点一定处在三圆球相交的两个点上。根据地理知识，很容易确定其中一个点是所需要的点。从测量的角度看，则相似于测距后方交会。卫星的空间位置已知，则卫星相当于已知控制点，测定地面点A到三颗卫星的距离，就可实现A点的定位，如图5-19所示。这就是GPS卫星定位的基本原理。

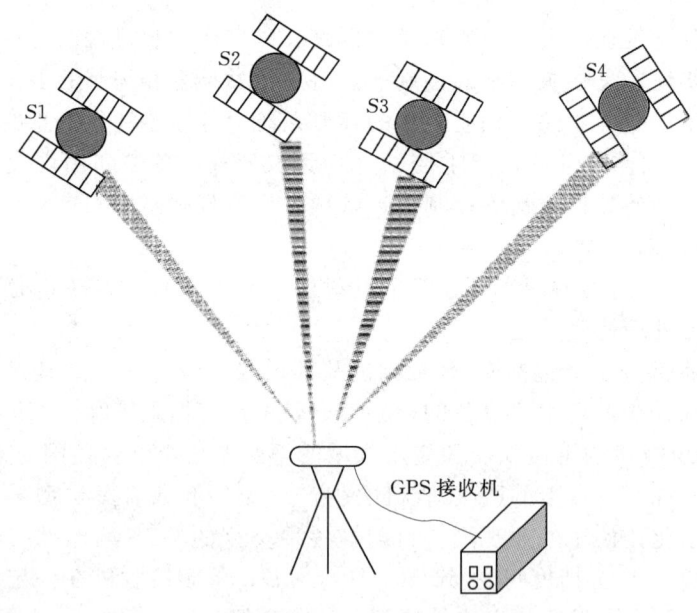

图5-19　GPS定位原理

五、GPS控制网设计

GPS测量与常规测量工作相似，按照GPS测量实施的工作程序可分为以下几个步骤：方案设计、选点埋石、外业准备、外业观测、成果检核与数据处理。考虑到以载波相位观测量为根据的相对定位法，是当前GPS测量中普遍采用的精密定位方法，所以下边将主要介绍实施这种高精度GPS测量工作的基本程序与作业模式。

GPS 控制网的技术设计是进行 GPS 测量工作的第一步，其主要内容包括精度指标的合理确定，网的图形设计和网的基准设计等。

(一) GPS 测量精度指标

GPS 网精度指标的确定取决于网的用途。设计时应根据实际需要和可以实现的设备条件，恰当地确定 GPS 网的精度等级。我国根据不同的任务，制定了不同行业的规范与规程，如国家测绘局颁布实施的《全球定位系统（GPS）测量规范》及1998年国家建设部发布的《全球定位系统城市测量规程》。

GPS 网的精度指标通常以网中相邻点之间的距离误差 m_r 来表示：

$$m_r = a + b \times 10^{-6} D \qquad (5-17)$$

式中　m_r——网中相邻点间的距离误差，mm；

　　　a——GPS 固定误差，mm；

　　　b——比例误差，ppm；

　　　D——相邻点间的距离，km。

根据我国 2001 年所颁布的全球定位系统测量规范，GPS 基线向量网被分成了 AA、A、B、C、D、E 六个级别。现将不同类级 GPS 网的精度指标列于表 5-13。

表 5-13　　　　　　　　　　GPS 网的类级精度指标

类级	测　量　类　型	固定误差 a/mm	比例误差 b/ppm	相邻点平均距离 D/km
AA	全球性地球动力学、地壳形变测量、精密定轨	≤3	≤0.01	1000
A	区域性地壳形变测量或国家高精度 GPS 网	≤5	≤0.1	300
B	国家基本控制测量、精密工程测量	≤8	≤1	70
C	控制网加密、城市测量、工程测量	≤10	≤5	10～15
D	工程控制网	≤10	≤10	5～10
E	测图网	≤10	≤20	0.2～5

(二) GPS 网的图形设计

在 GPS 测量中，控制网的图形设计是一项十分重要的工作。由于控制网中点与点不需要相互通视，因此其图形设计具有较大的灵活性。GPS 网的图形布设通常有点连式、边连式、网连式和混连式四种基本形式。图形布设形式的选择取决于工程所要求的精度、GPS 接收机台数及野外条件等因素。

1. 点连式

点连式是指只通过一个公共点将相邻的同步图形连接在一起。点连式布网由于不能组成一定的几何图形，形成一定的检核条件，图形强度低，而且一个连接点或一个同步环发生问题，影响到后面所有的同步图形。因此这种布网形式一般不能单独使用，如图 5-20 (a) 所示。

2. 边连式

边连式是通过一条边将相邻的同步图形连接在一起。与点连式相比，边连式观测作业方式可以形成较多的重复基线与独立环，具有较好的图形强度与较高的作业效率，如图 5-

20（b）所示。

3. 网连式

网连式就是相邻的同步图形间有 3 个以上的公共点，相邻图形有一定的重叠。采用这种形式所测设的 GPS 网具有很强的图形强度，但作业效率很低，一般仅适用于精度要求较高的控制网。

4. 混连式

在实际作业中，由于以上几种布网方案存在这样或那样的缺点，一般不单独采用一种形式，而是根据具体情况，灵活地采用以上几种布网方式，称为混连式。混连式是实际作业中最常用地作业方式，如图 5-20（c）所示。

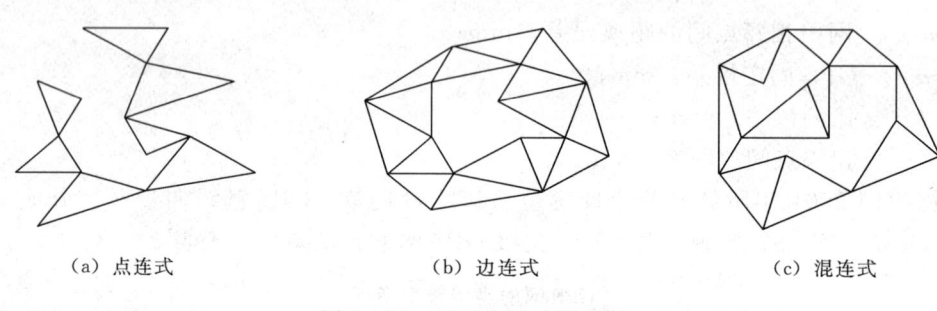

(a) 点连式　　　　　(b) 边连式　　　　　(c) 混连式

图 5-20　GPS 网的布设形式

（三）GPS 网的基准设计

通过 GPS 测量可以获得 WGS-84 坐标系下的地面点间的基准向量，需要转换成国家坐标系或独立坐标系的坐标。因此对于一个 GPS 网，在技术设计阶段就应首先明确 GPS 成果所采用的坐标系统和起算数据，即 GPS 网的基准设计。

GPS 网的基准包括网的位置基准、方向基准和尺度基准。位置基准一般根据给定起算点的坐标确定，方向基准一般根据给定的起算方位确定，也可以将 GPS 基线向量的方位作为方向基准，尺度基准一般可根据起算点间的反算距离确定，也可利用电磁波测距边作为尺度基准，或者直接根据 GPS 边长作为尺度基准。可见只要 GPS 的位置、方向、尺度基准确定了，该网也就确定下来了。

六、GPS 外业测量工作

在进行 GPS 测量之前，必须做好一切外业准备工作，以保证整个外业工作的顺利实施。外业准备工作一般包括测区的踏勘、资料收集、技术设计书的编写、设备的准备与人员安排、观测计划的拟订、GPS 仪器的选择与检验。GPS 观测工作主要包括天线安置、观测作业、观测记录、观测成果的外业检核等四个过程。因此，GPS 外业测量的主要工作如下。

1. 选点、埋石

由于 GPS 测量不需要点间通视，而且网的结构比较灵活，因此选点工作较常规测量要简便。但点位选择的好坏关系到 GPS 测量能否顺利进行，关系到 GPS 成果的可靠性，因此选点工作十分重要。选点前，收集有关布网任务、测区资料、已有各类控制点、卫星地面站的资料，了解测区内交通、通信、供电、气象等情况。对一个 GPS 点，其点位的基本要求有以下几项：

(1) 周围便于安置接收设备和操作，视野开阔，视场内障碍物的高度角不宜超过15°。

(2) 远离大功率无线电发射源（如电视台、电台、微波站等），其距离应大于200m；远离高压电线和微波无线电传送通道，其距离应大于50m。

(3) 附近不应有强烈反射卫星信号的物件（如大型建筑物）。

(4) 交通方便，有利于其他测量手段扩展和联测。

(5) 地面基础稳定，易于点的保存。

(6) 埋石与其他控制点埋设方法相似。

2. 安置天线

天线一般应尽可能利用三脚架直接安置在标志中心的垂直方向上，对中误差不大于3mm。架设天线不宜过低，一般应距地面1.5m以上。天线架设好后，在圆盘天线间隔120°方向上分别量取三次天线高，互差须小于3mm，取其平均值记入测量手簿。为消除相位中心偏差对测量结果的影响，安置天线时用软盘定向使天线严格指向北方。

3. 外业观测

将GPS接收机安置在距天线不远的安全处，连接天线及电源电缆，并确保无误。按规定时间打开GPS接收机，输入测站名，卫星截止高度角，卫星信号采样间隔等。一个时段的测量工作结束后要查看仪器高和测站名是否输入，确保无误后再关机、关电源、迁站。为削弱电离层的影响，安排一部分时段在夜间观测。

4. 观测记录

外业观测过程中，所有的观测数据和资料都应妥善记录。观测记录主要由接收设备自动完成，均记录在存储介质（如磁带、磁卡或记忆卡等）上。记录的数据包括载波相位观测值及相应的观测历元、同一历元的伪距观测值、GPS卫星星历及卫星钟差参数、大气折射修正参数、实时绝对定位结果、测站控制信息及接收机工作状态信息。

5. 观测成果检核

观测成果的外业检核是确保外业观测质量和实现定位精度的重要环节。因此，外业观测数据在测区时就要及时进行严格检查，对外业预处理成果，按规范要求进行严格检查、分析，根据情况进行必要的重测和补测，确保外业成果无误后方可离开测区。对每天的观测数据及时进行处理，及时统计同步环与异步环的闭合差，对超限的基线及时分析并重测。

七、GPS测量数据处理

GPS测量数据处理是指从外业采集的原始观测数据到最终获得测量定位成果的全过程。大致可以分为数据的粗加工、数据的预处理、基线向量解算、GPS基线向量网平差或与地面网联合平差等几个阶段。数据处理的基本流程如图5-21所示。

图中第一步数据采集和实时定位在外业测量过程中完成；数据的粗加工至基线向量解算一般用随机软件（后处理软件）将接收机记录的数据传输至计算机，进行预处理和基线解算；GPS网平差可以采用随机软件进行，也可以采用专用平差软件包来完成。

POWERADJ是由武汉大学测绘学院研制的全汉化GPS网和地面网平差软件包。该

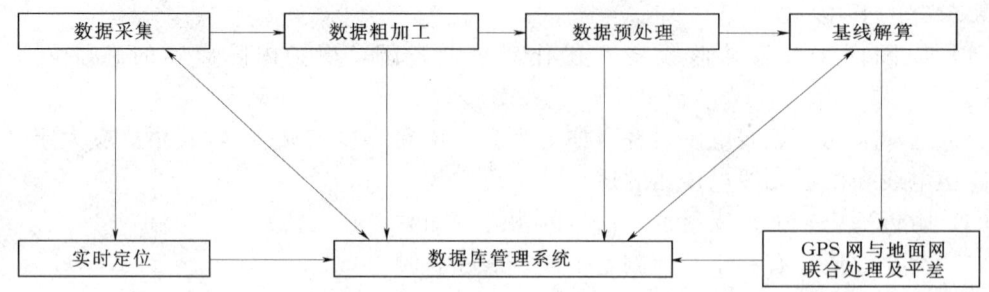

图 5-21 数据处理基本流程

软件要求在 Windows 95/98 环境下运行，它所采用的原始数据是 GPS 基线向量和它们的方差——协方差阵，或者是具有方向观测值、边长观测值等地面网数据，可进行测角网、边角网、测边网、导线网以及 GPS 基线向量网单独平差，混合平差以及常规网与 GPS 网的二维、三维联合平差，平差得到的是国家或地方坐标系成果。二维平差的最后结果见表 5-14。

表 5-14 二维平差的最后结果

点号	x /m	y /m	距离 /m	方位角 /(° ′ ″)	目标点	x 残差 /cm	y 残差 /cm
100	148083.0000	114136.0000	1289.7703	202 32 21	101	0.26	0.13
101	146891.7463	113641.6094	1764.2147	123 58 47	A	0.15	0.06
			5243.7120	103 01 50	D	0.13	-0.08
A	145905.7287	115104.5594	1360.1438	126 18 54	B	0.06	0.16
B	145100.2172	116200.5257	1517.3356	98 57 56	C	-0.16	0.17
			3123.7204	304 59 47	101	0.31	0.07
C	144863.7567	117699.3232	1348.9689	51 10 39	D	-0.17	0.06
D	145709.4378	118750.2944	1357.5632	17 34 53	100	0.09	0.18
			2621.5400	256 33 44	B	0.19	-0.21

为提高 GPS 测量的精度与可靠度，基线解算结束后，应及时计算同步环闭合差、非同步环闭合差以及重复边的检查计算，各环闭合差应符合规范要求。

同步环：同步环坐标分量及全长相对闭合差不得超过 2ppm 与 3ppm。

非同步环：非同步环闭合差计算如下：

$$W_x = \sum_{i=1}^{n} \Delta x_i \leqslant 2\sqrt{n}\,\sigma$$

$$W_y = \sum_{i=1}^{n} \Delta y_i \leqslant 2\sqrt{n}\,\sigma$$

$$W_z = \sum_{i=1}^{n} \Delta z_i \leqslant 2\sqrt{n}\sigma$$

$$W = \sqrt{W_x + W_y + W_z} \leqslant 2\sqrt{3n}\sigma$$

式中　　　　　n——闭合环边数；

Δx_i、Δy_i、Δz_i——闭合环各边各坐标增量；

W_x、W_y、W_z——各坐标分量闭合差；

　　　　　　σ——基线测量中误差，mm，$\sigma = \sqrt{a^2 + (b \cdot d)^2}$，$a$ 为固定误差，b 为比例误差（10^{-6}），d 为控制网平均边长（km 为单位）。

POWERADJ 软件二维约束平差示例如下：

已知数据信息：

固定点数：2；

点号：100，$x=148083.0000$，$y=114136.0000$；

点号：101，$x=146891.7463$，$y=113641.6094$；

固定方位角数：0；

固定距离数：0。

八、GPS 在公路勘测中的控制测量

目前，GPS 技术已广泛应用于工程控制测量中，它具有常规测量技术不可比拟的技术优势：速度快、精度高、不必要求点相互通视。通常用 GPS 技术分两级建立公路控制网。首先，用 GPS 技术建立全线统一的高等级公路控制网；然后，用 GPS 或常规测量技术进行 GPS 点间的加密附合导线测量。分级布网既能保证在局部范围（几公里线路）内导线点有较高的相对精度和可靠性，同时保证相对精度能在全线顺次延续。

全线公路 GPS 控制网由多个异步闭合环所组成，每环的 GPS 基线向量不宜超过 6 条，边长为 2～4km，闭合边与国家三角点联测，长度不受限制。

在每隔 4km 左右布设一对相互通视、边长约 300m 并埋设标石的 GPS 点，这样的布设主要是为了有利于后续用全站仪来加密布设附合导线或施工放样，但是，由于控制点间的边长过于悬殊，导致内业数据处理过程中存在一些较为明显的不合理成分。如为了有效检验外业基线成果的质量，必须在网中形成一定数量的异步闭合环，由于异步环中边长较为悬殊（有几百米的，也有十几公里的），虽然其满足上述基线检核的各项条件，但若不加区别地将全部基线纳入网中进行平差计算，由于长边的系统误差比短边的系统误差大，长边绝对精度比短边低很多，将它们一同平差，势必将长边的系统误差传递到短边中，大大削弱短边的精度，影响整个控制网的点位精度。解决这个问题的方法是将长边不纳入网中进行平差，仅作检核之用。如图 5-22 中，AD、DH、FH、DM 边。

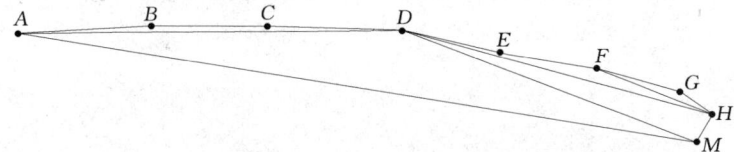

图 5-22　公路勘测 GPS 首级控制网布设示意图

思 考 题

1. 测量控制网有哪几种形式？各在什么情况下采用？
2. 根据图 6-28 中 AB 边坐标方位角及观测角，计算其余各边的方位角。
3. 导线布设形式有哪几种形式？选择导线点应注意哪些事项？导线的外业工作有哪些？
4. 交会测量有哪几种形式？各适合于什么场合？如何检核外业观测结果和内业计算？
5. 全站仪的精度指标由哪几部分构成？全站仪有哪些高级功能？
6. GPS 全球定位系统由哪几部分组成？各部分的作用是什么？
7. GPS 控制网如何布设？应注意哪些问题？
8. GPS 外业测量工作有哪些？

第六单元

地形图的基本知识

学习目标

知识目标：了解地形图的概念和地形的分类；理解比例尺的概念、种类和精度的含义，能够在测图时合理地选择比例尺；掌握如何用图式表示地物和地貌，能够通过等高线分辨各种典型地貌；了解图廓的概念以及图廓外注记的作用；理解地形图分幅与编号的方法，并能够运用这些方法对已有地形图作简单的分幅与编号处理。

技能目标：掌握大比例尺地形图常见符号的识读。

单元概述

地形图的制作，是利用测图仪器将地面的地物和地貌等地面信息按国家规定的图式符号表示在图纸上。能够运用地形图的基本知识测制地形图是本单元的重点。

任务一 了解地形图及其分类

一、地形图的概念

地球表面是高低起伏、错落有致的，有高山、盆地、丘陵、平原，还有许多人工建筑物、构筑物和有明显轮廓、自然形成的固定物体。我们按照正射投影的方法，以一定的比例尺，用规定的图式符号把这些起伏形态和固定物体测绘在图纸上，就形成了地形图。

二、地形的分类

地形可分为地物和地貌两种。我们把地球表面各种起伏形态称为地貌，如平原、山地、丘陵、盆地等；把各种固定的自然物体和人工建筑物称为地物，如河流、森林、房屋、道路灯。如果测图时只测地物而不测地貌，则形成的图纸称为平面图。

任务二 了解地形图的比例尺

一、比例尺的概念

地形图上任意一线段的长度与地面上相应线段的实际水平长度之比，称为地形图的比例尺。

二、比例尺的种类

1. 数字比例尺

数字比例尺一般用分子为1的分数形式表示。在地形图上，数字比例尺通常书写于图幅下方正中处。

设图上某直线的长度为 d，地面上相应的水平长度为 D，则图的比例尺为

$$\frac{d}{D}=\frac{1}{\dfrac{D}{d}}=\frac{1}{M} \qquad (6-1)$$

式中　M——比例尺分母。

当图上 1cm 代表地面上水平长度 10m 时，该图的比例尺为 1/1000，一般写成 1∶1000，$M=1000$。当图上 1cm 代表地面上水平长度 100m 时，则该图的比例尺就是 1/10000，写成 1∶10000，$M=10000$。

在数字比例尺中，比例尺的大小是以比例尺的比值来衡量的，比例尺的分母愈大，比例尺愈小；反之，分母愈小，则比例尺愈大。通常称 1∶500、1∶1000、1∶2000、1∶5000、1∶10000 比例尺的地形图为大比例尺地形图；1∶25000、1∶50000、1∶100000 为中比例尺地形图；1∶250000、1∶500000、1∶1000000 为小比例尺地形图。

土木类各专业工程建设中往往使用大比例尺地形图。

2. 图示比例尺

为了用图方便，避免或减小由图纸伸缩而引起的误差，在绘制地形图时，通常在地形图上同时绘制图示比例尺，即在直线上截取若干相等的线段（一般为 1cm 或 2cm），称为比例尺的基本单位，再把最左端的一个基本单位分成 10 等分（或 20 等分），如图 6-1 所示，它是 1∶2000 的图示比例尺，其基本单位为 2cm，所表示的实地长度应为 40m，最左端的基本单位分成 10 等分后，每等分 2mm 所表示的实地长度即为 4m。

使用时，先用分规在图上量取某线段的长度，然后用分规的右针尖对准右边的某个整分划，使分规的左针尖落在最左边的基本单位内。如图 6-1 所示，整分划线读数为 100m，最左边读数为 18m，即图示距离等于实地 118m。

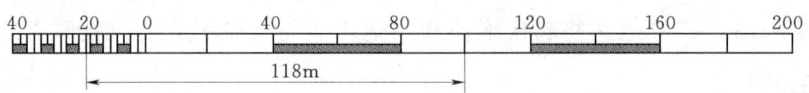

图 6-1　图示比例尺

三、比例尺精度及其应用

由于人眼最小视角的限制，正常眼睛只能分辨出图上最小距离为 0.1mm，因此，地形图上 0.1mm 所代表的实地水平距离，称为比例尺的精度，即

$$\delta=0.1\text{mm}\times M \qquad (6-2)$$

式中　M——比例尺分母。

根据比例尺的精度，可确定测绘地形图时测量距离的精度。例如，测绘 1∶1000 比例尺地形图时，其比例尺精度为 0.1mm×1000=0.1m，因此，丈量地物的精度只需 0.1m（小于 0.1m 在图上表示不出来）。另外，如果规定了地物图上要表示的最短长度，根据比例尺的精度，可确定测图的比例尺。

【例 6-1】　欲在图上表示地物最短线段的长度为 0.5m，应采用的测图比例尺是多少？

【解】　比例尺精度与规定地形上要求表示的最短长度，即 $\dfrac{0.1\text{mm}}{0.5\text{mm}}=\dfrac{1}{5000}$。表示测图

比例尺不小于 1/5000。

表 6-1 为各种不同比例尺的精度，可见比例尺越大，表示地物和地貌的情况越详细，精度就越高。反之，比例尺越小，表示地面情况就越简略，精度就越低。同时必须指出，同一测区面积，采用较大的比例尺测图往往比用较小比例尺测图的工作量和投资增加数倍，因此，采用多大的比例尺测图，应从实际需要的精度出发。而工程规划、设计、施工工作中需要采用哪几种比例尺的地形图，也应根据实际需要的精度，来要求甲方提供相应比例尺的地形图，不应盲目追求更大比例尺的地形图，从而节省费用。

表 6-1　　　　　　　　　　　　不同比例尺的精度

比例尺	1∶500	1∶1000	1∶2000	1∶5000	1∶10000
比例尺精度/m	0.05	0.10	0.20	0.50	1.00

通常在工程建设的初步规划设计阶段使用 1∶10000、1∶5000 的地形图，在详细规划设计和施工阶段应使用 1∶2000、1∶1000 和 1∶500 的地形图。选用地形图比例尺的一般原则如下：

(1) 图面所显示地物、地貌的详尽程度和明晰程度能否满足设计要求。
(2) 图上平面点位和高程的精度是否能满足设计要求。
(3) 图幅的大小应便于总图设计布局的需要。
(4) 在满足以上要求的前提下，尽可能选用较小的比例尺测图。

任务三　了解地形图的图式

地形图之所以能够被人们广泛认识和接受，是由它的规范性决定的。如前所述，地形是地物和地貌的总称，人们通过地形图去了解地形信息，那么地面上的不同地物、地貌就必须按统一规范的符号表示在地形图上，这个规范就是国家测绘主管部门颁发的《地形图图式》。表 6-2 为 1∶500、1∶1000 和 1∶2000 比例尺地形图图式的一些常用符号。

表 6-2　　　　　　　　　　常用地形图图式符号（摘录）

编号	符号名称	1∶500　1∶1000	1∶2000	编号	符号名称	1∶500　1∶1000	1∶2000
1	GPS 控制点			4	埋石图根点 16—点名 84.46—高程		
2	三角点 凤凰山—点名 394.486—高程			5	一般房屋 混—房屋结构 3—房屋层数		
3	导线点 Ⅰ16—等级、点名 84.46—高程			6	简单房屋		

续表

编号	符号名称	1:500 1:1000	1:2000	编号	符号名称	1:500 1:1000	1:2000
7	建筑中的房屋	建		17	旱地		
8	架空房屋	混凝土2 混凝土3 混凝土4					
9	廊房	混3		18	花圃		
10	台阶						
11	体育场	体育场		19	林地		
12	过街天桥						
13	高速公路 a—收费站 0—技术等级代码	a 0		20	人工草皮		
14	等级公路 2—技术等级代码 G326—国道路线编码	2(G326)		21	稻田		
15	乡村路 a—依比例尺的 b—不依比例尺的 c—小路	a b c		22	喷水池		
16	场地	球		23	等高线 a—首曲线 b—计曲线 c—间曲线		

续表

编号	符号名称	1∶500 1∶1000	1∶2000	编号	符号名称	1∶500 1∶1000	1∶2000
24	地貌表示			25	梯田坎		

一、地物在图上的表示方法

地物在图上表示的方法用地物符号。地物符号根据其表示地物的大小、测图比例尺和描绘方法的不同，可分为以下几类。

1. 比例符号

在地形图上表示地物的形状、大小、位置，与地物的轮廓线成相似图形的符号，称为比例符号，如房屋、运动场、湖泊、森林等符号。

2. 非比例符号

在地形图上，有些地物轮廓较小，无法将其形状、大小依比例画到图上，则不考虑其实际形状、大小，而采用规定的符号表示其中心位置，这种符号称为非比例符号，如三角点、水准点、独立树、里程牌和钻孔等。

非比例符号不仅其形状大小不依比例绘出，而且符号的中心位置与该地物实地的中心位置关系，也随各种不同的地物而异，所以，在测图或用图时应注意以下几点。

（1）规则的几何图形符号（圆形、正方形、三角形、星形等），以图形的几何中心点为实地地物的中心位置。

（2）宽底符号（烟囱、水塔等），以符号的底部中心为实地地物的中心位置。

（3）底端为直角的符号（独立树、路标等），以符号的直角顶点为实地地物的中心位置。

（4）几何图形组合符号（路灯、消火栓等），以符号下方的图形几何中心为地物的实际中心位置。

（5）不规则的几何图形，又没有宽底或直角顶点的符号（山洞、窑洞等），以符号下方两端的中心为实地地物的中心位置。

3. 半比例符号（线状符号）

在地形图上，对于一些带状延伸地物，其长度可依测图比例尺缩绘，而宽度无法依比例表示的符号，称为半比例符号，如道路、通信线路、管道、垣栅等。

通过半比例尺符号可以从图上量取地物的长度，而不能确定它们的宽度。其符号的中心线，一般表示其实地地物的中线位置。但城墙和垣栅等，其准确位置应在其符号的底线上。

4. 地物注记符号

在地形图上，用文字、数字或特有符号对地物加以说明，称为地物注记符号。诸如城镇、工厂、河流、道路的名称，桥梁的长宽及载重量，江河的流向、流速及水深，道路的去向，森林、树木的类别等，都用文字、数字或配以特定符号加以注记说明。

这里应指出，在地形图上，对于某些地物（如房屋、运动场等），究竟采用比例符号还是非比例符号，主要取决于测图比例尺的大小。测图比例尺越小，不依比例描绘的地物就越多。在测绘地形图时，必须依照《1∶500 1∶1000 1∶2000 地形图图式》（GB/T 20257.1—2007）的规定执行。

二、地貌在图上的表示方法

地貌是指地表面的高低起伏状态，它包括平原、山地、丘陵、盆地等。地形图上表示地貌的方法最常用的是等高线法，特别在大比例尺地形图中，等高线不仅能表示地面的起伏形态，而且还能表示地面的坡度和地面点的高程。对某些不便使用等高线表示的特殊地貌，《地形图图式》中用规定的特殊符号表示。

（一）等高线概念

等高线是由地面上高程相等的相邻点连续形成的闭合曲线。如图 6-2 所示，有一位于平静湖水中的小山头，山顶被湖水恰好淹没时的水面高程为 100m，假设水位下降了 5m，此时水面与山坡就有一条交线，而且是闭合曲线，曲线上各点的高程是相等的，这就是高程为 95m 的等高线。当水位每下降 5m 时，山坡周围就分别留下一条交线，这就是高程为 90m、85m、80m、75m 的等高线，将这些等高线沿铅垂方向投影到水平面 H 上，并用规定的比例尺缩绘在图纸上，就可得到用等高线表示这一山头的地貌图。

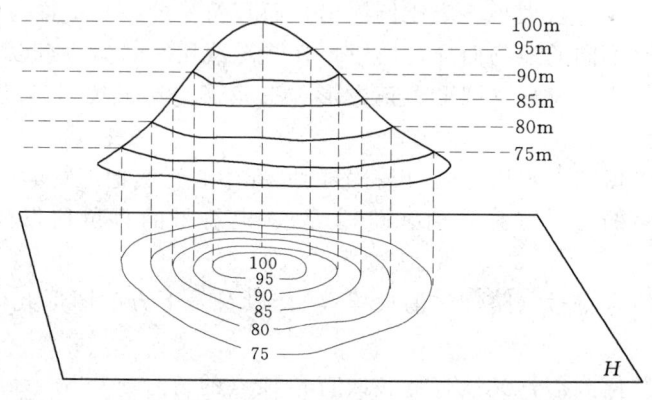

图 6-2 等高线

（二）等高距和等高线平距

相邻等高线之间的高差称为等高距，常以 h 表示。图 6-2 中的等高距为 5m。在同一幅地形图上，等高距是相同的。相邻等高线之间的水平距离称为等高线平距，常以 d 表示。因为同一地形图上的等高距是相同的，所以等高线平距 d 的大小将反映地面坡度的变化。等高线平距越小，地面坡度就越大；平距越大，则坡度越小；平距相等，则坡度相同。因此，我们可以根据地形图上等高线的疏、密来判定坡度的缓、陡。显然，地形图上等高距越小，显示地貌就越详细，越大越简略。但等高距过小时，图上的等高线就过于密集,从而影响图面的清晰度。所以,在测绘地形图时,应根据测图比例、测区地面起伏的程度和用图的目的来合理选择等高距。表 6-3 是大比例尺地形图的基本等高距参考值。

表 6-3　　　　　　　　　　大比例尺地形图的基本等高距

比例尺	平地/m	丘陵地/m	山地/m	比例尺	平地/m	丘陵地/m	山地/m
1:500	0.5	0.5	1	1:2000	0.5	1	2,2.5
1:1000	0.5	1	1	1:5000	1	2,2.5	2.5,5

(三) 典型地貌的等高线

地面上地貌的形态是多样的,对它进行仔细分析后,就会发现它们不外乎是山丘、洼地、山脊、山谷、鞍部等几种典型地貌的综合形态。了解和熟悉用等高线表示典型地貌的特征,将有助于识读、应用和测绘地形图。

1. 洼地、山丘及其等高线

图 6-3 (a) 为洼地及其等高线,图 6-3 (b) 为山丘及其等高线。洼地和山丘的等高线都是一组闭合曲线。在地形图上区别洼地或山丘的方法是:凡是内圈等高线的高程注记小于外圈都为洼地,大于外圈者为山丘。如果没有高程注记,则用示坡线来表示。

示坡线是垂直等高线的短线,它指示的方向是下坡方向。如图 6-4 所示,示坡线从外圈指向内圈者,说明中间低,四周高,由外向内为下坡,故为洼地;示坡线从内圈指向外圈者,说明中间高,四周低,由内向外为下坡,故为山丘。

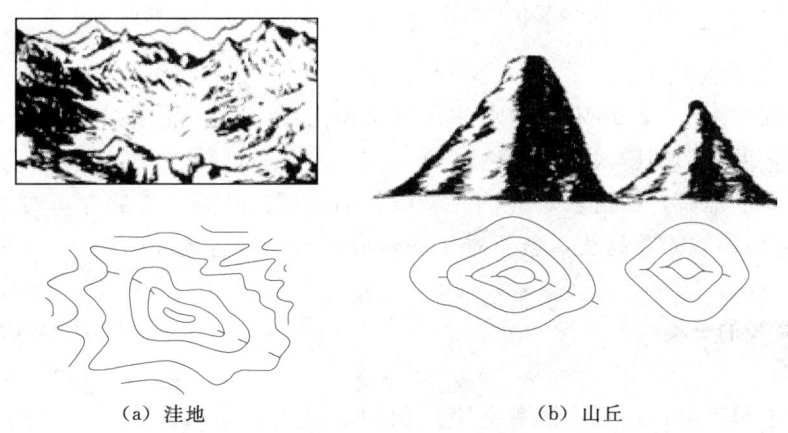

(a) 洼地　　　　　　　　　　(b) 山丘

图 6-3　洼地、山丘及其等高线

2. 山脊、山谷及其等高线

山的凸棱由山顶延伸至山脚者称为山脊。山脊最高的棱线称为山脊线,因雨水以山脊线为界流向山体两侧,故山脊线又称分水线。

山脊等高线表现一组凸向低处的曲线,见图 6-4 (a)。图中点划线是山脊线。相邻两山脊之间的凹部称为山谷，其两侧叫谷坡，两谷坡相交部分叫谷底。而谷底最低点的连线称为山谷线，或称集水线。

如图6-4（b）所示，山谷等高线表现为一组凸向高处的曲线，图中的虚线是山谷线。

3. 鞍部及其等高线

相邻两山头之间呈马鞍形的低凹部位称为鞍部（图6-5）。鞍部（K点处）往往是山区道路必经之地，又称垭口。因是两个山脊与两个山谷的会合点，所以鞍部等高线是两组相对的山脊等高线和山谷等高线的对称组合。

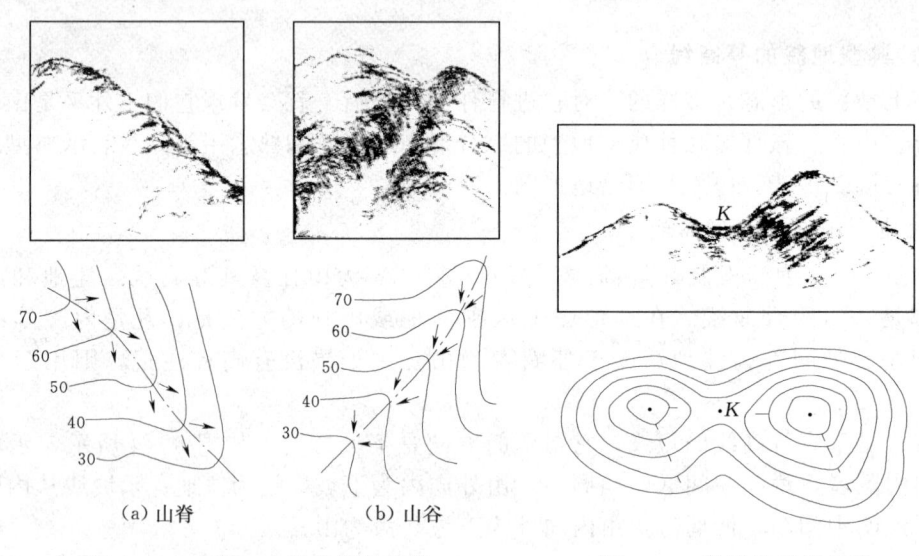

图6-4　山脊、山谷及其等高线　　　　图6-5　鞍部及其等高线

4. 陡崖及其等高线

陡崖是坡度在70°以上的陡峭崖壁，有石质和土质之分。陡崖采用特定符号来表示，符号的画法可参见地形图图式。

还有某些变形地貌，如滑坡、冲沟、悬崖、崩崖等，其表示方法亦可参见《地形图图式》。掌握了典型地貌的等高线，就不难了解地面复杂的综合地貌。图6-6是某地区的综合地貌和等高线图。

（四）等高线的分类

1. 首曲线

在同一幅地形图上，按规定的等高距绘制的等高线，称为首曲线，也称基本等高线，如图6-7中的102m、104m、106m和108m等各条等高线。

2. 计曲线

为了读图方便，每5倍基本等高距的等高线均加粗描绘，称为计曲线，如图6-7中的100m等高线。

3. 间曲线和助曲线

有时只用首曲线不能明显表示局部地貌，图式规定用二分之一等高距描绘的等高线为

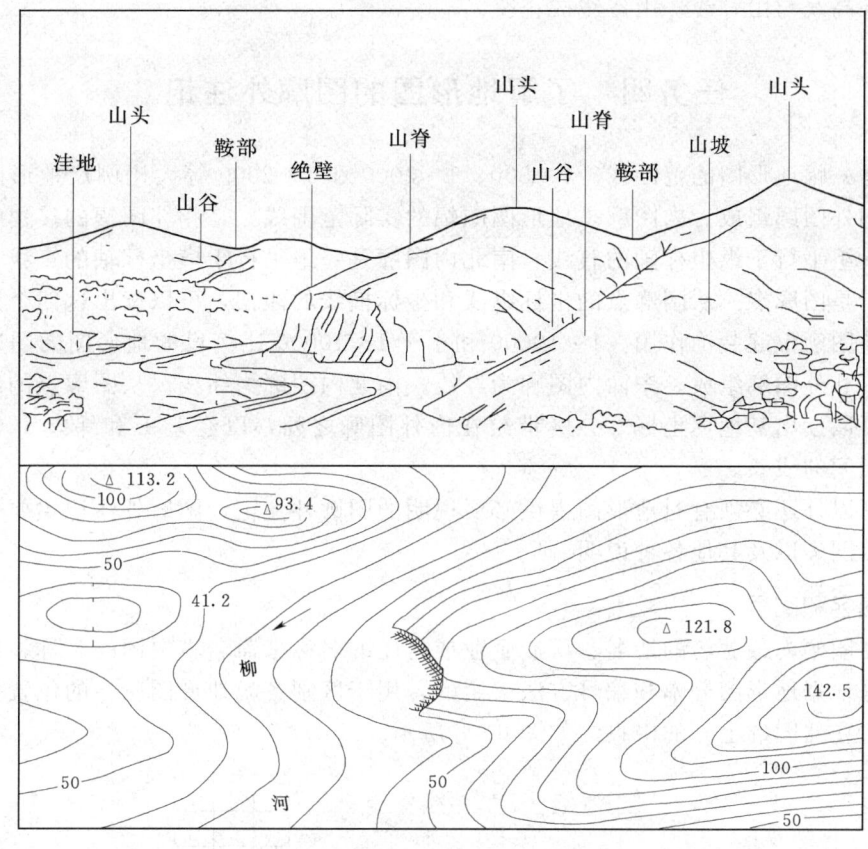

图 6-6 某地区的综合地貌及等高线

间曲线,在图上用长虚线描绘,如图 6-7 所示的 101m、107m 等高线。有时还可以描绘四分之一等高距的等高线,称为助曲线,图上用短虚线表示,如图 6-7 所示的 107.5m 的等高线。

(五) 等高线的特性

(1) 同一条等高线上,各点的高程必相等。

(2) 等高线是闭合曲线,如不在同一图幅内闭合,则必在图外或其他图幅中闭合。

(3) 不同高程的等高线不能相交。但某些特殊地貌,如陡崖等是用特定符号表示其相交或重叠。

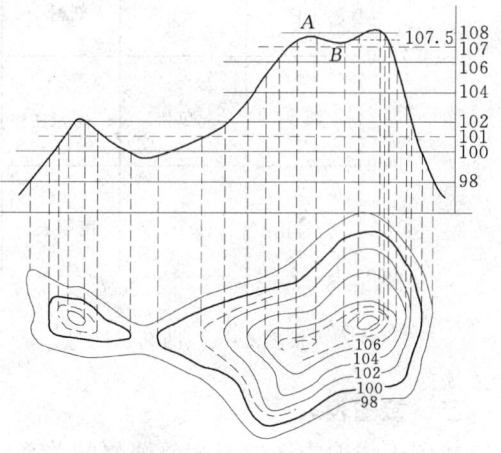

图 6-7 计曲线和间曲线

(4) 一幅地形图上等高距相等。等高线平距小则坡度陡,平距大则坡度缓,平距相等则坡度相同。

(5) 等高线与山脊线、山谷线成正交。

任务四　了解地形图的图廓外注记

图廓是一幅地形图的范围线。1∶500、1∶1000 和 1∶2000 等大比例尺地形图的图廓由内图廓和外图廓组成。内图廓是地形图图幅的实际范围线，是相邻图幅的接边线。东西内图廓是一组平行于纵坐标轴的直线，南北内图廓是一组平行于横坐标轴的直线，四条内图廓的交点是图廓点。从图廓点的坐标纵线和坐标横线的注记，可以读出这四个图廓点的坐标值。外图廓仅起装饰作用。1∶10000 和小于 1∶10000 比例尺的地形图的图廓由内图廓、分度带和外图廓组成。东西内图廓为经线，南北内图廓为纬线。从图廓点的经纬线的注记上，可以读出其地理坐标。分度带绘在内外图廓之间，以经差 $1'$ 和纬差 $1'$ 分别交替涂成黑白相间的线条。

外图廓以外还必须有对地形图提供必要说明的图廓外注记，图廓外注记主要包括图名和图号、接图表以及其他各种说明。

一、图名和图号

以所在图幅内最著名的地名、厂矿企业或村庄的名称来命名本幅图的名称，即图名。

图号是根据地形图分幅和编号方法编定的，用于区别各幅地形图所在的位置关系，通常把它标注在北图廓上方的中央，如图 6-8 所示。

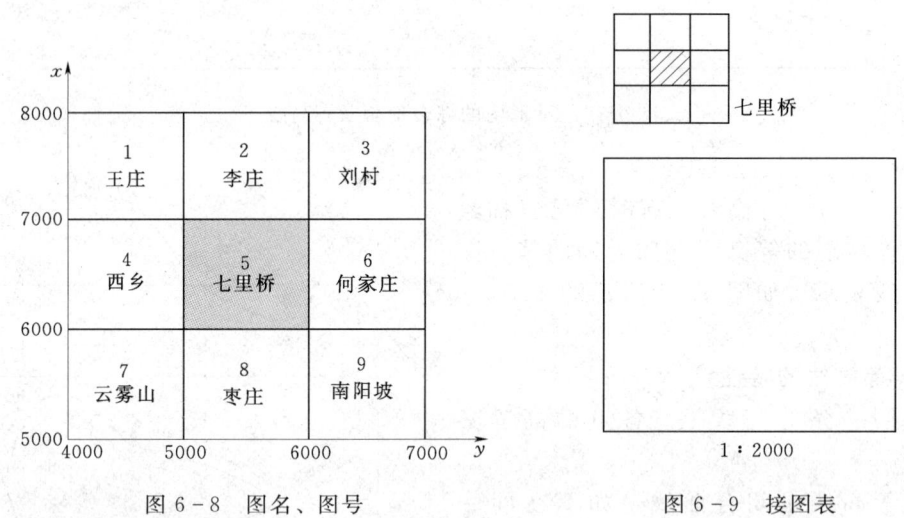

图 6-8　图名、图号　　　　图 6-9　接图表

二、接图表

接图表说明本图幅与相邻图幅的关系，供接图时用。通常是中间画有斜线的一格代表本图幅，四邻分别注明相应的图号（或图名），并绘注在图廓的左上方，如图 6-9 所示。

三、各种说明

1. 比例尺

地形图的比例尺可以用数字比例尺和直线比例尺表示。数字比例尺注记在南图廓外的正中央处，直线比例尺则绘制在其下方，如图6-10所示。

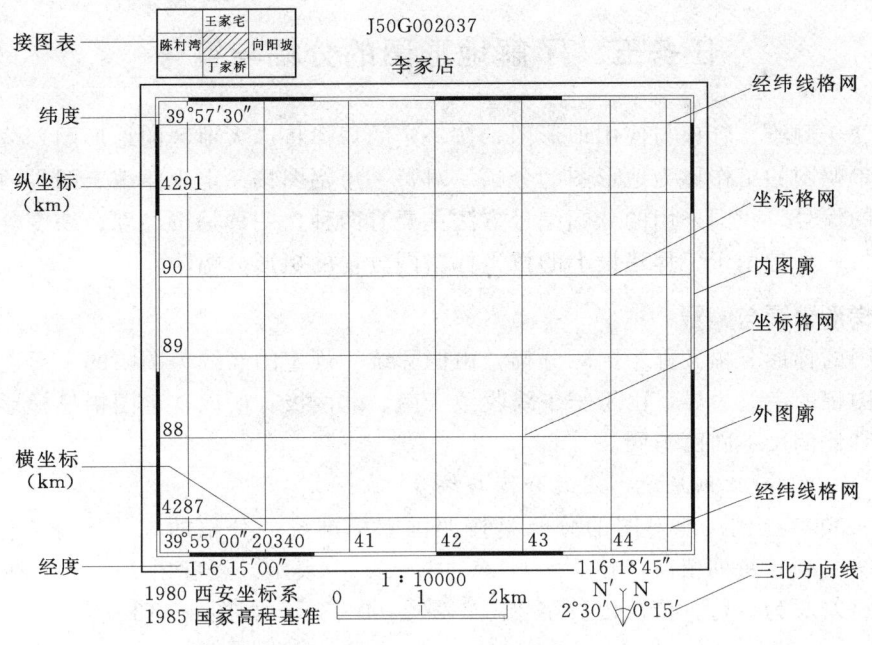

图6-10 比例尺图

2. 坡度尺

按规定在1∶25000或更小比例尺的地形图坡度尺是用来量取图上某一线段的坡度的。

坡度尺上，南图廓外的右下方均绘有两个坡度尺，一个供量取相邻两条等高线间的坡度时使用，一个供量取相邻六条等高线间的坡度时使用，如图6-11所示。

3. 三北方向关系图

在中、小比例尺图的南图廓线的右下方，还绘有真子午线、磁子午线和坐标纵轴（中央子午线）方向这三者之间的角度关系，称为三北方向图，如图6-12所示。利用该关系

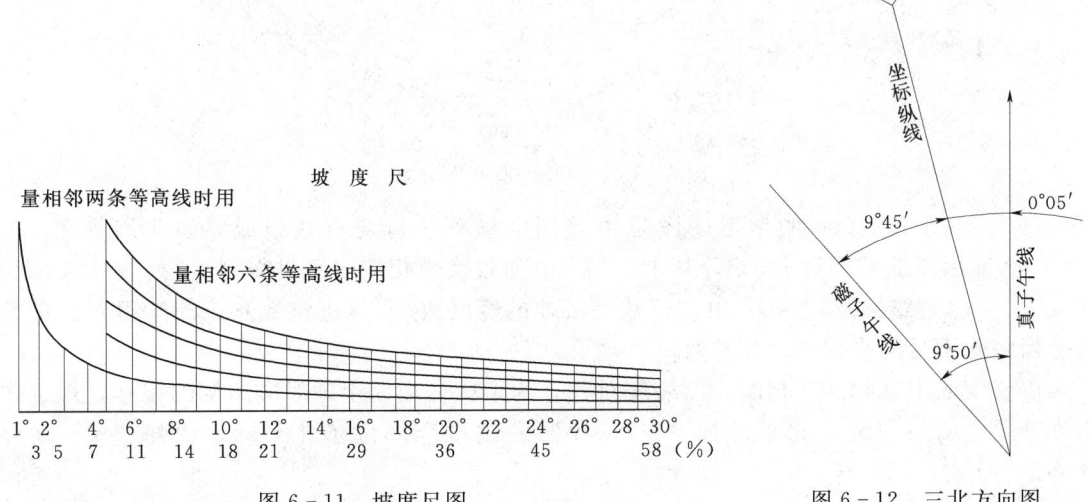

图6-11 坡度尺图　　　　　图6-12 三北方向图

图,可对图上任一方向的真方位角、磁方位角和坐标方位角三者间进行换算。

任务五　了解地形图的分幅与编号

为了便于测绘、管理与使用地形图,按一定的规律将广大地区的地形图划分为若干尺寸适宜的单幅图的工作称为地形图的分幅。对每一单幅图按一定规律编定图号的工作,称为地形图的编号。我国采用的分幅编号方法主要有两种,一种是按经度、纬度分幅的梯形分幅法,另一种是用于工程建设上的按坐标格网分幅的矩形分幅法。

一、梯形分幅与编号

地形图的梯形分幅又称为国际分幅,由国际统一规定的经线为图幅的东西边界,统一的纬线为图幅的南北边界。由于子午线收敛于南、北两极,所以整个图幅呈梯形,其编号方法将随其比例尺不同而不同。

1. 1∶1000000 比例尺地形图的分幅与编号

1∶1000000 比例尺地形图的分幅是按照国家标准统一分幅的。从地球赤道向两极,以纬差 4°为一列,每列依次以拉丁字母 A、B、C、…表示。经度由 180°子午线起,由西向东,以经差 6°为一行,依次以数字 1、2、…、60 表示,如图 6-13 所示。

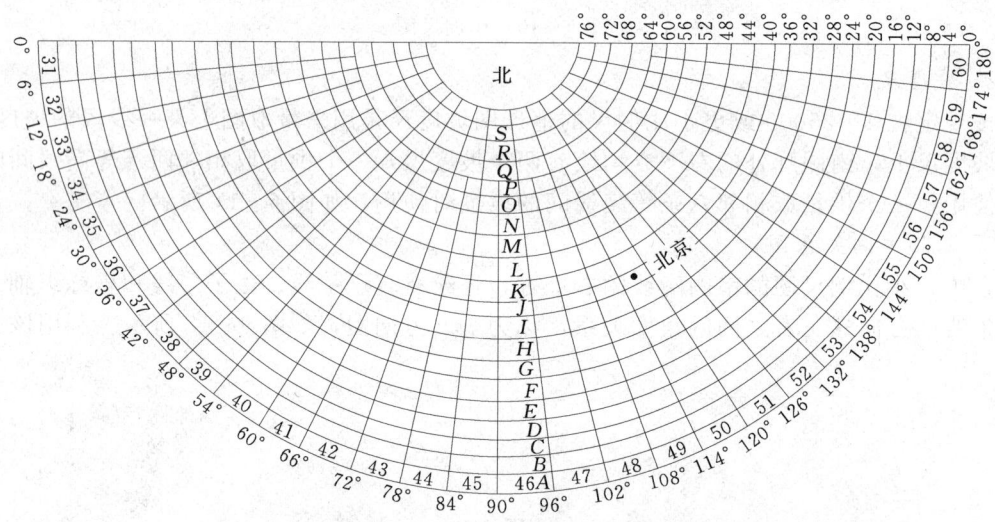

图 6-13　1∶1000000 图分幅

每幅 1∶1 000 000 的地形图图号由该图的横列字母与行数组成。如北京所在 1∶1000000 地形图的编号为 J-50。其中,"J"由列数换为相应的字母得到:"列数＝某地的纬度数/4°(进整数)";"50"由"行数＝某地的经度数/6°(进整数)＋30"得到。进整数是指将除不尽的小数进位为整数。

由于南北半球的经度相同,而纬度对称,为了区分南北半球对应图幅的编号,规定在南半球图号前加"S",北半球加"N"。我国的领域全部位于北半球,注释"N"则可省略。

以上分幅规定仅适用于纬度 60°以下,当纬度在 60°~76°时,以经差 12°、纬差 4°分幅，在76°～88°时以经差24°、纬差4°分幅。

2. 1∶500000、1∶200000、1∶100000地形图的分幅与编号

1∶500000、1∶200000、1∶100000地形图的分幅与编号的基础是1∶1000000的地形图图幅。如图6-14所示，将一幅1∶1000000的图分成4幅1∶500000的图幅，其纬差2°、经差3°，用A、B、C、D表示。一幅1∶1000000的图分成36幅1∶200 000的图幅，其纬差40′、经差1°，用［1］、［2］、…、［36］表示。一幅1∶1000000的图分成144幅1∶100000的图幅，其纬差为20′、经差为30′，用1、2、…、144表示。如北京所在图幅的编号为J-50-5。

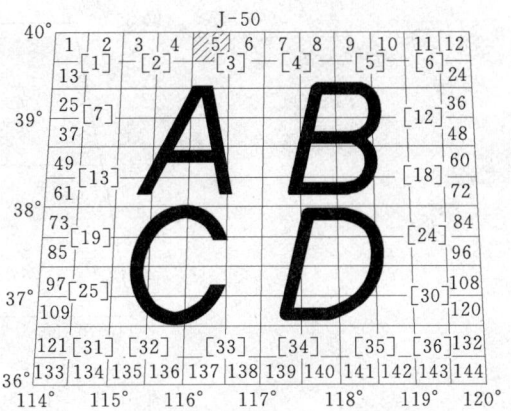

图6-14　1∶500000、1∶200000、1∶100000图分幅

3. 1∶50000、1∶25000、1∶10000地形图的分幅与编号

这三种比例尺的地形图是在1∶100000的基础上分幅与编号的。如图6-15所示，一幅1∶100000的地形图分成四幅1∶50000的图幅，分别以A、B、C、D表示，一幅1∶50000的地形图分成四幅1∶25000的图幅，分别以1、2、3、4表示。如图6-16所示，一幅1∶100000的地形图分为64幅1∶10000的图幅，分别为（1）、（2）、…、（64）表示。图6-17中北京某地所在1∶10000图幅的编号为J-50-5-（24）。

4. 1∶5000、1∶2000地形图的分幅与编号

这两种比例尺的地形图是在1∶10000的基础上分幅编号的。如图6-17所示，一幅1∶10000的地形图分为四幅1∶5000的图幅，在1∶10000地形图图号后加a、b、c、d；再将1∶5000地形图分为9幅1∶2000的图幅，在1∶5000的地形图图号后加1、2、…、9，即为1∶2000图幅的编号。图中北京某地所在1∶5000图幅的编号为J-50-5-（24）-b-5。为使用方便，现将各种比例尺图的梯形分幅与编号列于表6-4中。

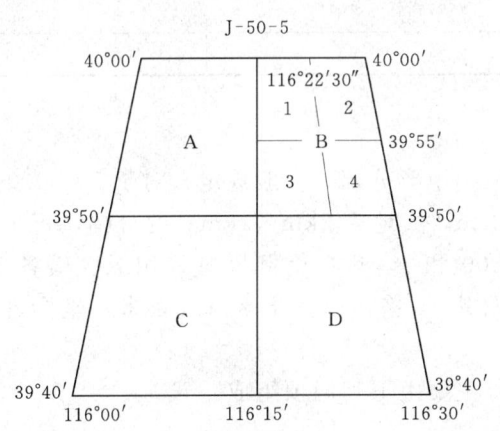

图6-15　1∶50000、1∶25000图分幅

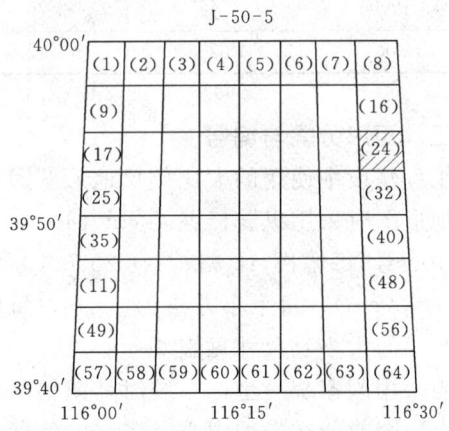

图6-16　1∶10000图分幅

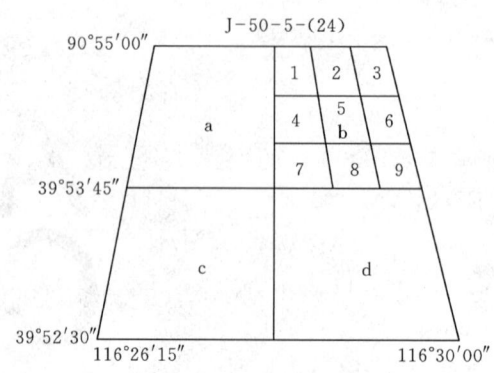

图 6-17 1:5000、1:2000 图分幅

表 6-4 按梯形分幅的各种比例尺图的分幅与编号

比例尺	图幅大小		1:1000000、1:100000、1:50000、1:10000 图幅内的分幅数	分幅代号
	纬差	经差		
1:1000000	4°	6°	1	行 A、B、…、V 列 1、2、…、60
1:500000	2°	3°	4	A、B、C、D
1:200000	40′	1°	36	(1)、(2)、…、(36)
1:100000	20′	30′	144	1、2、…、144
1:50000	10′	15′	576	A、B、C、D
1:10000	2′30″	3′45″	9216	(1)、(2)、…、(64)
1:5000	10′	15′	1	
1:2500	7′30″	5′	4	
1:1000	3′45″	2′30″	16	
1:500	1′52.5″	1′15″	64	

二、矩形分幅与编号

工程建设中使用的大比例尺地形图通常采用矩形分幅，一般规定，对于 1:5000 比例尺的地形图时采用纵、横各 40cm（40cm×40cm，实地为 2km×2km）的分幅，每个小方格为 10cm，每幅图 16 格；1:2000、1:1000 和 1:500 比例尺时采用纵、横各 50cm（50cm×50cm），每个小方格为 10cm，每幅图共 25 格，以整千米（或百米）坐标进行分幅。图幅的大小及尺寸见表 6-5。

当采用国家统一坐标系时，图幅的编号主要由下列两项组成：
(1) 图幅所在带的中央子午线的经度。
(2) 图幅西南角以 km 计的坐标值。

表 6-5　　　　　　　　　　几种大比例尺图的图幅大小

比例尺	正方形分幅		矩形分幅	
	图幅大小/cm²	实地面积/km²	图幅大小/cm²	实地面积/km²
1∶5000	40×40 或 50×50	4 或 6.25	50×40	5
1∶2000	50×50	1	50×40	0.8
1∶1000	50×50	0.25	50×40	0.2

如图 6-18 所示，117°-300-400 中，"117°"为中央子午线，"300"为此图西南角 x 坐标，"400"则为此图的西南角 y 坐标，此 x、y 坐标以 km 为单位。

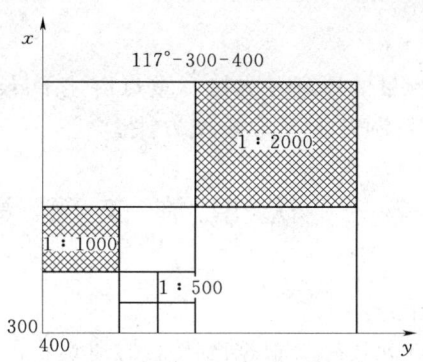

图 6-18　1∶5000 图

思 考 题

1. 地形的分类包括什么？
2. 什么是比例尺？比例尺的种类有几类？什么是比例尺精度？
3. 地物在地形图上有几种表示方法？
4. 什么是等高线？等高线有什么特征？
5. 什么是等高距？什么是等高线平距？
6. 地形图的图廓外注记主要有哪些？各有什么作用？
7. 试述地形图梯形分幅和矩形分幅的方法。
8. 试述地形图矩形分幅和编号的方法。

第七单元

施工测量的基本工作

学习目标

知识目标： 了解施工测量的过程步骤。

技能目标： 掌握施工测量的技能方法，掌握地面点位的测设。

单元概述

本单元主要介绍了控制测量的原理及方法。重点讲述了导线测量、小三角测量原理及其计算方法，三角高程测量及 GPS 测量原理及方法。

任务一 认识施工测量

一、施工测量的目的与任务

施工测量是以地面控制点为基础，根据图纸上的建筑物的设计数据，计算出建（构）筑物各特征点与控制点之间的距离、角度、高差等数据，将建（构）筑物的特征点在实地标定出来，以便施工。这项工作称为测设，又称施工放样。

施工测量的目的与一般测图工作相反，它是按照设计和施工的要求将设计的建（构）筑物的平面位置和高程测设在地面上，作为施工的依据，并在施工过程中进行一系列的测量工作，以衔接和指导各工序之间的施工。

施工测量贯穿于整个施工过程中。从场地平整、建筑物定位、基础施工，到建筑物构件安装等工序，都需要进行施工测量，才能使建（构）筑物各部分的尺寸、位置符合设计要求。其主要任务包括以下几项。

（1）施工控制网的建立。在施工场地建立施工控制网，作为建（构）筑物详细测设的依据。

（2）建（构）筑物的详细测设。将图纸上设计建（构）筑物的平面位置和高程标定在实地上。

（3）检查、验收。每道施工工序完工之后，都要通过测量检查工程各部位的实际位置及高程是否与设计要求相符。

（4）变形观测。随着施工的进展，测定建筑物在平面和高程方面产生的位移和沉降，收集整理各种变形资料，作为鉴定工程质量和验证工程设计、施工是否合理的依据。

二、施工测量的原则与要求

为了保证施工能满足设计要求，施工测量与一般测图工作一样，也必须遵循"由整体到局部，先控制后碎部"的原则，即先在施工现场建立统一的施工控制网，然后以此为基础，再测设建筑物的细部位置。采取这一原则，可以减少误差积累，保证测设精度，免除因建筑物众多而引起测设工作的紊乱。

此外，施工测量责任重大，稍有差错，就会酿成工程事故，给国家造成重大损失，因此，必须加强外业和内业的检核工作。检核是测量工作的灵魂。

三、施工测量的精度

施工测量的精度取决于建（构）筑物的大小、材料、用途和施工方法等因素。一般情况下的测设精度，大型建（构）筑物高于中、小型建（构）筑物，高层建筑物高于低层建筑物，钢结构厂房高于钢筋混凝土结构厂房，装配式建筑物高于非装配式建筑物，工业建筑高于民用建筑。

另外，建（构）筑物施工期间和建成后的变形测量，关系到施工安全和建（构）筑物的质量以及建成后的使用维护，所以，变形测量一般需要有较高的精度，并应及时提供变形数据，以便做出变形分析和预报。

四、施工测量的施测程序

施工测量遵循"由整体到局部，先控制后碎部"的原则，首先在图纸上布设施工控制网，施工控制网有三角网、导线网、建筑基线、建筑方格网等形式，并将施工控制网测设到施工现场，这个过程所进行的测量叫施工控制测量，详见第十单元任务一；然后以现场施工控制网为基础，测设建筑物的细部位置。

任务二　测设的基本工作

一、已知水平距离的测设

在施工放样中，经常要把建（构）筑物的轴线（或边线）设计长度在地面上标定出来，这个工作称为已知距离测设。测设已知距离不同于测量未知距离。它是以一个已知点为起点，沿指定方向，量出设计的水平距离，定出终点。测设已知距离所用的工具与丈量地面两点间的水平距离相同。

（一）用钢尺放样已知水平距离

1. 一般方法

从已知起点开始，沿给定方向按已知长度值，用钢尺直接丈量定出另一端点。为了检核，应往返丈量两次，取其平均值作为最终结果。

2. 精确方法

当放样精度要求较高时，可根据已知水平距离，结合地面起伏情况、所用钢尺的实际长度、测设时的温度等，进行尺长、温度和倾斜三项改正。但注意三项改正数的符号与量距时相反。距离测量计算公式可写为

$$D_\text{放} = D + \Delta D_\text{d} + \Delta D_\text{t} + \Delta D_\text{h} \tag{7-1}$$

【例 7-1】设欲测设 AB 的水平距离 $D=29.9100\text{m}$，使用的钢尺名义长度为 30m，实际长度为 29.9950m，钢尺检定时的温度为 $20℃$，钢尺膨胀系数为 $1.25×10^{-5}$，以 A、B 两点的高差为 $h=0.385\text{m}$，实测时温度为 $28.5℃$。求放样时在地面上应量出的长度为多少？

【解】

尺长改正为

$$\Delta D_d = \frac{29.995-30}{30} \times 29.910 = -0.005(\text{m})$$

温度改正为

$$\Delta D_t = 1.25 \times 10^{-5} \times (28.5-20) \times 29.910 = 0.0032(\text{m})$$

倾斜改正为

$$\Delta D_h = -\frac{0.385^2}{2 \times 29.910} = -0.0025(\text{m})$$

则放样长度为

$$D_{\text{放}} = D + \Delta D_d + \Delta D_t + \Delta D_h = 29.9143(\text{m})$$

（二）光电测距仪放样已知水平距离

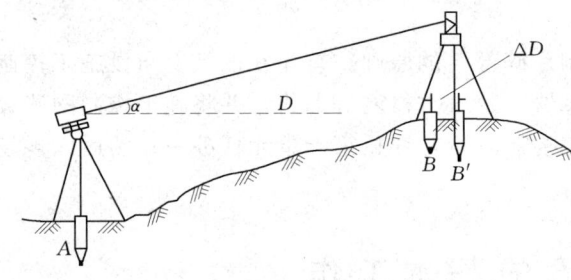

图 7-1 光电测距仪放样已知水平距离

用光电测距仪放样已知水平距离与用钢尺放样已知水平距离的方式一致，先用跟踪法放出终点的概略位置，再精确测定其长度，最后进行改正。

如图 7-1 所示，安置仪器于 A 点，瞄准并锁定已知方向，沿此方向移动反射棱镜，使仪器显示值为所放样水平距离，棱镜所在位置即为终点 B。当放样精度要求较高时，可用光电测距仪精确测定 AB 的水平距离。

二、已知角度的测设

测设已知水平角就是根据水平角的已知数据和一个已知方向，把该角的另一个方向测设在地面上。

（一）一般方法

如图 7-2 所示，已知地面上 OA 方向，从 OA 向右放样已知水平角 β，定出 OB 方向，步骤如下。

(1) 在 O 点安置经纬仪，盘左位置瞄准 A 点，并使水平度盘读数为 $0°00'00''$（归零）。

(2) 松开水平制动螺旋，旋转照准部，使水平度盘读数为 β 值，在此方向线定出 B' 点。

(3) 在盘右位置同法定出 B'' 点，取 B'、B'' 的中心点 B，则 $\angle AOB$ 就是要放样的已知水平角 β。该方法称为盘左盘右分中法。

（二）精确方法

当对放样精度要求较高时，可按下述步骤进行。

(1) 如图 7-3 所示，先按一般方法放样定出 B' 点。

(2) 反复观测水平角 $\angle AOB'$ 若干个测回，取其平均值 β_1，并计算出它与已知水平角的差值 $\Delta\beta = \beta - \beta_1$。

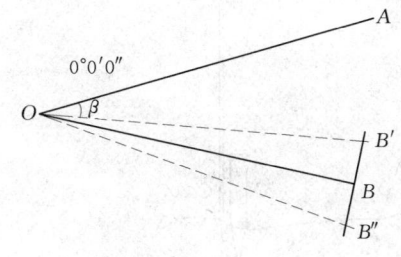 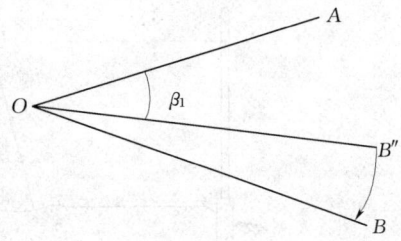

图 7-2 角度测设一般方法　　　　图 7-3 角度测设精确方法

(3) 计算改正距离：

$$B'B \approx OB' \times \frac{\Delta\beta}{\rho}$$

式中，OB' 为测站点 O 至放样点 B' 的距离；$\rho = 206265''$。

(4) 从 B' 点沿 OB' 的垂直方向量出 BB'，定出 B 点，则 $\angle AOB$ 就是要放样的已知水平角。

注：如 $\Delta\beta$ 为正，则沿 OB' 的垂直方向向外量取；反之向内量取。

当前，随着科学技术的日新月异，全站仪的智能化水平越来越高，能同时放样已知水平角和水平距离。若用全站仪放样，可自动显示需要修正的距离和移动的方向。

三、已知高程的测设

根据已知水准点，在地面上标定出某设计高程的工作，称为已知高程测设。如图 7-4 所示，在某设计图纸上已确定建筑物的室内地坪高程为 $H_设 = 21.500\text{m}$，附近有一水准点 A，其高程为 $H_A = 20.950\text{m}$。现在要把该建筑物的室内地坪高程放样到木桩 B 上，作为施工时控制高程的依据，其方法如下：

(1) 安置水准仪于 A、B 之间，在 A 点竖立水准尺，测得后视读数为 $a = 1.675\text{m}$。

(2) 在 B 点处设置木桩，在 B 点木桩侧面竖立水准尺。

(3) 计算：视线高 H_i 和 B 点水准尺应读数 $b_应$ 为

$$H_i = H_A + a = 20.950 + 1.675 = 22.625 (\text{m})$$
$$b_应 = H_i - H_设 = 22.625 - 21.500 = 1.125 (\text{m})$$

(4) 上下移动 B 点的水准尺，直至水准仪视线在水准尺上截取的读数恰好等于 1.125m 时，紧靠尺底在木桩侧面划一道横线，此线位置就是设计高程的位置。

在深基坑内或在较高的楼层面上测设高程时，水准尺的长度不够，这时，可在坑底或楼层面上先设置临时水准点，然后将地面高程点传递到临时水准点上，再放样所需高程。

如图 7-5 所示，欲根据地面水准点 A 测设坑内水准点 B 的高程，可在坑边架设吊杆，杆顶吊一根零点向下的钢尺，尺的下端挂上重锤，在地面和坑内各安置一台水准仪。则 B 点的高程为

$$H_B = H_A + a_1 - (b_1 - a_2) - b_2$$

式中 a_1、a_2、b_1、b_2 为钢尺和水准尺读数。然后，改变钢尺悬挂位置，再次观测，以便检核。

第七单元 施工测量的基本工作

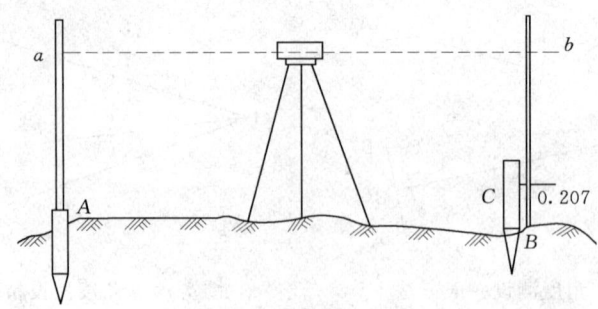

图 7-4 已知高程的测设

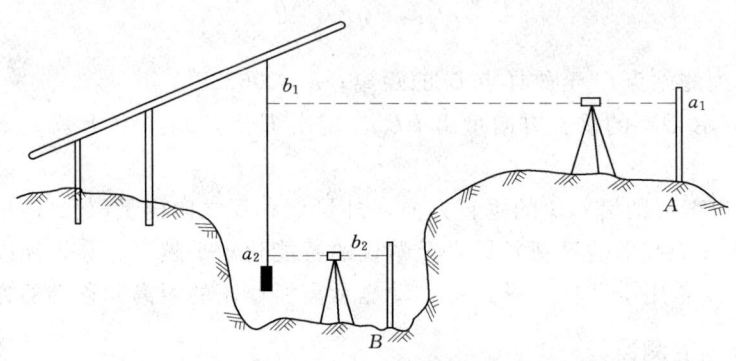

图 7-5 已知高程的测设

四、已知坡度的直线测设

在修筑道路、敷设排水管道等工程中，经常要测设设计的坡度线。如图 7-6 所示，A 和 B 为设计坡度线的两端点，若已知 A 点的设计高程为 H_A，设计坡度 i_{AB}，则可求出 B 点的设计高程 H_B 为

$$H_B = H_A + i_{AB} \times D$$

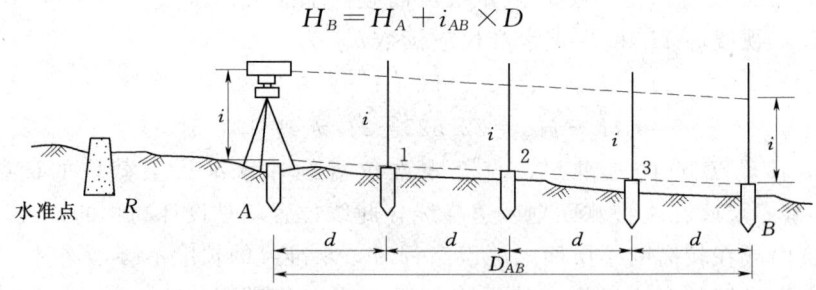

图 7-6 已知坡度的直线测设

测设 B 点时，安置水准仪于 A，在 B 点竖立水准尺，使视线在水准尺上截取的读数恰好等于 $H_B - H_A = i_{AB} \times D_{AB}$ 时，紧靠尺底在木桩侧面划一道横线，此线即为 B 点的设计高程。

为了施工方便，每隔一定距离 d（一般取 $d=10\text{m}$）打一木桩，测设方法可用水准仪（若地面坡度较大，亦可用经纬仪）设置倾斜视线法，其测设步骤如下。

(1) 先用已知高程测设方法，根据附近已知水准点 R 将设计坡度线两端点的设计高程 H_A、H_B 测设于地上，并打下木桩。

(2) 将水准仪安置在 A 点上，并量取仪器高 i，安置时使一个脚螺旋在 AB 方向上，另两个脚螺旋的连线大致与 AB 方向线垂直。

(3) 旋转 AB 方向上的脚螺旋和微倾螺旋，使视线在 B 点标尺上所截取的读数等于仪器高 i，此时水准仪的倾斜视线与设计坡度线平行，当中间各桩点 1、2、3 上的标尺读数都为 i 时，尺底即为该桩的设计高程。则各桩顶的连线就是要测设的设计坡度线。

若各桩顶的水准尺实际读数为 $b_i(i=1,2,3,\cdots)$，则各桩的填挖高度为 $i-b_i$。$i=b_i$ 时不填不挖；$i>b_i$ 时需挖，反之需填。

任务三　地面点平面位置的测设

点的平面位置测设常用方法有直角坐标法、极坐标法、交会法全站坐标法。至于选用哪种方法，应根据控制网的形式、现场情况、所拥有的仪器以及精度要求等因素进行选择。

一、直角坐标法

当在施工现场有互相垂直的主轴线或方格网线时，可以用直角坐标法测设点的平面位置。如图 7-7 所示，已知某厂房矩形控制网 4 个角点 A、B、C、D 的坐标，设计总平面图中已确定某车间 4 角点 1、2、3、4 的设计坐标。现以根据 B 点测设点 1 为例，说明其测设步骤。

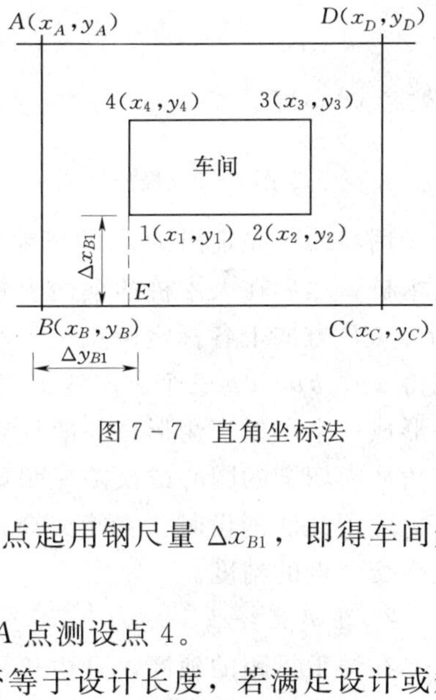

(1) 先算出 B 与点 1 的坐标差：$\Delta x_{B1}=x_1-x_B$，$\Delta y_{B1}=y_1-y_B$。

(2) 在 B 点安置经纬仪，瞄准 C 点，在此方向上用钢尺量 Δy_{B1} 得 E 点。

图 7-7　直角坐标法

(3) 在 E 点安置经纬仪，瞄准 C 点，用盘左、盘右位置两次向左测设 $90°$ 角，在两次平均方向 $E1$ 上从 E 点起用钢尺量 Δx_{B1}，即得车间角点 1。再量 x_4-x_1 即得 4 点。

(4) 同法，从 C 点测设点 2，从 D 点测设点 3，从 A 点测设点 4。

(5) 检查车间的 4 个角是否等于 $90°$，各边长度是否等于设计长度，若满足设计或规范要求，则测设为合格；否则应查明原因重新测设。

二、极坐标法

本法系根据已知水平角度和水平距离测设点位。测设前须根据施工控制点（例如导线点）及测设点的坐标，按坐标反算式（3-25）求出 ij 方向的坐标方位角 α_{ij} 和水平距离 D_{ij}，再根据坐标方位角求出水平角。如图 7-8 所示，水平角 $\beta=\alpha_{AP}-\alpha_{AB}$，水平距离为 D_{AP}。求出放样数据 β、D_{AP} 后，即可安置经纬仪于控制点 A，以 AB 方向为起始方向，向

右测设 β 角,以定出 AP 方向。在 AP 方向上,以 A 为起点用钢尺测设水平距离 D_{AP} 定出 P 点的位置。各点测设完成后,应按预设建(构)筑物的形状、尺寸检核各角度和长度误差,若满足设计或规范要求,则测设为合格;否则应查明原因重新测设。

三、交会法

1. 角度交会法

本法系在量距困难地区用两个已知水平角测设点位的方法,颇收成效。但必须有第三个方向进行检核,以免错误。

如图 7-9 所示,A、B、C 为三个控制点,其坐标为已知,P 为待测设点,设计坐标亦为已知。先用坐标反算求出 α_{AP}、α_{BP} 和 α_{CP},然后由相应坐标方位角之差求出测设数据 β_1、β_2、β_3 和 β_4,并按下述步骤测设。

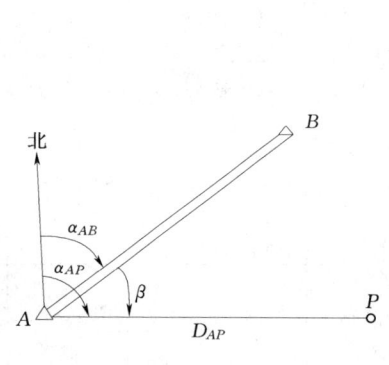
图 7-8 极坐标法

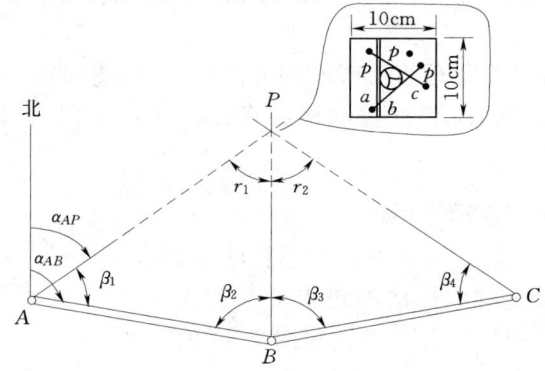
图 7-9 角度交会法

用经纬仪先定出 P 点的概略位置,在概略位置处打一个顶面积约为 10cm×10cm 的大木桩,然后在大木桩的顶面上精确测设。由观测者指挥,用铅笔在桩顶面分别在 AP、BP、CP 方向上各标定两点(见小图中 a、p;b、p;c、p),将各方向上的两点连起来,就得 ap、bp、cp 三个方向线。三个方向线理应交于一点,但实际上由于测设误差存在,将形成一个误差三角形。一般规定,若误差三角形的最大边长不超过 3~4cm 时,取误差三角形内切圆的圆心或误差三角形角平分线的交点作为 P 点的最后位置。

应用此法测设时,宜使交会角 β_1、β_2 在 30°~150° 之间,最好使交会角 γ 接近 90°,以提高交会点的精度。

2. 距离交会法

在便于量距的地区,且边长较短时(例如不超过一钢尺长),宜用本法。

如图 7-10 所示,由已知控制点 A、B、C 测设房角点 1、2,根据控制点的已知坐标及 1、2 点的设计坐标,反算出放样数据:D_1 和 D_2、D_3 和 D_4。分别从 A、B、C 点用钢尺测设已知距离 D_1 和 D_2;D_3 和 D_4。D_1 和 D_2 的交点即为点 1,D_3 和 D_4 的交点即为点 2。最后测量 1、2 的距离,与设计距离比较作为校核。

3. 方向线交会法

方向线交会法就是利用两条相互垂直的方向线相交来定出测设点。一般在需要测设的点和线有很多的情况下采用,例如根据厂房矩形控制网和柱列轴线进行柱基测设时,采用本法具有计算简便，交会精度高的优点。如图 7-11 所示，T、U、R、S 为某厂房矩形控制网角点，为了测设 P 点，先在矩形网的边上量距，确定方向线的定向点 1 及 $1'$，2 及 $2'$ 的位置。然后在定向点 1 与 2 上安置经纬仪瞄准对应的定向点 $1'$ 与 $2'$，形成方向线 $11'$ 与 $22'$，两方向线的交点就是所需的测设点 P。

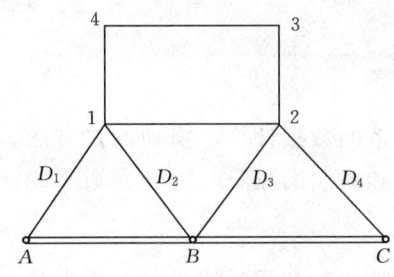

图 7-10　距离交会法　　　　图 7-11　方向线交会法

在大型设备的基础施工时，不仅要定出基础中心点 P 的位置，而且要定出通过基础中心的纵横轴线。因此，用方向线交会法测设时，除了交会出中心点 P 以外，还要沿方向线在基础中心的挖土范围以外设置 4 个定位点 a、b、c、d，并打定位小木桩，作为 P 点的定位桩（俗称"骑马桩"），以便测设基础的轮廓和恢复 P 点。

四、全站仪坐标法

全站仪坐标法测设的本质是极坐标法，它能适应各类地形情况，而且精度高，操作简便，在生产实践中已被广泛采用。

测设前，将全站仪置于放样模式，向全站仪输入测站点坐标、后视点坐标（或方位角），再输入放样点的坐标。准备工作完成之后，用望远镜照准棱镜，按坐标放样功能键，则可立即显示当前棱镜的位置与放样点位置的坐标差，根据坐标差值移动棱镜位置，直至坐标差值为 0，这时，棱镜所对应的位置就是测设点位置，然后在地面做标志。

思 考 题

1. 施工测量遵循的基本原则是什么？
2. 施工测量的内容及其特点是什么？
3. 什么叫测设？测设的基本工作有哪些？
4. 简述精密测设水平角的方法。
5. 测设点的平面位置有哪几种方法？各适用于什么情况？
6. 试述测绘与测设的异同点。
7. 试述测图精度与测设精度的差异。

第八单元

水工隧道施工测量

学习目标
知识目标：水工隧道的控制测量、进洞关系的数据计算，贯通测量方法。
技能目标：掌握隧道地面控制测量、竖井和旁洞的测量、隧洞贯通后的测量的方法。

单元概述
本单元主要介绍水工隧道地面控制测量、竖井和旁洞的测量以及洞内控制测量和施工放样的基本方法。

任务一 认识水工隧道测量

一、水工隧洞及其测量任务

水利工程建设中，为了施工导流、引水发电、或修渠灌溉，需要修建穿通山岭的引、排水隧洞。

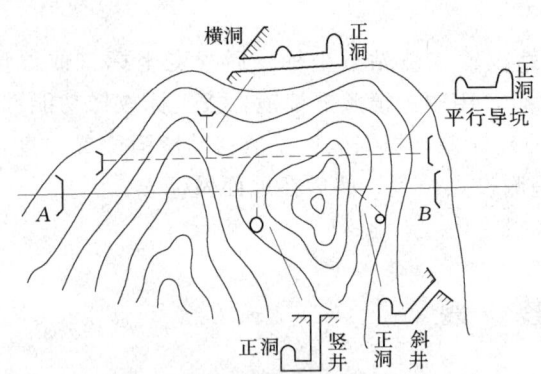

图 8-1 正洞、横洞、平行导坑、竖井、斜井示意图

隧洞贯通测量与隧洞的结构形式、施工方法有着密切的联系，由于隧洞工程的特殊性，通常隧洞的开挖从两端相向开始，亦即只有两个开拓工作面。工程量较大时，为了加快隧洞开拓施工进度，必需根据需要和地形条件设立辅助坑道，增加新的开挖工作面。如图 8-1 所示的正洞、横洞、平行导坑、竖井、斜井等都属于辅助坑道新工作面的形式。隧洞贯通测量技术工作主要以严格控制开挖方向和高程，保证隧洞的正确贯通为目的。

所以，隧洞贯通测量技术工作的主要任务如下：

（1）建立地面平面与高程施工控制网。

（2）将地面上的坐标、方向和高程传递到隧洞内进行联系测量。

（3）在隧洞内进行平面与高程控制测量。

（4）根据洞内控制点定出隧洞掘进中线的方向和坡度，指导隧洞工程的正确开挖、衬砌和施工及按设计要求精确贯通。

（5）进行隧洞贯通后的测量工作。

这些测量工作的作用，是在地下标定出隧洞的设计中心线和高程，为开挖、衬砌和施工指定方向和位置；特别是保证在有两个相向开挖面的掘进中，施工中线在平面和高程上按设计的要求正确贯通。

二、隧洞贯通测量的精度要求

要保证隧洞的正确贯通，就要保证隧洞贯通时在纵向、横向及竖向几方面的误差（称为贯通误差）在允许范围内。相向开挖的隧洞中线如不能理想地衔接，其长度沿中线方向伸长或缩短，即产生纵向贯通误差，其允许值一般为±20cm；中线在水平面上互相错开，即产生横向贯通误差，其允许值一般为±10cm；中线在竖直面内互相错开，即产生竖向贯通误差，其允许值一般为±5cm。隧洞的纵向贯通误差主要涉及中线的长度，对于直线隧洞影响不大，有时将其误差限制在隧洞长度的1/2000以内，而竖向误差和横向误差一般对贯通结果影响较大，因此，必须加以重视，务必使其符合上述要求。

任务二　隧洞地面控制测量

隧洞控制测量的目的在于保证两相向开挖方向在贯通面按设计要求正确贯通，即横向和竖向贯通误差在规定的限差内。它是施工放样的依据。

隧洞地面控制测量包括洞外、洞内平面控制测量与高程控制测量；为了增加开挖面，缩短贯通长度，在中间设有竖（斜）井时，还包括传递平面位置、方向和高程的竖井联系测量。

隧洞控制测量的设计、实施和数据处理与隧洞的长度、形状、施工方法、有无辅助坑道、实际地形、地貌以及仪器设备、人员技术条件等有关。

一、洞外控制测量

（一）洞外平面控制测量

洞外平面控制测量，即在隧洞经过的地域表面进行平面控制测量，应在隧洞开始施工前完成。其目的是为了决定隧洞洞口位置，指导开挖隧洞洞口，并为确定中线掘进方向和高程放样提供依据。

由于隧洞是一个狭长的建筑物，一般处于多山地带，故地面平面控制网多采用单导线、导线网、三角网或GPS网的形式。

1. 导线测量

导线测量方案的优点是选点布网自由、灵活，对地形的适应性较好，工作量一般只是三角测量的1/3。自20世纪80年代以来，由于测绘新技术的广泛应用，光电测距导线及全站仪三维导线已成为隧洞地面控制测量的首选方案。其布设形式可分为单一导线和导线网两种。一般来讲，2km以下的短隧洞可采用单闭合导线或单附合导线的形式，而对于中、长隧洞也可采用导线网的形式。值得注意的是导线测量控制点的布设应尽量靠近隧道的贯通中线上，以提高贯通精度。

采用导线作为平面控制时，其距离往返测相对误差不得大于1/5000，角度用DJ_2经纬仪测一测回或DJ_6经纬仪测两测回，角度闭合差不应超过$±24″\sqrt{n}$（n为测角的个数）。

导线的相对闭合差不应大于 1/5000。

2. 三角测量

敷设三角锁时应考虑将隧洞中线上的主要中线点包含在锁内，尽可能在各洞口附近布置有三角点，以便施工放样，并力求将洞口、转折点等选为三角点，以便减小计算工作量，提高放样精度。三角锁的等级随隧洞长度、形式、贯通精度要求而异，对于长度在 1km 以内、横向贯通误差容许值为（±10~±30）cm 的隧洞，布设三角网的精度应满足下列要求：

(1) 基线丈量的相对误差为 1/20000。

(2) 三角网最弱边（即精度最低的边）的相对误差为 1/10000。

(3) 三角形角度闭合差为 30″。

(4) 角度观测时，用 DJ_2 经纬仪测一测回，DJ_6 经纬仪测两测回。

三角网的施测与平差计算可按前面章节所述方法进行，以求得各控制点的坐标和各边的方位角。

3. GPS 定位测量

全球定位系统（GPS）是伴随现代科学技术的迅速发展而建立起来的新一代精密卫星导航和定位系统，它不仅具有全球性、全天候、连续的三维导航与定位能力，而且具有良好的抗干扰性。

GPS 定位技术在隧洞贯通测量中的应用，给这一领域传统的野外测量作业带来了巨大的冲击，根据实际应用情况来看，使用这一先进技术带来了较好的经济和社会效益，也使得野外测量技术水平得到了显著提高。今后传统的大型隧洞贯通地面控制测量将逐渐被 GPS 测量技术所取代。

（二）地面高程控制测量

主要任务是按照设计精度施测两相向开挖洞口附近水准点间的高差，以便将统一的高程系统引入洞内，提供隧洞施工的高程依据，保证隧洞在竖向正确贯通。过去一般采用等级水准测量进行，随着光电测距仪的广泛应用，光电测距导线成为隧洞洞外、洞内平面控制的主要方法，同时，经大量的实践和研究证明，光电测距三角高程完全可代替三、四等水准测量，即使对于地形复杂、植被茂密和气候条件较差的地区，也具有足够的精度。特别方便的是可以与导线测量一起进行，从而可大大减轻了外业工作量。其优越性对山区和丘陵地区尤为突出。三角高程可采用对向观测的方法。对平坦地区，仍采用三、四等几何水准测量较好。不论什么等级和采用什么方法，隧道洞口应埋设二个水准点，以备使用过程中的互相检核。

1. 光电测距三角高程对向观测高差计算数学模型

地面两点 A、B 之间的高差按对向观测计算，其公式为

$$h=\frac{1}{2}(D_1\cos Z_1-D_2\cos Z_2)+\frac{1}{2}(c_1-c_2)S^2+\frac{1}{2}(i_1-i_2)-\frac{1}{2}(v_1-v_2) \qquad (8-1)$$

式中　D_1、D_2——往、返测斜距；

Z_1、Z_2——往、返测天顶距；

i_1、i_2——往、返测仪器高；

v_1、v_2——往、返测反光棱镜高；

c_1、c_2——往、返测的球气差系数；

S——两点间的平距。

如果往、返测是在相近的条件下观测的，可认为折光系数 K 对于对向观测来说是相同的，故有

$$c_1 = c_2 = c = \frac{1-K}{2R} \qquad (8-2)$$

式中 R 为地球曲率半径。于是，式（8-1）中有关球气差的一项可以消去。

2. 光电测距三角高程对向观测高差中误差

对式（8-1）微分，并设 $m_{D1} = m_{D2} = m_D$，$m_{Z1} = m_{Z2} = m_Z$，$m_{i1} = m_{i2} = m_{v1} = m_{v2} = m_i$，可得对向观测的高差中误差公式：

$$m_h = \pm \sqrt{\cos^2 Z\, m_D^2 + \sin^2 Z\, \frac{D^2}{2\rho^2} m_Z^2 + m_i^2} \qquad (8-3)$$

由上式可见，m_h 主要受天顶距精度 m_Z 的影响。

二、洞外定线测量

在地面上确定洞口位置及中线掘进方向的测量工作称为洞外定线测量。其常用方法有如下两种：

(1) 在控制测量的基础上，根据控制点与图上设计的隧洞中线转折点与进出口等的坐标，计算出隧洞中线的放样数据，在实地将洞口位置和中线方向标定出来，这种方法可称为解析法定线测量。

(2) 当隧洞很短，没有布设控制网时，则在实地直接选定洞口位置，并标定中线掘进方向，这种方法称为直接定线测量。

（一）直接定线测量实施方法

对于较短的隧洞，可在现场直接选定洞口位置，然后用经纬仪按正倒镜定直线的方法标定隧洞中心线掘进方向，并求出隧洞的长度。如图 8-2 所示，A、B 两点为现场选定的洞口位置，且两点互不通视，欲标定隧洞中心线，首先约在 AB 的连线上初选一点 C'，将经纬仪安置在 C' 点上，瞄准 A 点，倒转望远镜，在 AC' 的延长线上定出 D' 点，为了提高定线精度可用盘左盘右观测取平均，作为 D' 点的位置；然后搬仪器至 D' 点，同法在洞

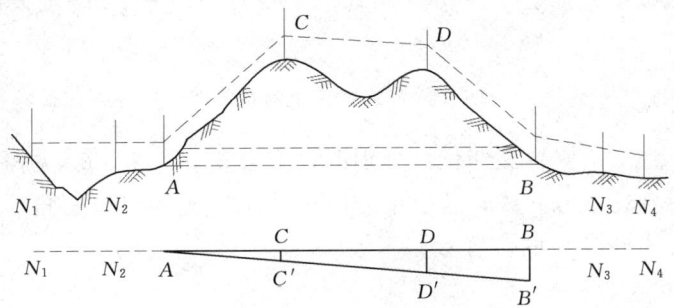

图 8-2 隧洞直接定线示意图

口定出 B' 点。通常 B' 与 B 不相重合，此时量取 $B'B$ 的距离，并用视距法测得 AD' 和 $D'B'$ 的水平长度，求出 D' 点的改正距离 $D'D$。

在地面上从 D' 沿垂直于 AB 方向量取距离 $D'D$ 得到 D 点，再将仪器安置于 D 点，依上述方法再次定线，由 B 点标定至 A 洞口，如此重复定线，直至 C、D 位于 AB 直线上为止。最后在 AB 的延长线上各埋设两个方向桩 N_1、N_2 和 N_3、N_4，以指示开挖方向。

隧道长度可直接用钢尺在实地量得，或用视距求得。

对于较短的曲线隧洞，若地形条件适宜，则可根据设计的曲线元素，按曲线放样的方法将隧洞中线上各点依一定距离（如 10m）在地面上标定出来，然后再精确地测量各点间的距离和角度，作为洞内标定中线的依据。

（二）解析法定线测量实施方法

1. 洞口位置的标定

在实地布设的三角网，若洞口不可能选为三角点时，则应将图上设计的洞口位置在实地标定出来。如图 8-3 所示，ABC 为隧道中线，A、C 为洞口位置，B 为转折点，其中洞口 A 正好位于三角点上，而洞口 C 不在三角点上，这样，就可根据 5、6、7 三个控制点的已知坐标和 C 点的设计坐标计算出方位角（α）和交会角（β），即

$$\left.\begin{aligned} \alpha_{7\text{-}C} &= \tan^{-1}\frac{y_C - y_7}{x_C - x_7} \\ \alpha_{6\text{-}C} &= \tan^{-1}\frac{y_C - y_6}{x_C - x_6} \\ \alpha_{5\text{-}C} &= \tan^{-1}\frac{y_C - y_5}{x_C - x_5} \end{aligned}\right\} \quad (8-4)$$

$$\beta_1 = \alpha_{5\text{-}C} - \alpha_{5\text{-}6};\quad \beta_2 = \alpha_{6\text{-}C} - \alpha_{6\text{-}7};\quad \beta_3 = \alpha_{7\text{-}C} - \alpha_{7\text{-}5} \quad (8-5)$$

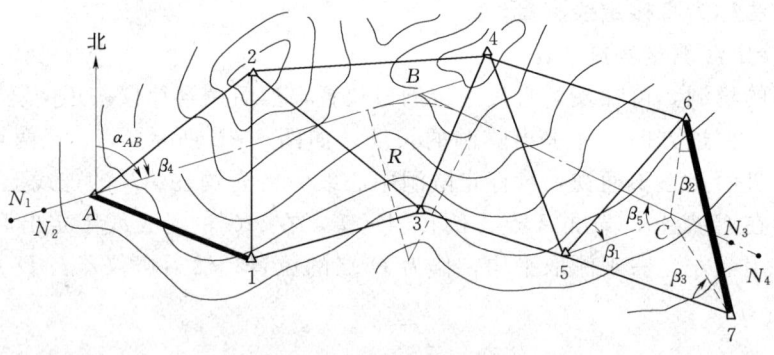

图 8-3 隧道三角网布置图

放样时，在 5、6、7 安置经纬仪，分别测设交会角 β_1、β_2、β_3，并用盘左、盘右测设取其平均位置，得到三条方向线，若三个方向相交所形成的误差三角形在允许范围以内，则取其内切圆圆心为洞口 C 的位置。

2. 开挖方向的标定方法

为了在地面上标出隧洞开挖方向 AB 和 CB，同样是根据各点的坐标先算出方位角，然后算出定向角 β_4、β_5。即

$$\left.\begin{array}{l}\alpha_{BC}=\tan^{-1}\dfrac{y_B-y_C}{x_B-x_C}\\[2mm]\alpha_{AB}=\tan^{-1}\dfrac{y_B-y_A}{x_B-x_A}\end{array}\right\} \qquad (8-6)$$

$$\left.\begin{array}{l}\beta_4=\alpha_{AB}-\alpha_{A2}\\ \beta_5=\alpha_{CB}-\alpha_{C5}\end{array}\right\} \qquad (8-7)$$

测设时在 A、C 点安置经纬仪，分别测设定向角 β_4、β_5，并以盘左、盘右测设取其平均位置，即得到开挖方向 AB 和 CB，然后将它标定在地面上，例如图 8-4（a）所示，A 为洞口点，1、2、3、4 为标定在地面上的掘进方向桩，再在大致垂直的方向上埋设 5、6、7、8 桩，用以检查或恢复洞口点的位置。掘进方向桩要用混凝土桩或石桩，埋设在施工过程中不受损坏、点位不致移动的地方，同时量出洞口点 A 至 2、3、6、7 等桩的距离。有了方向桩和距离数据，在施工过程中可随时检查或恢复洞口点的位置。

在隧洞口劈坡完成后，就要在劈坡面上给出隧洞中心线，以指示掘进方向。如图 8-4（b）所示，安置仪器在洞口点 A，瞄准掘进方向桩 1、2，倒转望远镜即为隧洞中线方向，一般用盘左、盘右取平均的方法，在洞口劈坡面上给出隧洞开挖方向。

3. 隧洞长度计算方法

根据洞口点和路线转折点的坐标可求得隧洞的长度。如果是直线隧洞，其进口分别为 A、B，则隧洞长为

$$D_{AB}=\dfrac{y_B-y_A}{\sin\alpha_{AB}}=\dfrac{x_B-x_A}{\cos\alpha_{AB}} \qquad (8-8)$$

如果是曲线隧洞（图 8-3），在转折处设有圆曲线，先分别求出 D_{AB} 和 D_{BC}，再算出切线长 T 和曲线长 L，最后求得曲线隧洞的长度为

$$D=D_{AB}=D_{BC}-2T+L \qquad (8-9)$$

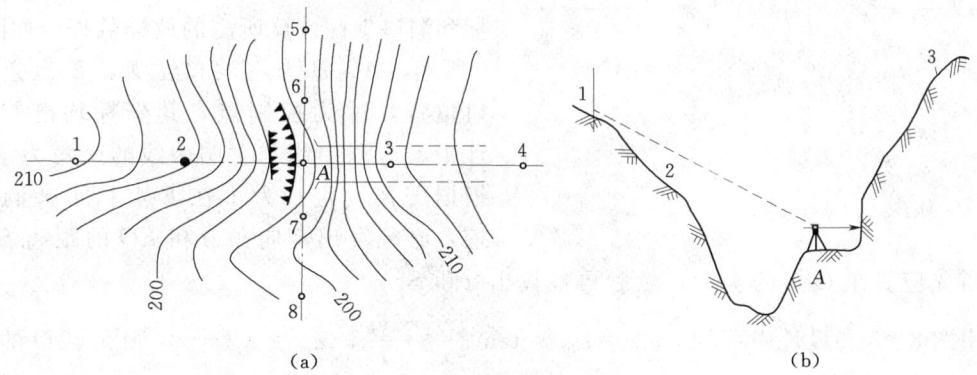

图 8-4　隧洞洞口及开拓方向的标定

任务三　竖井和旁洞的测量

在长距离、大洞径隧道施工中，为了加快进度，常采用多种措施增加施工工作面，其中竖井和旁洞就是常用的两种形式。

一、竖井、旁洞的洞外定线

竖井是在隧洞地面中心线上某处,如图 8-5(a)中的 A 处,向下开挖至该处隧洞洞底,以增加对向开挖工作面。它的测量工作包括:在实地确定竖井开挖位置,测定高程以求得竖井开挖深度,在开挖至洞底时再将地面方向及高程通过竖井传递至洞内(后面详细介绍),作为掘进依据。

旁洞是在隧洞一侧开挖打洞,与隧洞中心线相交后,沿隧洞中心线对向开挖以增加工作面。根据洞口的高低可分平洞和斜洞,前者沿隧洞设计高程开挖,后者洞口高于隧洞设计高程。图 8-5(b)为平洞的平面示意图,E 为洞口,EF 为开挖方向,EO 为平洞开挖深度,γ 为平洞与隧洞中心线的交角(由平洞传递的主洞开挖方向)。当平洞洞口位置选定,并确定开挖方向后,就可在地面上主洞口 A 或 B 及平洞口 E 用两架经纬仪定出交点 O'(图上未标出),精确丈量 EO' 的水平距离 $EO'=S$(平洞长度),再在 O' 点安置经纬仪精确测出 $\angle AO'E=\gamma$,并在 $O'E$ 的延长线上埋设方向桩 e_1、e_2,指示平洞开挖方向。当平洞开挖至 O 点附近时(一般要比 EO 长一些),精确定出 O 点,用经纬仪精密测设 γ 角,引进主洞开挖方向。

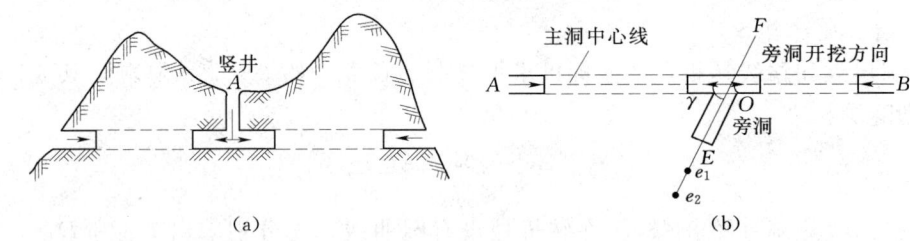

图 8-5 竖井旁洞布置图

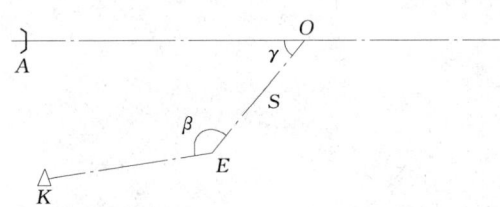

图 8-6 旁洞中线与主洞中线

若敷设有控制网时,可根据控制点的坐标和洞口坐标计算所需的放样数据。如图 8-6 所示,A、B 为主洞口位置,E 为旁洞洞口位置,K 为控制点,其坐标均已知。设计中,旁洞中线与主洞中线的交角为 γ,可根据需要设定。为了在 E 点指示旁洞的开挖,必须算出定向角 β 和 EO 的距离 S。为此,首先应算出 O 点的坐标,然后再推算出 β 和 S。

由图 8-5 和设计中可知,$\alpha_{OA}=\alpha_{BA}=\tan^{-1}\dfrac{y_A-y_B}{x_A-x_B}$,$\alpha_{OE}=\alpha_{OA}-\gamma$,则交点 O 的坐标 x_O、y_O 可由下式解算求得:

$$\left.\begin{array}{l}\tan\alpha_{OA}=\dfrac{y_A-y_O}{x_A-x_O}\\[2mm]\tan\alpha_{OE}=\dfrac{y_E-y_O}{x_E-x_O}\end{array}\right\} \tag{8-10}$$

由此得定向角

$$\beta = \alpha_{EO} + 360° - \alpha_{EK} \tag{8-11}$$

其中

$$\alpha_{EK} = \tan^{-1}\frac{y_K - y_E}{x_K - x_E}$$

距离为

$$S = \frac{y_E - y_O}{\sin\alpha_{OE}} = \frac{x_E - x_O}{\cos\alpha_{OE}} \tag{8-12}$$

现场测设时（图 8-6），在 E 点安置经纬仪，后视 K 点，精确测设 β 角，得旁洞的开挖方向，当开挖至 O 点后，即可标定沿主洞中线的开挖方向。

斜洞由于洞口高程高于隧洞设计高程，开挖的是倾斜长度，故应根据所得的水平距离 S 及洞口与隧洞设计高程求得的高差 h，计算斜距及开挖坡度 $i = h/s$ 进行开挖。

二、通过竖井传递开挖方向和高程

采用开挖竖井来增加工作面时，需要将洞外的隧洞中线通过竖井传递到洞内，以控制开挖方向。其方法较多，现仅介绍方向线法。

如图 8-7 所示，A、B 为隧洞中线上的方向桩，为了将方向传递到洞内，可在 B 点上安置经纬仪，瞄准 A 点，仔细移动井筒内悬挂吊有重锤的两条细钢丝（如用绞车控制移动），使其严格位于经纬仪的视线上。钢丝的直径与吊锤的重量随井深而不同，当井深 20m 时，钢丝直径为 0.5mm，吊锤重 15kg；井深 40m 时，钢丝直径 0.8mm，吊锤重 25kg。并将吊锤浸入盛有稳定液（废机油或水等）的桶中，为了提高传递方向的精度，两条钢丝之间的距离应尽可能大些，但不能碰着井壁，为此，待悬锤稳定后可从井上沿钢丝下放信号圈（小铅丝圈），看其是否顺利落下，并在井上、井下丈量两悬锤线间的距离，其差不大于 2mm 则满足要求，然后在井下将经纬仪安置在距钢丝 4~5m 处，并用逐渐趋近的方法，使仪器中心严格位于两悬锤线的方向上，此时根据视线方向即可在洞内标定出中线桩（如点 1、点 2、点 3 等），控制开挖方向。

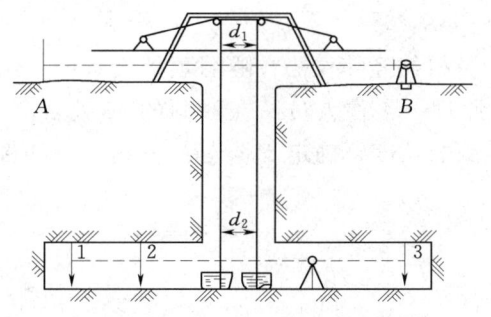

图 8-7 由竖井传递开挖方向

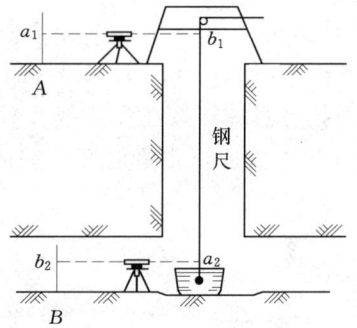

图 8-8 由竖井传递高程

由竖井传递高程，如图 8-8 所示，是根据地面上已知水准点 A 的高程 H_A 测定井底水准点 B 的高程 H_B。方法是：在地面上和井下各安置一架水准仪，并在竖井中悬挂一根经过检定的钢尺（分划零点在井下），钢尺的下端悬挂重锤（重量与检定钢尺时的拉力同），浸入盛油桶中，以减小摆动，A、B 点上竖立水准尺，观测时，两架水准仪同时读取钢尺上及水准尺上的读数，分别为 a_1、b_1 和 a_2、b_2，由此按下式即可求得 B 点的高程为

$$H_B = H_A + a_1 - (b_1 - a_2) - b_2 \tag{8-13}$$

为了校核，应改变仪器高 2～3 次进行观测，各次所求高程的差值若不超过±5mm，则取其平均值作为 B 点的高程。

任务四　隧洞内的控制测量及施工放样

隧洞掘进中的施工放样任务是把图上设计的隧洞随着隧洞不断向前掘进逐步标设于实地，也就是要标定出隧洞的中线方向和坡度及开挖断面。

隧洞水平投影的几何中心线称为隧洞中线。标定隧洞中线就可以控制隧洞在水平面内的掘进方向。而隧洞的坡度是用腰线来表示的，所谓腰线就是在隧洞洞壁用高出洞底设计坡度线一定距离，且平行于设计坡度线的一组高程点连线。

隧洞断面放样的任务是：开拓时在待开拓的工作面上标定出断面范围，以便布置炮眼，进行爆破；开挖后进行断面检查，以便修正，使其轮廓符合设计尺寸；当需要衬砌浇筑混凝土时，还要进行立模位置的放样。

一、隧洞中线的测设

随着隧洞的掘进，需要继续把中心线向前延伸，应每隔一定距离（如 20m）在隧洞底部或者在隧洞顶板设置中心桩。顶板中线点的设置：将木桩打入预先在顶板测设并钻好的孔内，顶板中线点就用小铁钉设在木桩上，钉上挂有垂球线。隧洞地面的中线桩应用直径为 2cm 长约 20cm 的钢筋头，桩顶应埋设在底板 10cm 以下，上加护盖，四周挖排水小沟，防止积水。以下介绍测设隧洞中线的几种方法。

（一）经纬仪法

实质上是以极坐标法原理测设隧洞中线点的方法。随着隧洞的不断开拓延伸，利用经纬仪拨角在隧洞内测设中线点位，不断地指示隧洞开拓的方向和位置，如图 8-9 所示。

（二）目测法

如图 8-10 所示，A、B、C 是测量人员根据经纬仪法在隧洞顶板设置的一组中线点，垂球线分别挂有垂球，按三点成线互检的原理，工作人员站在隧洞的 M 处目测三垂线可确定灯位的 P 点方向，丈量已开拓完成隧洞的长度，确定 P 点处的开拓位置和进尺长度。

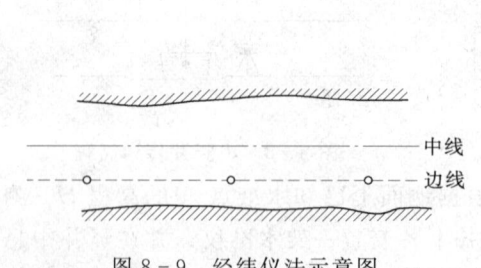

图 8-9　经纬仪法示意图

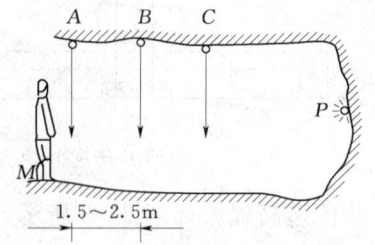

图 8-10　目测法延线示意图

（三）曲线隧洞的定向定位

一般采用弦线法。图 8-11（a）中 AB 弧是一段圆曲线，半径为 R，转角为 α。现以

AP_1 为例说明曲线的测设方法。

(1) 计算决定弦 AP_1 的方向 β_A。

1) 按隧洞的净宽 D 求取 AP_1 的弦长 l,即

$$l = 2\sqrt{R^2 - (R-S)^2} \qquad (8-14)$$

其中 S 是弓弦高。图 8-11 (b) 中,为使弦线 l 不受隧洞内侧的影响,必须使 $S < D/2$。

2) 求 $\alpha'/2$,即

$$\frac{\alpha'}{2} = \sin^{-1}\left(\frac{l}{2R}\right) \qquad (8-15)$$

3) 求 β_A,即

$$\beta_A = 180° + \frac{\alpha'}{2} \qquad (8-16)$$

(2) 测设。在 A 点安置经纬仪瞄准 A',拨角 β_A 给出隧洞开拓的方向线 AP_1,同时随时丈量开拓的隧洞长度,直至开拓长度为 l 时,在隧洞设立中线点 P_1。

(3) 按 P_1 点位的测设方法,依次测设 P_1P_2、P_2P_3,逐步解决隧洞开拓的定向定位,指示隧洞的开拓过程。

曲线隧洞开拓定向方法有多种弦线法(图 8-12),P_1、P_2 是曲线的中线点,l_1 是弦长。利用 l_1 及 d 交会 P 点,则以 P_1P_2 可确定 P_2P_3 的方向。其中,d 的计算式为

$$d = l_1 \times \sin\frac{\alpha'}{2} \qquad (8-17)$$

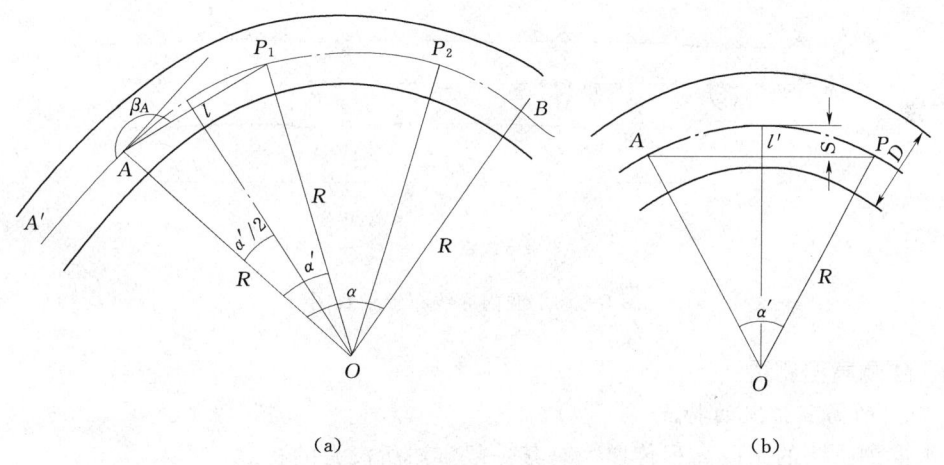

图 8-11 弦线法示意图之一

有关上述弦线法的几何原理,读者可自行证明。

二、隧洞坡度的测设

在隧洞开拓中,洞内中线点的高程测设,一方面测设中线点的高程位置,一方面按 5~10m 的间隔在隧洞壁上测设用于表示坡度的高程点。这些高程点设在离隧洞地面 1.3m

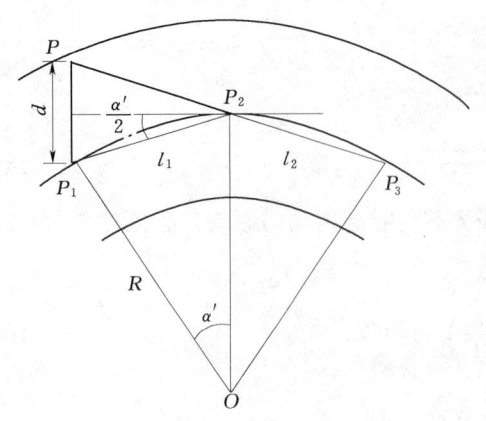

图 8-12 弦线法示意图之二

左右隧洞壁上，这些高程点连线是表示隧洞坡度的腰线。

三、洞内导线控制测量

隧洞在不断开拓，中线在继续延伸。毫无疑问，没有控制的中线延伸，必然使角度和边长带有较大的误差积累。为了限制误差积累，防止定向定位偏差，避免开拓偏离设计中线的方向，必须进行洞内导线控制测量。

洞内导线控制测量一般按图 8-13 的形式进行：

（1）隧洞开拓超过 30m，应设立二级导线点，进行二级导线测量。图中的小圆点是中线点，又是二级导线点。

（2）以二级导线测量的成果检查原有中线点，指示隧洞开拓的正确方向，新设中线点，同时进行隧洞开拓面的碎部测量，绘制草图。

（3）隧洞内的二级导线推进超过 300m，应设立一级导线点，进行一级导线测量，检查二级导线点，为隧洞开拓建立高级平面控制。图中的双圆点是一级导线点。一、二级导线点与一般中线点可以共点。若点位是一级导线点，必须加固且便于保存。

上述测量过程是定向与控制交替结合的过程，控制为定向提供可靠的基础，定向开拓为控制的建立提供场地条件。

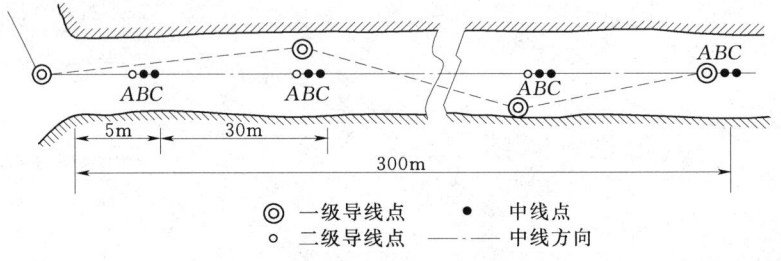

◎ 一级导线点　● 中线点
○ 二级导线点　--- 中线方向

图 8-13 洞内导线布置示意图

四、隧洞高程测量

1. 洞内的高程传递的特点

以水准测量法的洞内高程传递，有其一般方法所没有的特点：

（1）由于隧洞中线点位有顶板中线点和地面中线点之分，立尺的形式则有正立和倒立的不同。如图 8-14 所示第一测站的后视尺倒立在后中线点，前视尺正立在前中线点。

（2）立尺的形式不同，便有四种高差的计算公式，即图 8-14 中的四测站的高差计算公式

$$h_1 = -a_1 - b_1 = -(a_1 + b_1)$$
$$h_2 = a_2 - b_2$$

$$h_3 = a_3 - (-b_3) = a_3 + b_3$$
$$h_4 = -a_4 - (-b_4) = -(a_4 - b_4) \tag{8-18}$$

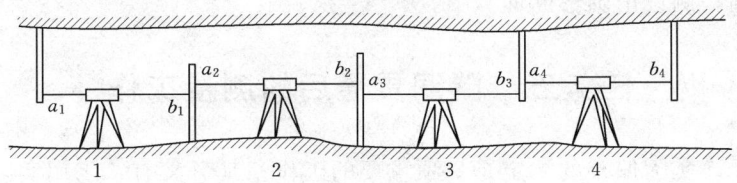

图 8-14 洞内高程传递示意图

上述公式表明，正立标尺，标尺读数取正数；倒立标尺，标尺读数取负数。

2. 洞内高程控制测量方法

如同隧洞内导线测量，洞内高程控制测量是中线点高程测设的基础，按腰线坡度开拓的隧洞为高程控制的建立提供了条件。洞内高程控制测量可按一、二级水准测量的要求进行。在隧道开拓 30～80m 时，应设立稳固的二级水准点，进行二级水准测量，严格检测中线点的高程，精确测定水准点的高程。在隧道开拓超过 300m 时应设立稳固的一级水准点，进行一级水准测量，严格检测中线点及二级水准点的高程，精确测定一级水准点的高程，为后续的二级水准测量及隧道开拓提供起算高程。

五、隧洞开挖断面的放样

断面的放样工作随断面的型式不同而异。通常采用的断面型式有圆形、拱形和马蹄形等。

图 8-15 为一圆拱直墙式的隧洞断面，其放样工作包括侧墙和拱顶两部分，从断面设计中可以得知断面宽度 S、拱高 h_0，拱弧半径 R 和起拱线的高度 L 等数据。放样时，首先定中垂线和放出侧墙线。其方法是：将经纬仪安置在洞内中线桩上，后视另一中线桩，倒转望远镜，即可在待开挖的工作面上标出中垂线 AB，由此向两边量取 $S/2$，即得到侧墙线。然后根据洞内水准点和拱弧圆心的高程，将圆心 O 测设在中垂线上，则拱形部分可根据拱弧圆心和半

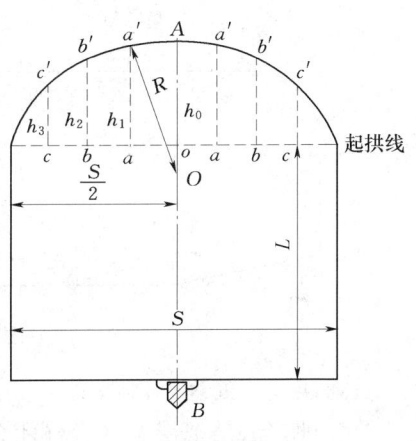

图 8-15 圆拱直墙式断面

径用几何作图方法在工作面上画出来，也可根据计算或图解数据放出圆周上的 a'、b'、c'、…若放样精度要求较高时可采用计算的方法，其中放样数据 oa、ob、…（起拱线上各点与 o 的距离），根据断面宽度和放样点的密度决定，通常 a、b、c、…取相等的间隔（如 1m）；由起拱线向上量取高度 h_i，即得拱顶 a'、b'、c'、…，h_i 可按下式计算：

$$\left. \begin{array}{l} h_1 = aa' = \sqrt{R^2 - oa^2} - (R - h_0) \\ h_2 = bb' = \sqrt{R^2 - ob^2} - (R - h_0) \\ h_3 = cc' = \sqrt{R^2 - oc^2} - (R - h_0) \end{array} \right\} \tag{8-19}$$

这样，根据这些数据即可进行拱形部分的开挖放样和断面检查，也可在隧洞衬砌时依

此进行模板的放样。

对于圆形断面其放样方法与上述方法类似，即先放出断面的中垂线和圆心，再以圆心和设计半径画圆，测设出圆形断面。

任务五 隧洞贯通后的测量工作

隧洞贯通后，实际偏差的测定是一项重要的工作。其意义有：①用实际数据检查测量工作的成果，对隧洞贯通的精度作出最后的评定；②作为隧洞中腰线最后调整的依据。

一、隧洞贯通水平偏差的测定

1. 用导线法贯通的隧洞

用导线法作贯通的隧洞，其贯通误差的测定办法是首先在贯通面附近打一临时桩，然后由贯通面两侧进测的方向各自测得该点的坐标，所得坐标差值投影至贯通面及其垂直方向的长度，即为隧洞的横向和纵向贯通误差。也就是将坐标轴旋转，使 x 轴垂直于贯通面，则由进测两个方向同时测得该临时点的坐标之差值 Δx、Δy，即为纵向和横向贯通误差。如图 8-16 所示，横向贯通误差不得超过规定限值。

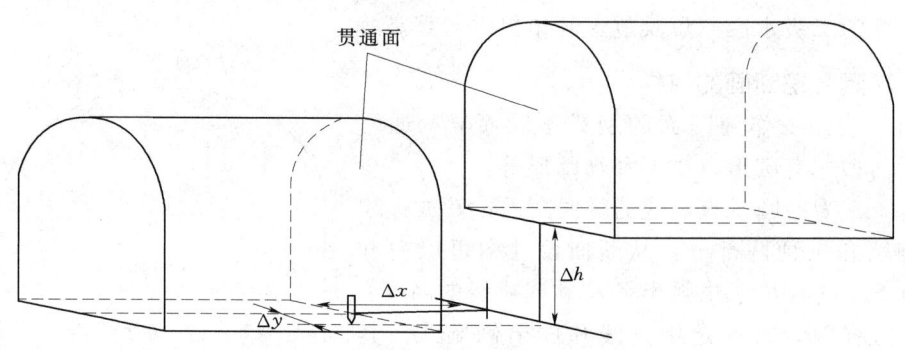

图 8-16 贯通误差示意图

贯通误差的处理办法如下。

第一种方法是把误差（坐标闭合差和方位角闭合差）分配在未衬砌地段，即以贯通面两端衬砌地段的各一导线边作为固定边，然后按附合导线的平差方法分配闭合差，并根据平差后的坐标进行中线放样。

第二种方法是将洞内导线看成一个闭合导线环，然后按简易平差分配闭合差，按平差后的坐标进行洞内中线放样。

如按第一种方法处理，则可减少隧洞衬砌为测量误差所给的预留量，对长隧洞尤为合适。如按第二种方法处理，调线工作量比较大，如调整量较大时，易侵入已衬砌地段的隧洞净空，但由于整个隧洞整体调线，它对运营后的线路养护有一定的好处。如隧洞比较短，且在不影响隧洞设计净空的原则下，此法比较适宜。

第三种方法是将闭合差由洞外统一分配，故可大大地减少洞内调整量，但由于洞内导线精度较洞外测量精度相差较大，使用此法是不大合理的，而对于洞内、外均用光电测距导线控制的隧洞还是有一定的实用价值。

注意：为避免因调整贯通误差而侵入已衬砌地段的净空，要求贯通误差应在未衬砌地段进行调整，该段的开挖及衬砌，均应以调整后的中线进行放样。

2. 用中线法贯通测量

用中线法施测的隧洞，当相向掘进贯通后，由于洞内外测量误差的存在，中线在贯通面上不可避免的要出现闭合差。闭合差的测定，是由测量的相向两方向，各自延伸至预定贯通点里程，各钉一临时点，量出两临时点纵向和横向差，即为实际的纵向和横向贯通差。如图 8-17 所示，$C_1'C_2'$ 为横向贯通误差，$C_1''C_2''$ 为纵向贯通误差。

在隧洞中线贯通后，为确定如何调整中线，应将相向两个方向测设的中线，各自向前延伸一相当距离。如贯通面附近有曲线始终点时，则应由曲线始终点向直线端延测一段直线。

二、隧洞贯通后在竖直面内偏差的测定

隧洞贯通后在竖直面内偏差的测定方法如下：

（1）用水准仪测出或直接量出贯通接合面上两端腰线点的高差，其大小就是贯通在竖直面内的实际偏差。

（2）用水准测量或三角高程测量法联测两端隧洞中的高程点，其高程闭合差也就是贯通点在竖直面内的偏差。它实际上反映了贯通高程测量的精度。

三、贯通误差的调整

一般情况，隧道从两端施工，边开挖，边衬砌。贯通前预留 100m 作为调线地段，贯通后丈量实际贯通误差，并作出调整计划。应在未衬砌的 100m 地段内调整，该段的开挖及衬砌均应以调整后的中线及高程进行放样。

实际上对于隧道贯通误差来说，纵向贯通误差 Δx 只影响隧道的长度，其对工程质量影响很小，一般不予调整。

（一）水平面内贯通误差的调整

1. 折线调整法

直线隧洞如两段洞身已作永久性衬砌，则中线闭合差可在未衬砌地段用折线调整如图 8-18 所示。很明显，横向贯通差 C_1C_2 为定值时，则调线地段 AB 越长，转角 γ 就越小。因调线而产生的转折角 γ 在 5′以内时，可作直线考虑；γ 角在 5′～25′之间时，可按顶点内移量考虑衬砌位置和线路内移量，见表 8-1；当 γ 角大于 25′时，则应加半径为 4000m 的圆曲线。

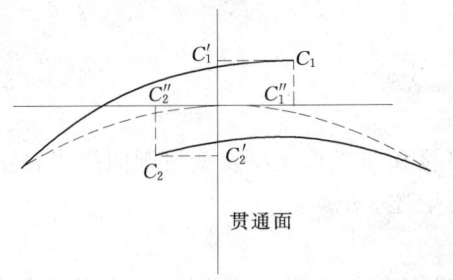

图 8-17 用中线法测量贯通误差示意图

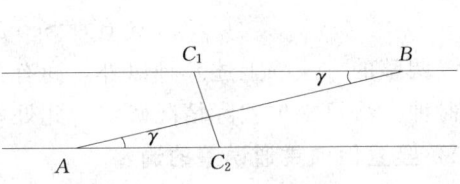

图 8-18 折线调整法示意图

表 8-1　　　　　　　　　　　　顶 点 内 移 量

转折角/(′)	5	10	15	20	25
内移量/mm	1	4	10	17	26

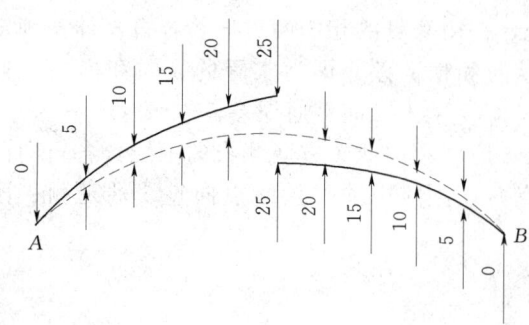

图 8-19　调整偏角法示意图

2. 按比例调整法

该法又称调整偏角法。当调整地段全部位于圆曲线上时，应根据实际贯通误差，由调线地段两端开始，向中间按长度比例调整中线。假如调线地段 AB 长 200m，横向贯通误差 50mm，则每 20m 的调整量如图 8-19 所示。

3. 调整圆曲线长度和曲线始终点法

贯通面在曲线始点或终点附近，曲线端的延伸线与直线段不平行又不重合时，可先以"调整圆曲线长度法"使两切线平行，然后再用"调整曲线始终点法"使其两切线重合。

(1) 调整圆曲线长度法使切线平行。如图 8-20 (a) 所示，DE 与 $D'E'$ 不平行，如要使其平行，圆曲线需要缩短 CC_1

$$CC_1 = \frac{EE' - DD'}{ED} \cdot R$$

圆心角相应的减小值 $\Delta\alpha$ 为

$$\Delta\alpha = \frac{180°}{\pi} \cdot \frac{CC_1}{R} \tag{8-20}$$

调整后 D 移至 B，则

$$DB \approx CC_1$$

而调整后两平行切线之间的距离 S 为

$$S \approx DD' - \frac{l_0 - CC_1}{2} \cdot \frac{EE' - DD'}{ED} \tag{8-21}$$

(2) 用调整曲线始终点法使切线重合。经上一步调整，两切线已经平行，如图 8-20 (b) 所示，$E'B' \parallel GB$，但不重合，故可用调整曲线始终点法使 $E'B'$ 和 GB 重合。这时曲线头尾分别由 A、B 移到了 A_1、B_1，则

$$\left.\begin{array}{l} AA_1 = FF_1 = BB_1 = \dfrac{s}{\sin\alpha} \\ B_1B' = S\cot\alpha \end{array}\right\} \tag{8-22}$$

中线调整的方法除上述几种以外，尚有变更缓和曲线长度法及变更圆曲线半径法，具体采用何种方法可根据实际情况确定，此处不再论述。

（二）竖直面内贯通误差的调整

实测隧洞两端的腰线点高差，可按实测高差和距离算出坡度。根据实际情况既可以实际算出的坡度调整腰线，也可延长调整坡度的距离，直到调整的坡度与设计坡度相差不大为止。

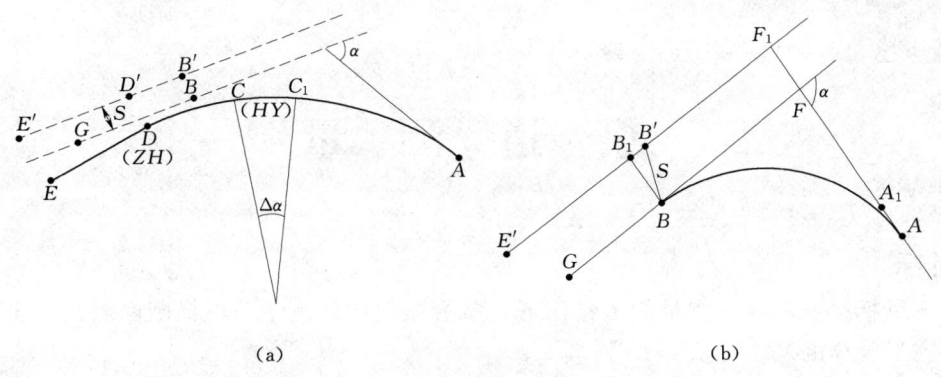

图 8-20 调整曲线始终点法示意图

思 考 题

1. 洞外控制测量包括那些？
2. 隧道平面控制测量设计有哪些步骤？
3. 试述隧道高程控制测量设计的方法。
4. 如何确定隧道的掘进方向？
5. 中线放样的方法有哪些？
6. 怎样测设隧道腰线？
7. 怎样测定隧道贯通误差，如何进行误差调整？

第九单元

渠 道 测 量

学习目标

知识目标：了解渠道测量的工作任务，掌握渠道中线测量、纵横断面测量、土方计算及渠道施工放样的基本方法。

技能目标：渠道通常指水渠、沟渠，是水流的通道。渠道测量是指为新建、改建输泄水渠道、人工航道而进行的测量工作。渠道测量的主要内容包括踏勘选线、中线测量、纵横断面测量、土方计算和施工断面放样等。

单元概述

本单元主要介绍渠道的选线测量、中线测量和纵横断面测量的方法。

任务一 选 线 测 量

渠道选线的任务就是根据水利工程规划所定的渠线方向、引水高程和设计坡度在地面上选定渠道的合理路线，标定渠道中心线的位置。

一、踏勘选线

渠线的选择直接关系到工程效益和修建费用的大小，一般应符合下列要求：

(1) 尽量使中线短而直，力求避开障碍物。

(2) 应尽量少占用耕地，避开大开挖和填筑的地段，所需修建的渠系过水建筑物（如渡槽、倒虹吸管等）要少，以减少工程量。

(3) 合理利用地势以便能够实现自流灌溉和排水。

(4) 小型渠道的布置应与土地规划相结合，做到田、渠、林、路协调布置。

(5) 沿线应有较好的地质条件，无严重渗漏和塌方现象。

(6) 山丘区应尽量避免填方，以保证渠道边坡的稳定性。

具体选线时除考虑其选线要求外，应依渠道大小的不同采用不同的方法进行。对于兴建的渠线较长、规模较大的渠道，一般应经过实地查勘、室内选线、外业选线等步骤；对于渠线较短、规模不大的渠道，可以根据已有资料和选线要求直接在实地查勘选线。

(一) 实地查勘

首先应收集渠道规划设计区域内各种比例尺、地形图、原有渠道工程的平面图和断面图等，然后在中比例尺图上初选几条比较渠线，最后依次对所经地带进行实地查勘，了解和搜集有关资料（如土壤、地质、水文、施工条件等），并对渠线某些控制性的点（如渠道起点、转折点、沿线沟谷、跨河点和终点等）进行简单测量，了解其相对位置和高程，以便分析比较，选取渠线。

（二）室内选线

在室内进行图上选线，如图 9-1（a）所示即在适合的地形图上选定渠道中心线的平面位置，并在图上标出渠道转折点到附近明显地物点的距离和方向（由图上量取）。如该地区没有适用的地形图，则应先沿查勘时确定的渠道线路测绘沿线宽 100～200m 的大比例尺带状地形图。

平原地区渠道的选线比较简单，一般要求尽量选成直线，只有在必须绕过居民区、厂区或其他重要地区时才需转弯如图 9-1（b）所示。

山区丘陵区的渠道一般盘山而走，依山势随弯就弯，但要控制渠线的高程位置，以保证符合引水高程和设计坡度的要求。因此，环山渠道应先在图上根据等高线和渠道纵坡初选渠线，并结合选线的其他要求对此线路作出必要修改，定出图上的渠线位置。

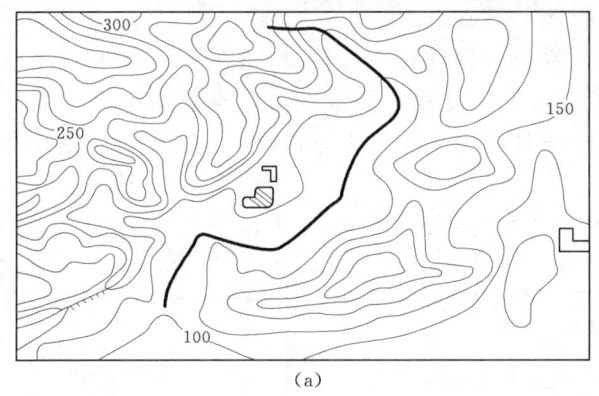
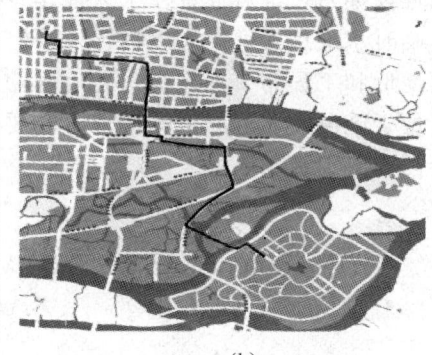

图 9-1 图上选线

（三）外业选线

外业选线是将室内选线的结果转移到实地上，标出渠道的起点、转折点和终点。外业选线经常需要根据现场的实际情况对图上所定渠线的设计方案作进一步研究和局部修改，使之完善。实地选线时，一般应借助仪器选定各转折点的位置。

对于平原地区的渠线，应尽可能选成直线，如遇转弯时则在转折处打下木桩。在丘陵山区选线时，为了较快地进行选线，可用经纬仪按视距法测出有关渠段或转折点间的距离和高差如图 9-2 所示。由于视距法的精度不高，对于较长的渠线，为避免高程误差累积过大，应每隔 1～3km 与已知水准点校核一次。如果选线精度要求高，则用水准仪根据已知水准点的高程探测渠线位置。山区丘陵区渠道高程位置的具体确定须在中线测量时测出各点至渠首（起点）的距离，依据设计坡度算得各点应有的高程之后才能进行。

渠道选线测量结束后应确定渠道的起点、转折点和终点，并用大木桩或水泥桩在地面上标定这些点的位置，绘制点位略图，注明桩点与附近固定地物的相互位置和距离，以便日后寻找。

二、水准点的布设与施测

为了满足渠线的探高测量和纵断面测量的需要，在渠道选线时应根据需求设置永久或

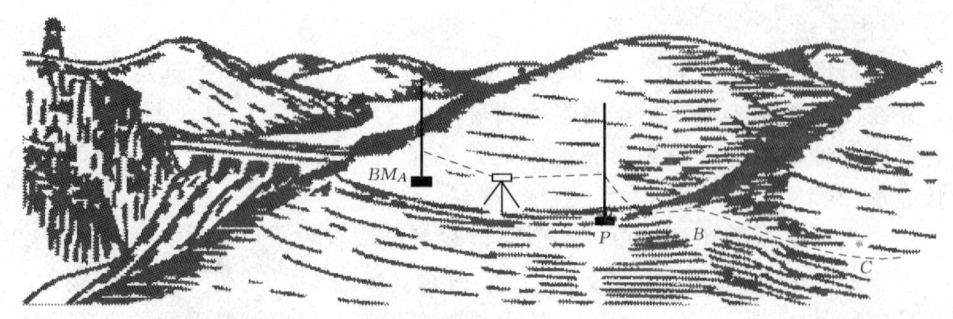

图 9-2 山区选线示意图

临时性的水准点。渠道起终点或需长期观测的工程附近应设置永久性水准点，永久性水准点需埋设标石，也可设置在永久性建筑材物的基础上。

临时水准点可埋设大木桩，桩顶钉入铁钉，以作标志如图 9-3 所示。水准点密度应根据地形和工程需要而定。一般每隔 1~3km 应设置一个水准点，点位应选在稳定、醒目、便于施测又靠近渠道的地方，既要便于日后用来测定渠道高程，又要能够长期保存而不会因为施工遭到破坏。

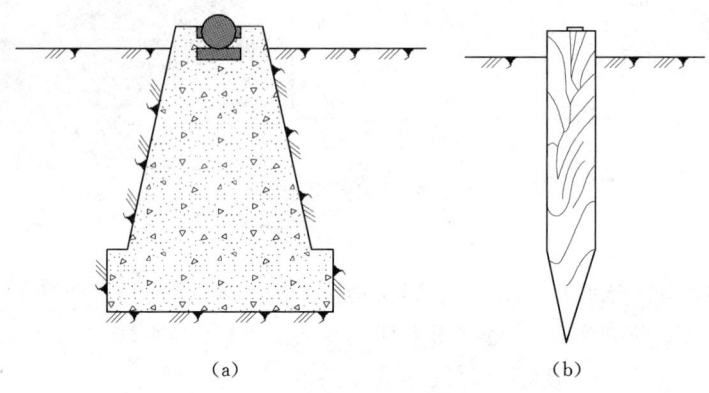

图 9-3 临时水准点示意图

应将起始水准点与附近的国家水准点进行联测，以获得绝对高程；同时在渠线水准测量中也应尽量与附近国家水准点联测，形成附合水准路线或闭合水准路线，以获得更多的检核条件。当路线长度在 15km 以内时，也可组成往返观测的支水准路线。当渠线附近没有国家水准点或引测有困难时，也可参照以绝对高程测绘的地形图上的明显地物点的高程，作为起始水准点的假定高程。

水准点高程测量应使用不低于 S_3 级的水准仪，一般用四等水准测量的方法施测（大型渠道有的采用三等水准测量）。通常采用一台水准仪进行往返观测，也可使用两台水准仪单程观测（具体观测方法可参阅水准测量）。

水准测量的精度应满足四等精度的要求，往返观测或两组单程观测所得高差的不符值应满足 $f_h \leqslant \pm 20\sqrt{L}$ mm。

任务二　渠道中线测量

一、任务概述

根据选线所定的起点、转折点和终点，通过量距、测角把渠道中心线的平面位置在地面上用一系列木桩标定出来。

二、实施步骤

1. 测设中线交点桩

（1）若中线的起点、转折点交点 JD 桩、终点在踏勘选线时已选定了位置并埋桩，则可以直接测定它们的坐标。

（2）大型线路起点、转折点、终点只在地形图选择确定点位桩的位置，再到实地定位。可使用极坐标法、直角坐标法、角度交会法、距离交会法等方法测设，并绘制带状地形图以及点之记图，为以后绘制线路平面图控制点点位、恢复线路施工用。

2. 转折角的测设

在线路的交点处由一个方向在到另一个方向时，转变后的方向与原方向延长线的夹角称为转折角，又称为偏角，以 α 表示。按规范要求，转折角 α 大于 $6°$ 需测设曲线和曲线长度。

在转折点（交点）JD 处用经纬仪按测角的要求测设转折角 α，计算左偏 $\alpha_左$ 或右偏角 $\alpha_右$。

从线路前进方向在交点处由一个方向转到另一个方向时，转变后的方向在原方向延长线的左侧时为左偏角，记为 $\alpha_左$，当转变后的方向在原方向延长线的右侧时为右偏角，记为 $\alpha_右$，如图 9-4 所示。

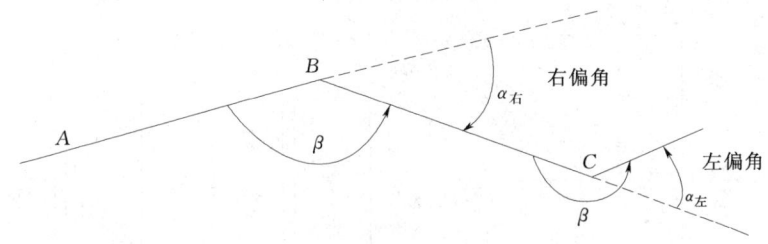

图 9-4　转折角示意图

测转折角方法如下。

偏角 α 一般根据线路前进方向右侧的水平 β 来计算：

当 $\beta < 180°$ 时为右转角

$$\alpha_右 = 180° - \beta \tag{9-1}$$

当 $\beta > 180°$ 时为左转角

$$\alpha_左 = \beta - 180° \tag{9-2}$$

并要求：DJ_6 仪器观测 2 个测回，半测回差 $\leq \pm 36''$，测回差 $\leq \pm 24''$。

3. 测设里程桩和加桩

对整条线路在实地标定中心线位置并钉桩，称为中线桩，如图 9-5 所示，中线桩分为里程桩和加桩。

（1）里程桩。由线路起点开始，在中线上每隔一定距离 L 钉一木桩，用于标定线路中线位置及线路长度。

里程桩的桩号都是以起点到该桩的水平距离进行编号，如某桩距离路线起点的距离为 1276m，则该桩号记为 1+276。

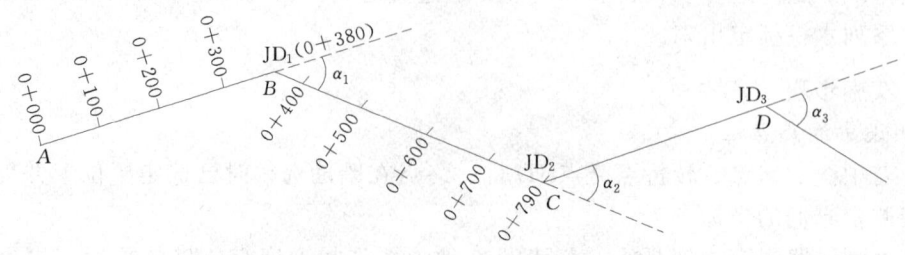

图 9-5　中线桩示意图

（2）加桩。在相邻两里程桩之间遇有重要地物（桥梁、公路等）或地形坡度突变时，所需增添的木桩，该桩至起点的距离不是规定距离 L 的整数倍，如 352.1m，则桩号记为 0+352.1。

中线桩采用 5cm 直径或边长的圆形或方形断面，长 30cm 左右，桩头一侧削平，桩号用红油漆书写，并朝向起点，打入地面露出 5~10cm，如图 9-6 所示。

在中线测量过程中，如遇局部改线，计算错误或分段测量等原因至使出现线路的里程不连续、桩号与路线长度不一致的情况。如图 9-7 所示，3+870.42=3+800，表示现丈量里程桩号大于原地面里程桩号，称为长链；3+870.42=3+900，表示现丈量里程桩号小于原地面里程桩号，称为短链。

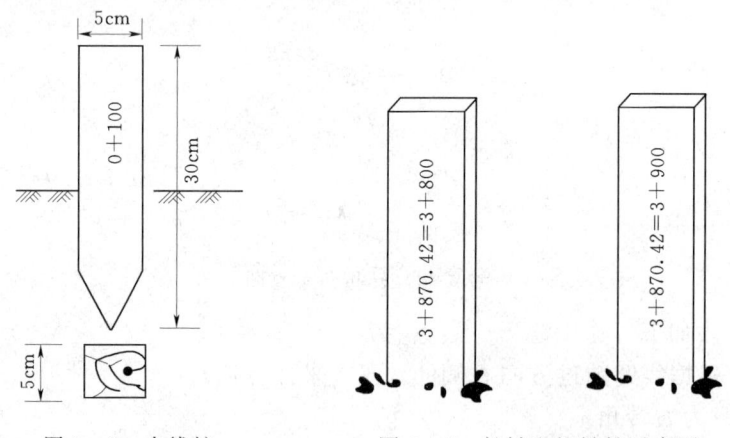

图 9-6　中线桩　　　图 9-7　长链和短链桩示意图

出现断链后，要在测量成果和有关设计文件中注明断链情况，并在现场设置断链桩，断链桩要设置在 10m 整数距离上，同一桩上应以等式形式注明线路新来向里程（等号左端）和旧去向里程（等号右端）。

山丘地区的中线测量地形比较复杂，除采用上述方法确定外，还应概略确定中线的高程位置（图 9-8），如从起点开始，用皮尺大致沿山坡等高位置向前量距离。

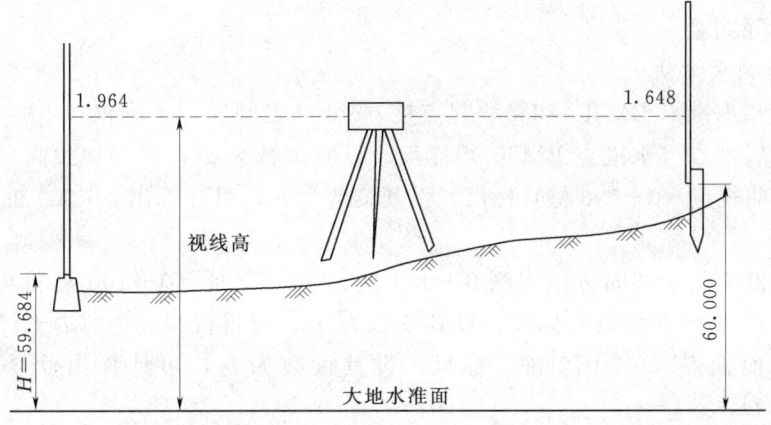

图9-8 山区中线桩测设

按设计要求规定的里程桩间隔打一木桩,在打木桩时用水准仪测量其高程,看中线是偏高还是偏低。

具体方法如下。

假设0+000的设计高程为60.0m,附近水准点高程为59.684m。选定大概起始点0+000位置打桩与水准点之间架设水准仪,后视水准点读数1.964,则视线高为59.684+1.964=61.648。计算前视尺读数61.648-60.0=1.648时尺底为设计高程。水准尺靠在桩边上、下移动使读数为1.648时在尺底画线,即为0+000桩的设计高程60.0m线位。

之后的各里程桩和加桩多按距离、坡率用坡度放样的方法进行选线。

线路中线测量结束后应画平面草图,作为设计时参考。草图绘制方法:用一条直线表示线路中线,在中线上用小黑点表示里程桩的位置,点旁写桩号;转弯处用箭头指出转角方向,注明转角度数;标注有关建筑物名称、地质、水位等情况,如图9-9所示。

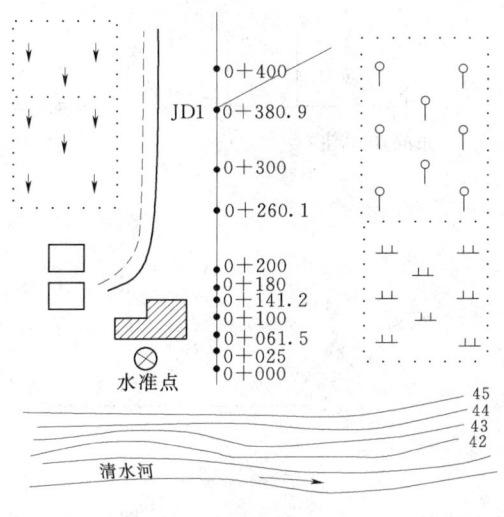

图9-9 中线测量平面草图

任务三 纵横断面测量

一、任务概述

纵横断面测量的目的在于了解渠道沿线一定宽度范围内的地形起伏情况,并为渠道的坡度设计、计算工程量提供依据。

纵断面测量的任务:测出渠道中线上各里程桩及加桩的高程。

横断面测量的任务:测出渠道中线上各里程桩核加桩处两侧地形起伏。

二、纵断面测量

1. 纵断面测量方法

（1）在已知水准点 $BMⅡ_1$ 和路线起点桩 0+000 之间安置水准仪。

（2）照准后视点（水准点 $BMⅡ_1$）标尺，设其读数为 a_1，可得视线高 $(a_1+H_{BMⅡ1})$。

（3）照准前视点（0+000 桩）标尺，设其读数为 b_1，可计算出 0+000 桩高程 $H_{0+000}=(a_1+H_{BMⅡ1})-b_1$。

（4）将仪器安置于同时方便观测 0+000 桩、0+070 桩、0+100 桩和 0+200 桩的地方，照准后视点（0+000 桩）标尺，设其读数为 a_2，可得视线高为 (a_2+H_{0+000})。

（5）照准前视点（0+070 桩）标尺，设其读数为 b_2，可计算出 0+070 桩高程为 $H_{0+070}=(a_2+H_{0+000})-b_2$。

（6）分别照准间视点 0+100 桩、0+200 桩标尺，方法同步骤（5），计算出其高程。

（7）依照上述步骤，逐站施测其余各桩。

纵断面测量示意图见图 9-10～图 9-12。

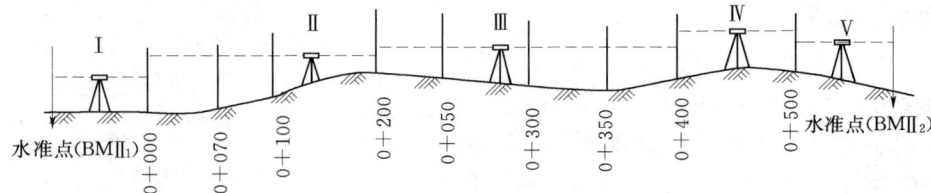

图 9-10 纵断面测量示意图一

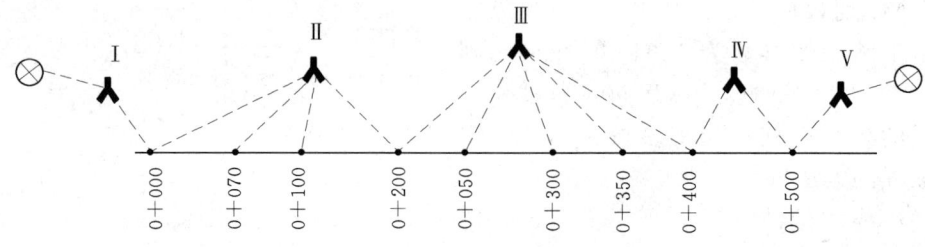

图 9-11 纵断面测量示意图二

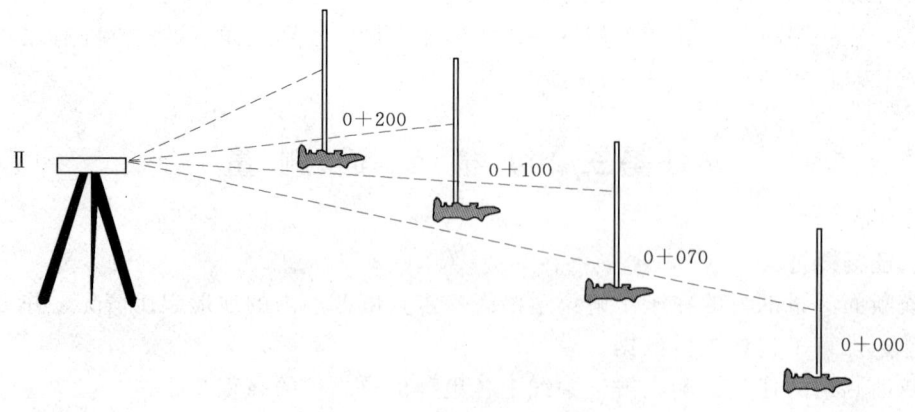

图 9-12 纵断面测量示意图三

2. 记录与计算

渠道中线测量记录表见表 9-1。

表 9-1　　　　　　　　　　　　　渠道中线测量记录表

测站	测点桩号	后视读数/m	视线高/m	前视读数/m 转点	前视读数/m 间视	高程/m
Ⅰ	BMⅡ$_1$	1.123	73.246			72.123
Ⅱ	0+000	2.113	74.158	1.201		72.045
	0+070				0.98	73.18
	0+100				1.25	72.91
Ⅲ	0+200	2.653	74.826	1.985		72.173
	0+250				2.70	72.13
	0+300				2.72	72.11
	0+350				0.85	73.98
Ⅳ	0+400	1.424	74.562	1.688		73.138
Ⅴ	0+500	1.103	74.224	1.441		73.121
	BMⅡ$_2$			1.087		73.137
求和		.				

已知点的高差之差 $73.137-72.123=1.014$，高差闭合差 $f_h=1.014-1.017=-0.003(\text{m})=3\text{mm}$。

$f_{h允}=\pm 40\sqrt{L}=\pm 40\sqrt{500}=\pm 28(\text{mm})$，则 $f_h \leqslant f_{h允}$，观测精度满足要求。

渠道纵断面测量，往往需要跨越深谷，如图 9-13 所示。为了避免因仪器通过谷底的多次安置而产生的误差，可在测站 1 先读取沟对岸的转点 2+200 的前视读数，然后以支水准路线形式测定谷底中桩高程；结束后，将仪器搬至测站 4 读取转点 2+200 的后视读数。为了削减由于测站 1 前视距离长而产生的测量误差，可将测站 4 的后视距离适当加长。另外，沟底中桩水准测量因为是支水准路线，故应另行记录。当跨越的深谷较宽时，亦可采用跨河水准测量方法。

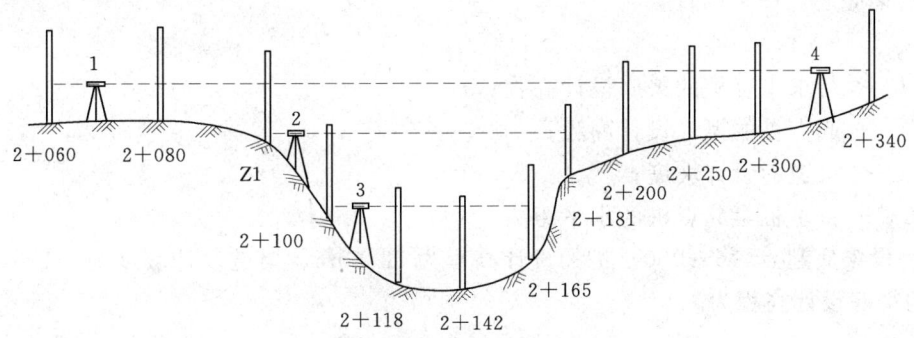

图 9-13　跨深沟纵断面测量

3. 绘制纵断面图

(1) 纵断面图包括的内容直线与曲线段中线桩的里程、地面高程、设计高程、坡度、土壤地质说明等，如图 9-14 所示。

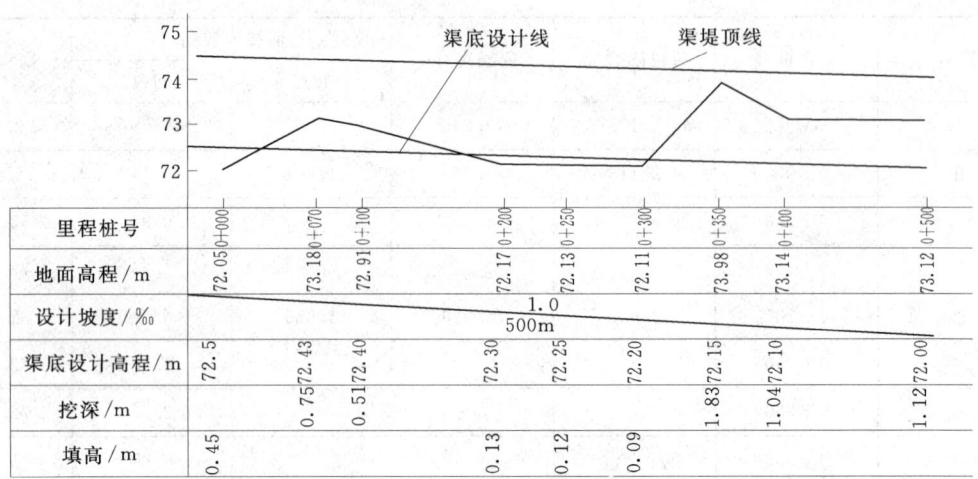

图 9-14 纵断面图

(2) 纵断面图的绘制步骤为：①按照选定的里程比例尺和高程比例尺绘表格，填写里程、地面高程、直线与曲线、土壤地质说明等数据；②绘制出地面线；③计算设计高程、计算各桩的填挖数；④在图上注记有关资料，如水准点、桥涵、竖曲线等。

为了使地面起伏变化更明显，纵轴比例尺一般选用横轴比例尺的 10 倍。

(3) 纵断面图的绘制方法：

1) 在横轴上按水平距离比例尺定出里程桩和加桩的位置，并在栏内相应位置标注桩号。

2) 将各桩的实测高程填入高程栏，并按高程比例尺在纵轴上相应的位置标定点位，并把这些点连成线，即为纵断面图。

3) 根据设计坡度计算渠底起点和终点的设计高程，并在纵轴上标定其点位，并用直线连接起来，即为渠底设计线；同法可以连出渠堤顶线。

(4) 渠底起点高程的计算：

$$H = H_0 + iD \tag{9-3}$$

式中 H——待求里程桩的渠底设计高程；

H_0——起点桩的渠底设计高程；

i——渠道的设计坡度；

D——待求桩至起点桩的水平距离。

如：设渠底起点（0+000）桩的设计高程为 72.50m，渠道设计坡度为 $-1‰$，则 0+070 桩的渠底设计高程为

$$H = 72.50 - 0.001 \times 70 = 72.43 \text{(m)}$$

(5) 填挖高度计算：

填挖高度等于地面高程与设计高程之差,若为正数,表示挖深;若为负数,表示填高。

三、横断面测量

横断面上中线的地面高程已在纵断面测量时测出,只要测量出各地形特征点相对于中线桩的平距和高差,就可以确定其点位和高程。测量时以中心桩位零起算,面向渠道下游分左、右侧。其测量方法对于较大型的渠道可以采用经纬仪法或水准仪法,对于较小的渠道可用标杆皮尺法。

(一)外业测量方法

1. 标杆皮尺法

如图 9-15 所示,$ABCEDF$ 为 $0+200$ 里程桩处的横断面方向上的坡度变化点,施测时,将标杆立于 A 点,皮尺靠中桩地面拉平,量出至 A 点的平距,皮尺截取标杆的高度,即为两点高差,同法可以测出 A 至 B、B 至 C 等测点的距离和高差,分别记录于表格中,量完左边,再量右边,直至所需的宽度为止。此法简单,但精度较低。

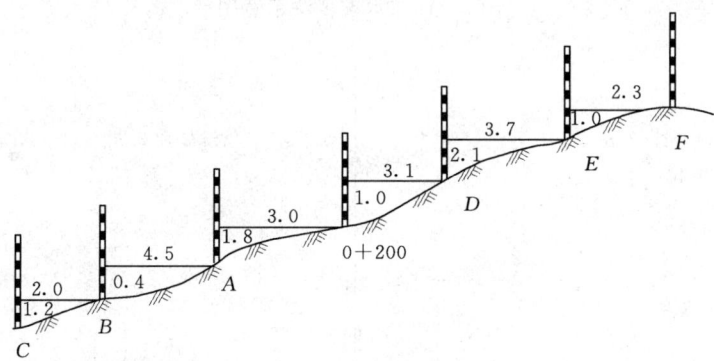

图 9-15 标杆皮尺法示意图

横断面测量记录形式见表 9-2。表中按路线前进方向分左侧和右侧,桩号从下往上记录,表中左侧和右侧记录平距和高差,以分数表示分子表示高差,分母表示平距,高差为正号表示上坡,负号表示下坡。

表 9-2　　　　　　　　　横 断 面 测 量 记 录

$\dfrac{\text{高差}}{\text{距离}}$左侧				中心桩 高程	右侧$\dfrac{\text{高差}}{\text{距离}}$			
⋮				⋮	⋮			
同坡	$\dfrac{-1.2}{2.0}$	$\dfrac{-0.4}{4.5}$	$\dfrac{-1.8}{3.0}$	$\dfrac{0+200}{44.39}$	$\dfrac{1.0}{3.1}$	$\dfrac{2.1}{3.7}$	$\dfrac{1.0}{2.3}$	同坡
同坡	$\dfrac{-1.2}{4.8}$	$\dfrac{-1.2}{3.2}$	$\dfrac{-0.8}{2.6}$	$\dfrac{0+225}{44.8}$	$\dfrac{0.7}{5.0}$	$\dfrac{1.2}{5.4}$	$\dfrac{0.8}{3.0}$	同坡
⋮				⋮	⋮			

2. 水准仪法

此法适用于施测横断面较宽的平坦地区,如图 9-16、图 9-17 所示。安置水准仪后,以中线桩地面高程点为后视，以中线桩两侧横断面方向的地形特征点为前视，标尺读数读至厘米。用皮尺分别量出各特征点到中线桩的水平距离，量至分米。高差由后视读数与前视读数求差得到，计算方法见表9-3。

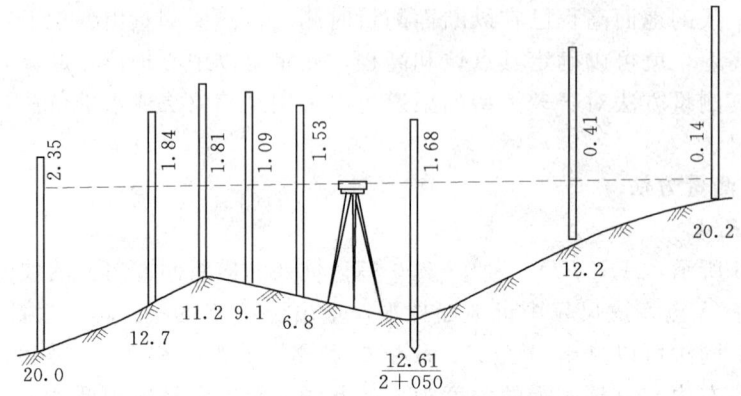

图9-16 水准仪法示意图

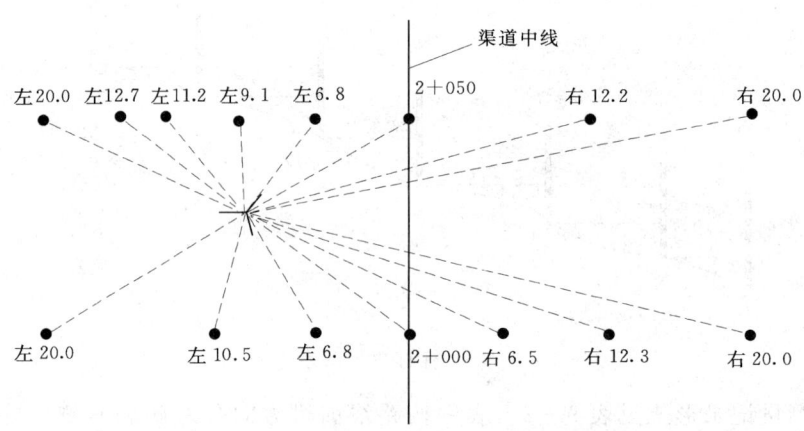

图9-17 水准仪法顶视图

表9-3　　　　　　　　　　　横断面测量水准仪法记录表

测站	桩号	后视	前视	间视	视线高	高程
⋮	⋮	⋮	⋮	⋮	⋮	⋮
9	2+000	1.42			73.465	72.045
	左6.8			1.32		72.14
	左10.5			1.03		72.43
	左20.0			1.50		71.96
	右6.5			1.30		72.16
	右12.3			1.25		72.22
	右20.0			1.54		71.93
	2+250	1.68			74.290	72.61

续表

测站	桩号	后视	前视	间视	视线高	高程
	左6.8			1.53		72.76
	左9.1			1.09		73.20
	左11.2			1.81		72.48
	左12.7			1.84		72.45
	左20.0			2.35		71.94
	右12.2			0.41		73.88
	右20.0			0.14		74.15
⋮	⋮	⋮	⋮	⋮	⋮	⋮

3. 经纬仪法

安置经纬仪于中线桩上，直接用经纬仪测定出横断面方向。量出至中线桩地面的仪器高，用视距法测出各特征点与中线桩间的平距和高差。此法适用于任何地形，包括地形复杂、山坡陡峻的线路横断面测量。若采用电子全站仪替代经纬仪则速度更快、效率更高。

（二）横断面图的绘制

以 0+000 桩为中点，左右两侧距离为横轴，高程为纵轴，比例尺均为 1:100。展绘出各特征点，连接相邻各特征点即为 0+000 桩横断面图的地面线，如图 9-18 所示。

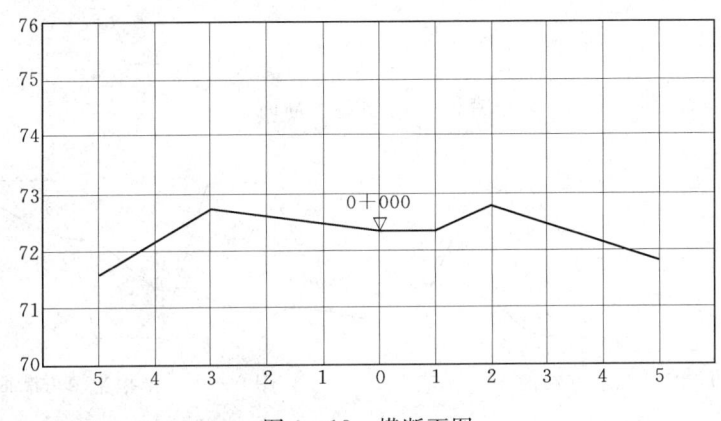

图 9-18 横断面图

横断面图与纵断面图绘制方法相似，但横断面图的纵、横轴一般采用同一比例尺。

绘制横断面图时，应使各中心桩在同一幅图内的纵列上，自上而下，由左至右布局。

任务四 渠道边坡放样

一、任务描述

为了施工方便，必须将设计断面与地形断面的交点，放样到地面上，如图 9-19 所示。

用同样的方法将其他断面的桩位放样出来，最后用白灰粉把相应桩位连成线，便得到渠道的开挖或填土线。

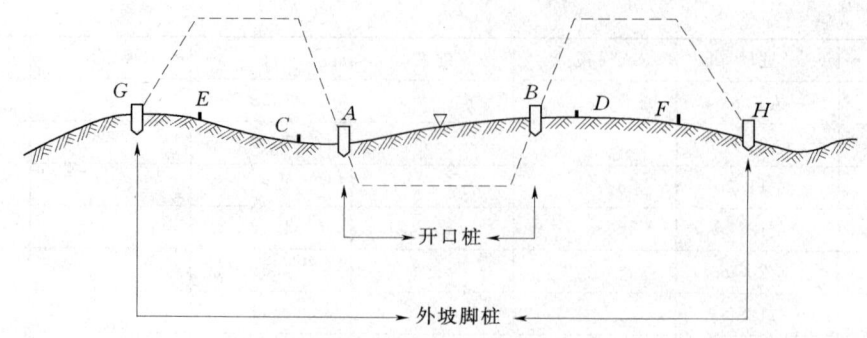

图 9-19 边坡放样示意图
C、D—堤内肩；E、F—堤外肩

为了指导开挖和填土，需要在实地标明开挖和填土线。

二、横断面形式

渠道的横断面形式有三种，一是纯挖方断面（当挖深达到 5m 时，应修加平台），如图 9-20 所示；二是纯填方断面，如图 9-21 所示；三是半挖半填方断面，如图 9-22 所示。

图 9-20 纯挖方断面

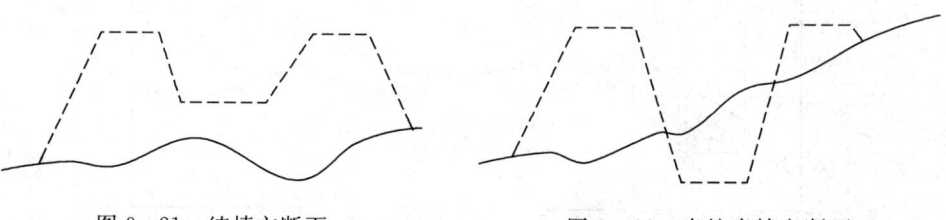

图 9-21 纯填方断面　　　　　　　图 9-22 半挖半填方断面

三、放样数据计算

放样数据计算见表 9-4 及图 9-23～图 9-25。

表 9-4　　　　　　　　　　放样数据计算表　　　　　　　　　　单位：m

桩号	地面高程	设计高程		中心桩		中心桩至边坡桩的距离			
		渠底	渠堤	挖深	填高	左外	左内	右内	右外
0+000	46.58	44.08	46.58	2.5		7.45	2.68	4.41	6.5
0+050	46.36	44.03	46.53	2.33		6.94	2.91	3.872	5.98
0+100	45.53	43.98	46.048	1.55		5.53	1.9	2.46	4.27
⋮	⋮	⋮	⋮	⋮	⋮	⋮	⋮	⋮	⋮

图 9-23 中：

$$D_{左}=D_{右}=\frac{b}{2}+m\times H \tag{9-4}$$

式中　b——填方断面顶宽或挖方断面底宽；
　　　m——边坡的坡度比例系数；
　　　H——中桩的填高或挖深，可从纵断面图（或填高、挖深表）上查得。

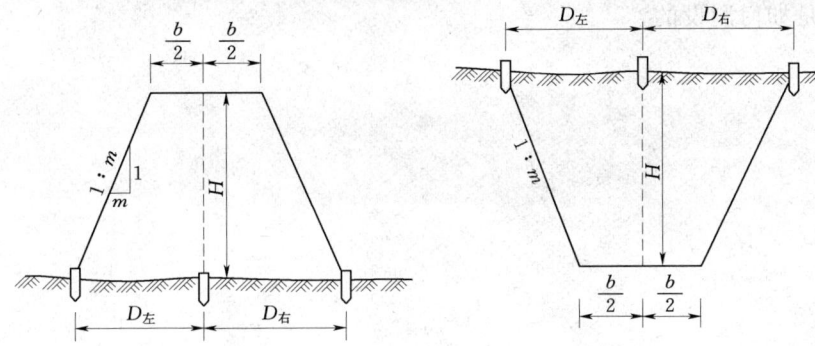

图 9-23　水平地面的放样数据计算

图 9-24 中：

$$D_1=\frac{b}{2}+m\times(H+h_1) \tag{9-5}$$

$$D_2=\frac{b}{2}+m\times(H-h_2) \tag{9-6}$$

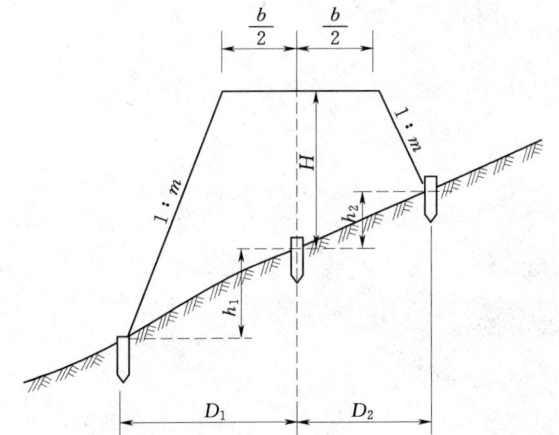

图 9-24　倾斜地面的填方断面放样

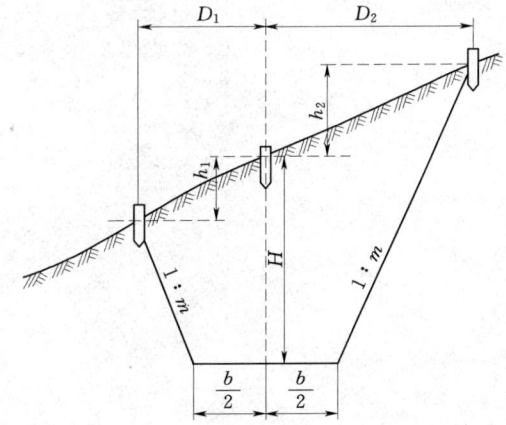

图 9-25　倾斜地面的挖方断面放样图

图 9-25 中：

$$D_1=\frac{b}{2}+m\times(H-h_1) \tag{9-7}$$

$$D_2=\frac{b}{2}+m\times(H+h_2) \tag{9-8}$$

思 考 题

1. 渠道工程测量的内容包括哪些？
2. 中线测量的方法是什么？
3. 简述纵断面测量的方法和步骤，纵断面测图的绘制方法是什么？
4. 边坡桩是如何测设的？

第十单元

水工建筑物施工测量

学习目标

知识目标：掌握大坝的控制测量、土坝清基开挖与坝体填筑的施工测量、混凝土坝的施工控制测量，了解混凝土坝清基开挖线的放样，了解混凝土重力坝坝体的立模放样。

单元概述

为了满足防洪要求，获得发电、灌溉、供水等方面的效益，需要在河流的适宜河段修建不同类型的建筑物，用来控制和支配水流。这些建筑物通常称为水工建筑物，而由不同类型建筑物组成的综合体称为水利枢纽。

水工建筑物种类繁多，按其作用可分为：挡水建筑物、泄水建筑物、通航建筑物、为发电而建的建筑物。本单元主要介绍土坝和混凝土重力坝的施工测量工作。

任务一 土石大坝施工测量

一、任务描述

修建大坝的测量工作具体包括布置平面和高程基本控制网、确定坝轴线和布设控制坝体细部的定线控制网、清基开挖放样及坝体细部放样工作等，具体到土石大坝，施工测量工作主要内容包括坝轴线测定、控制线测设、高程控制网建立、清基放样、坡脚线放样、边坡放样及坡面修整等七项。

二、坝轴线的测定

坝轴线是坝上、下游的分界线，是施工中控制测量的基准线。测定坝轴线一般有以下两种方法。

1. 现场选定

中、小型土坝的轴线，一般在现场直接选定，根据当地地质和地形情况，由工程设计人员，勘测人员在现场进行实地踏勘，经过方案比较决定后，立即用标桩标出坝轴线两端的位置，并将坝轴线延长到两面山坡上，埋设永久性标桩，以便日后检查。

2. 在地形图上确定坝轴线位置并标定到实地

如图 10-1 所示，M，N 两点是在地形图上选定的坝轴线两端点，A，B 为施工控制点。根据这四点的已知坐标可计算出交会角 α、β、γ、ψ。然后分别在控制点 A 和 B 上架设经纬仪，用角度交会法把 M、N 的位置放样到地面上，为防止施工时端点被破坏，同样应将轴线的端点延长到两面山坡上，如图 10-1 中的 M' 和 N'。

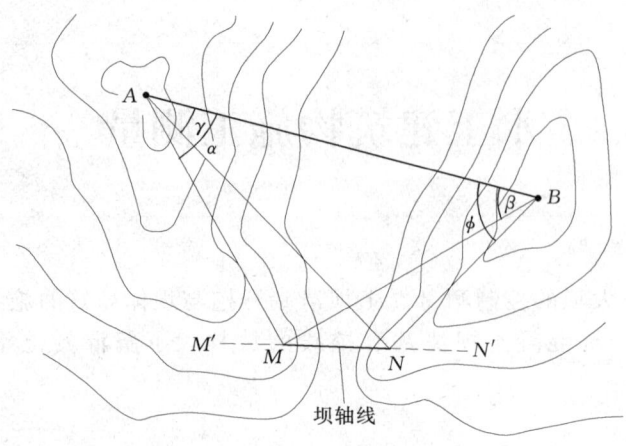

图 10-1 坝轴线测定

三、坝体控制测量

（一）高程控制网的设置

为控制坝体各部分的高程，应在坝区施工范围之外，设置一些永久性的水准点，各水准点应构成闭合环。这些点可应用混凝土桩或石桩来标示。水准点的高程按工程要求用三等或四等水准测量方法施测。为便于施工时高程放样，应考虑到安置1～2次仪器就能把高程传递到工作面上，因此还要测定一些具有一定密度的临时水准点，可按四等或五等水准测量施测，并附合到永久性水准点上，在施工期间要定期检查其高程有无变动。临时水准点可根据具体情况分布在工作面附近不同高程的山坡上和谷地上，选择在固定的岩石上或固定物体上，涂上红漆或打入大头铁钉作为标志。

（二）坝体控制网

坝体平面控制网是以坝轴线为基准，进而设置一些与坝轴线平行和垂直的直线，以便进行横断面测量和坝体放样。

1. 标定平行线

在土坝施工期间，由于坝上极为杂乱，要直接从坝轴线上量距不仅困难，而且精度不高，因而需在坝轴线的上、下游设置数条与坝轴平行的线，各平行线的间隔，可视情况，在10～20m之间选择。若地形较复杂，间隔可小些。如图10-2所示，M、N为坝轴线两端点，在其中一点如M点上安置经纬仪，照准N点，在易于量距的河床两侧定出A和B两点。然后，分别在A、B点上架设经纬仪，作MN的垂直线即后视M点和N点，使水平度盘旋转90°，标出垂直线AC、BD，并延长到C′和D′点，在CC′、DD′直线上，按平行线的间隔定出a、b、d、h、…和a′、b′、d′、h′、…，把相对的点连接起来，则aa′、bb′、dd′、hh′、…，就是标定的坝轴线平行线。为了防止施工中损坏，再把各平行线延长到山坡上便于观测的地方，埋设固定桩。

2. 标定垂直线

垂直线是进行横断面测量和坝体施工时放样的依据。垂直线的间隔与平行线间隔大致相同。测定时，应首先决定零号桩（0+000）的位置。坝轴线上坝顶与山坡相交点为零号桩点，见图10-3。测定零号桩的位置时，可在坝轴线的一端 M 点附近架设水准仪，后视某一已知高程为 H_A 的水准点，得水准尺后视读数 a，则视线高 $H_视 = H_A + a$，再计算零号桩的应有前视读数 $b = H_视 - H_设$，$H_设$ 为坝顶设计高程，然后在 M' 点上安置经纬仪，瞄准 N' 点，由经纬仪观测者指挥，使水准尺沿坝轴线移动，直至从水准仪内看到水准尺上读数恰好等于 b 时，此立尺点就是零号桩位置 M。测定出零号桩的位置后，在坝轴线上按预定的垂直线间隔，用钢尺丈量定出各垂直线的里程桩位置，然后，分别过各里程桩点，测定坝轴线的垂直线，并延伸到施工范围以外，设置标桩。

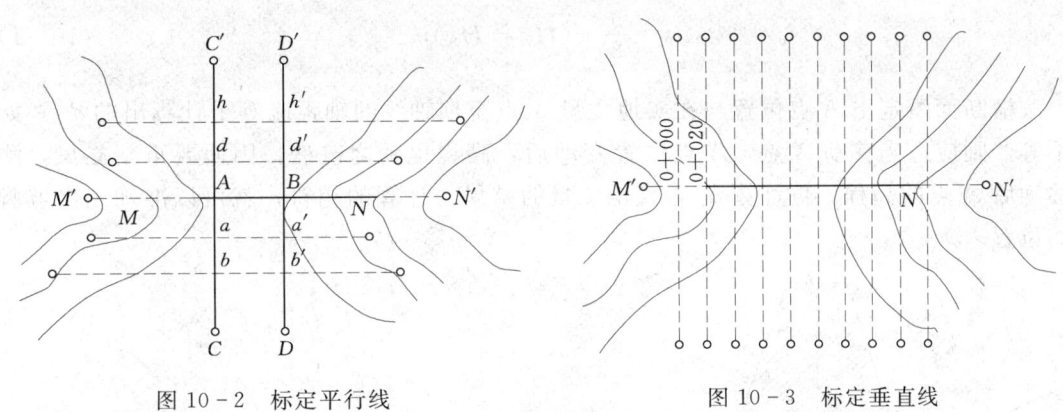

图 10-2　标定平行线　　　　　图 10-3　标定垂直线

如果地形复杂、坡度太大，用钢尺丈量里程桩的距离较困难，可在坝轴线上适当地方选择一点 E，测得垂线 EF，用钢尺丈量止 F 的长度，得 F 点，然后在 F 点用经纬仪测出 $\angle MFE$ 的水平角 β，得 $ME = EF \tan\beta$。若要放样出 0+020 里程桩，用公式 $\tan\beta_1 = \dfrac{ME - 20}{EF}$ 计算出角 β_1 角。分别在 N' 和 F 点上架设经纬仪，N' 点上经纬仪瞄准 M' 点，F 点上的经纬仪后视 E 点，并拨出 β_1 角，两架仪器视线的交点即为里程桩 0+020 的位置，用同样的方法可放出其他各里程桩的位置。将经纬仪分别安置在各里程桩上，瞄准 M' 或 N' 点，旋转 90°，即定出垂直线。

四、清基范围的测定

为使坝体稳固、防止漏水，在坝体填垒之前，必须清理基础。坝面和地面的交线所包围的区域如图10-4所示，就是清基范围（实际上要加一定的余量）。

标定清基范围线时，可直接从横断面设计图上，量出上、下游坝面线和地面线的交点，到坝轴线的水平距 d_1 和 d_2，然后在实地的相应横断面线（垂直线）上，从坝轴线向上、下游量取 d_1、d_2 长度，便可定出坝面与地面的交点。同法标定出各个横断面上的坝面与地面的交点，然后用白灰把各点依次连接起来，便是清基范围线，如图10-5所示中的虚线。

五、坡脚线的测定

基础清理后，原来地面的高程改变了，为了在地面上标出坝体填筑范围，就应将坝体与地面的交线即坡脚线标出,然后在该范围内填筑坝体。所以,在清基后,还应再进行一次横断面测量,以便测出坡脚线的位置。修筑小型土坝时,将土坝设计断面套绘到新测绘的坝基断面图上,可从横断面图上量得每个断面方向坡脚线离坝轴线的轴距,即可在地面测出坡脚点,连接各坡脚点就是坡脚线如图10-6所示。

若修筑较大的土坝时,必须把坡脚线测的准确些,因为坡脚线直接影响着坝体的尺寸,因此要进行计算,与实地测量校正。

如图10-7所示中,设坝顶宽度为b,下游坝面坡度为$1:m$,坡脚位置为A,坝顶设计高程为$H_设$,A点高程为H_A,坡脚A到坝轴的轴距为d_A,则

$$d_A = \frac{b}{2} + (H_设 - H_A)m \qquad (10-1)$$

按横断面图定出A点位置与在实地丈量A点至坝轴线的轴距应等于计算出的d_A。如果不等,则应适当移动A点,A点位置变动后,高程也随之改变,因而要重新立尺,测出移动后A点的高程。再计算d_A,直至丈量的结果与计算的相符,就可以准确定出坡脚点的位置。

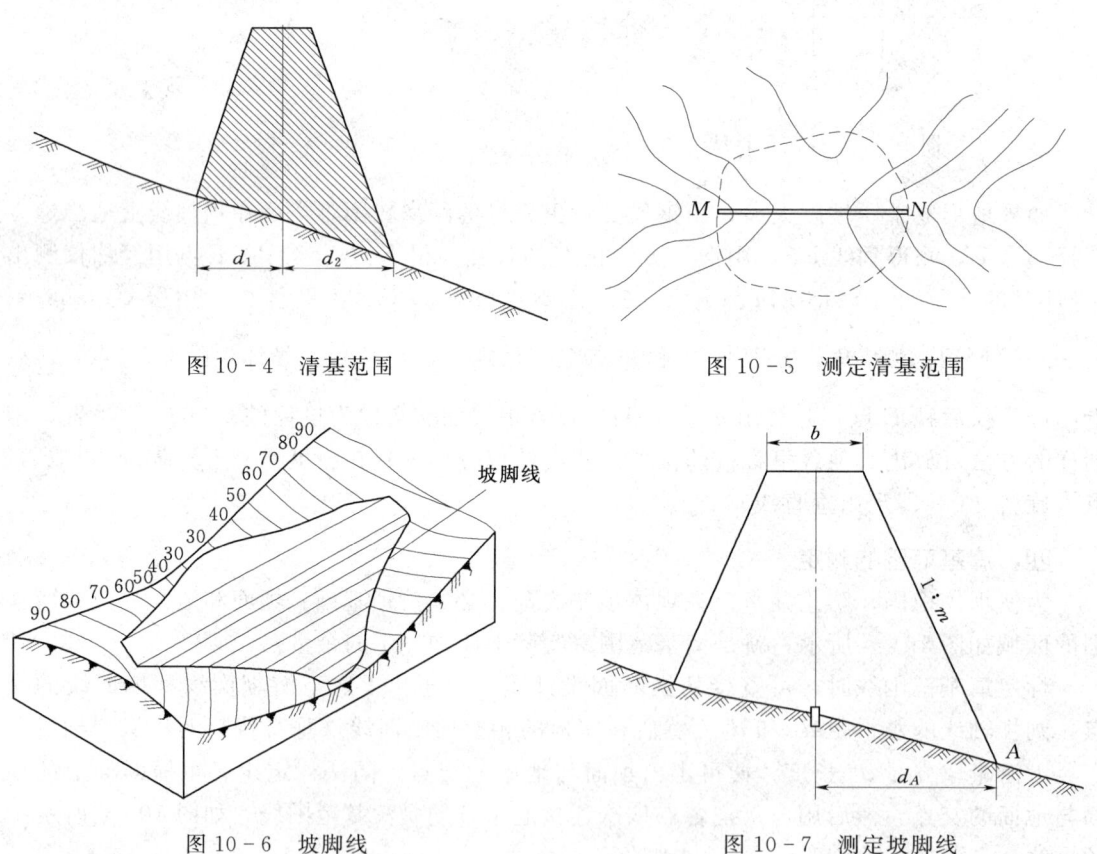

图10-4 清基范围

图10-5 测定清基范围

图10-6 坡脚线

图10-7 测定坡脚线

六、坝面侧坡的测定

坝的设计断面,是指坝垒筑好以后的尺寸及形状。为保证经过夯实、修面以后能符合

设计要求，在上土时必须加厚一些，这个加大的厚度叫余坡。因此填筑时，应测定上料桩，修理坡面时，应测出修面桩。

测定上料桩 A' 时，应计算出 A' 到坝轴的距离 $S+AA'$，图10-8中，实线为设计的坝坡面线，而上料时应达到虚线的位置。设坡面坡度为 $1:m$，按设计断面算出 A 点的轴距为 S，上料时余坡厚为 d，由图中可见，当筑坝达到设计的 A 点高程时，实际上料时的坡面应为 $A'E'$，所以测定上料桩时，应在设计轴距上加 AA' 长度。如何求 AA' 的长度呢？

在断面图上从 A 点作垂线 AB，过 B 点作水平线与设计坡面相交于 C 点，要求 $BC=m$，$AB=1$。由图中可知，$\triangle AA'D \backsim \triangle ABC$，故 $\dfrac{AA'}{A'D}=\dfrac{AC}{AB}$ 则：$AA'=\dfrac{AC}{AB} \cdot A'D$。由于 $\dfrac{AB}{BC}=\dfrac{1}{m}$（设计坡度），因此 $AB=\dfrac{1}{m} \cdot BC=1$；又因 $AC=\sqrt{AB^2+BC^2}=\sqrt{1+m^2}$，$A'D=d$，则

$$AA'=\dfrac{\sqrt{1+m^2}}{1} \times d = d\sqrt{1+m^2} \tag{10-2}$$

施工时因为坝轴线上原定的里程桩会被土掩埋，要从坝轴线向两边量距确定料桩的位置是困难的，为解决这个问题，可预先在远离坝轴线的地方埋设一排轴距杆，如图10-9所示。

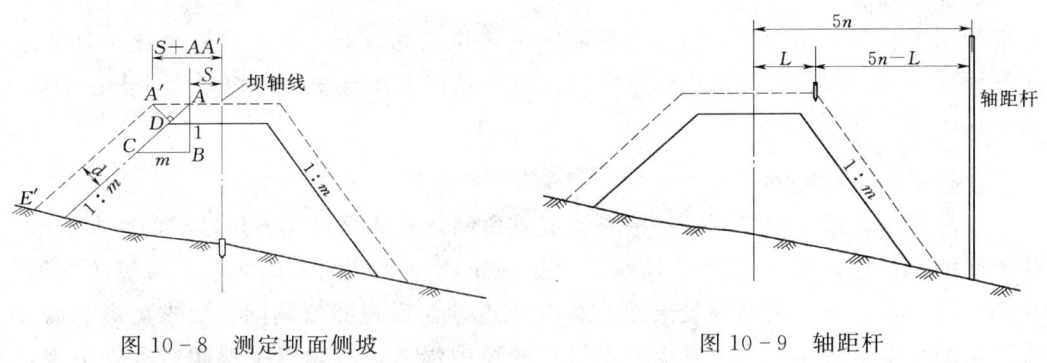

图10-8 测定坝面侧坡　　　　　图10-9 轴距杆

为了便于计数，可使轴距杆离坝轴线的距离为5m的倍数，即5nm（n 为轴距杆的数目）。如果要定出上料桩的位置，只要从轴距杆向坝轴线方向取 $5n-L$ 的距离即可（L 为上料桩至坝轴线的长度）。

为使坡面合乎设计标准，在坝面压实以后，应标定修面桩并进行修面，如图10-10所示，其步骤如下。

（1）钉修面桩。在坝坡面上钉若干排平行于坝轴线的修面桩，上下桩的连接应垂直于坝轴线。

（2）算出各修面桩的设计坡面高程。

（3）测量各坡面桩点的高程。

（4）计算修整量即坡面削去的厚度。修整量应等于实测高程减去设计高程，将其用红

漆写在修面桩的侧面。修面时，通常采用分段作业，全部修好后，应检查各坡面是否一致，以保证整个坡面纵、横方向都符合设计要求。

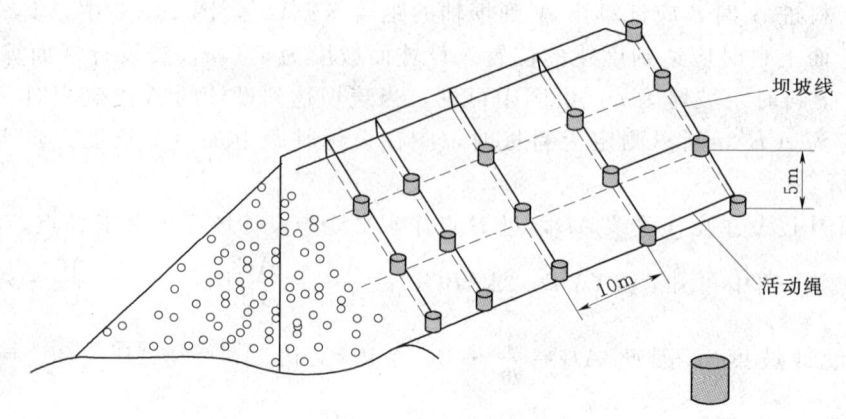

图 10-10　修面桩

任务二　混凝土坝的施工测量

一、任务描述

混凝土大坝按其结构和建筑材料相对土坝来说较为复杂，其放样精度比土坝要求高。施工平面控制网一般按两级布设，不多于三级，精度要求最末一级控制网的点位中误差不超过±10mm。

二、基本平面控制网

基本网作为首级平面控制，一般布设成三角网，并应尽可能将坝轴线的两端点纳入网中作为网的一条边，如图 10-11 所示。根据建筑物重要性的不同要求，一般按三等以上三角测量的要求施测，大型混凝土坝的基本网兼做变形观测监测网，要求更高，需按一、二等三角测量要求施测。为了减少安置仪器的对中误差，三角点一般建造混凝土观测墩，并在墩顶埋设强制对中设备，以便安置仪器和觇标，如图 10-12 所示。

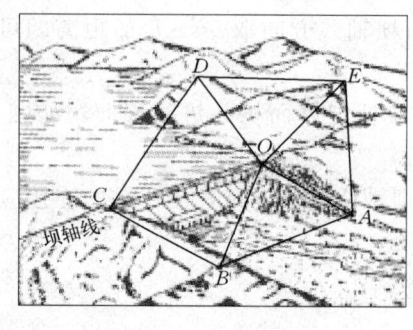

图 10-11　基本控制网

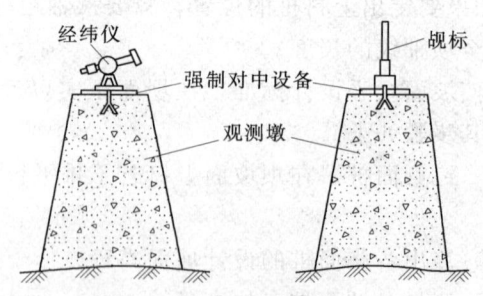

图 10-12　观测墩

三、坝体控制网

混凝土坝采取分层施工，每一层中还分跨分仓（或分段分块）进行浇筑。坝体细部常用方向线交会法和前方交会法放样，为此，坝体放样的控制网——定线网，有矩形网和三角网两种，前者以坝轴线为基准，按施工分段分块尺寸建立矩形网，后者则由基本网加密建立三角网作为定线网。

（一）矩形网

如图 10 - 13（a）所示为直线型混凝土重力坝分层分块示意图，如图 10 - 13（b）所示为以坝轴线 AB 为基准布设的矩形网，它是由若干条平行和垂直于坝轴线的控制线所组成，格网尺寸按施工分段分块的大小而定。

测设时，将经纬仪安置在 A 点，照准 B 点，在坝轴线上选甲、乙两点，通过这两点测设与坝轴线相垂直的方向线，由甲、乙两点开始，分别沿垂直方向按分块的宽度钉出 e、f 和 g、h、m 及 e'、f' 和 g'、h'、m' 等点。最后将 ee'、ff'、gg'、hh' 及 mm' 等连线延伸到开挖区外，在两侧山坡上设置Ⅰ、Ⅱ、…、Ⅴ和Ⅰ'、Ⅱ'、…、Ⅴ'等放样控制点。

然后在坝轴线方向上，按坝顶的高程，找出坝顶与地面相交的两点 Q 与 Q'，再沿坝轴线按分块的长度钉出坝基点 2、3、…、10，通过这些点各测设与坝轴线相垂直的方向线，并将方向线延长到上、下游围堰上或两侧山坡上，设置 1'、2'、…、11' 和 1''、2''、…、11'' 等放样控制点。

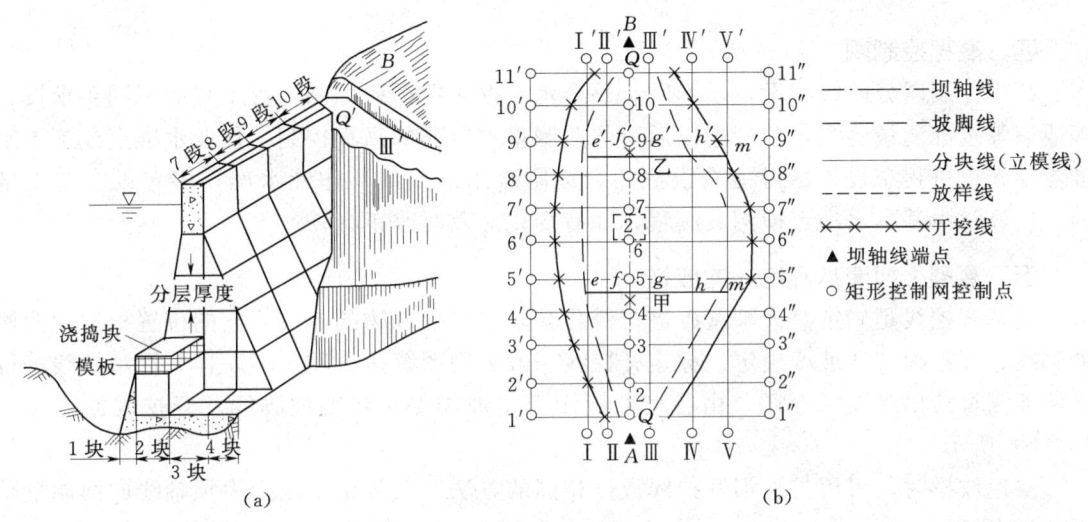

图 10 - 13　混凝土重力坝的坝体控制

在测设矩形网的过程中，测设直角时须用盘左盘右取平均，丈量距离应细心校核，以免发生差错。

（二）三角网

图 10 - 14 为由基本网的一边 AB（拱坝轴线两端点）加密建立的定线网 $ADCBFEA$，各控制点的坐标（测量坐标）可测算求得。但坝体细部尺寸是以施工坐标系 xOy 为依据的，因此应根据设计图纸求算得施工坐标系原点 O 的测量坐标和 Ox 的坐标方位角，再换

算为便于放样的统一坐标系统。

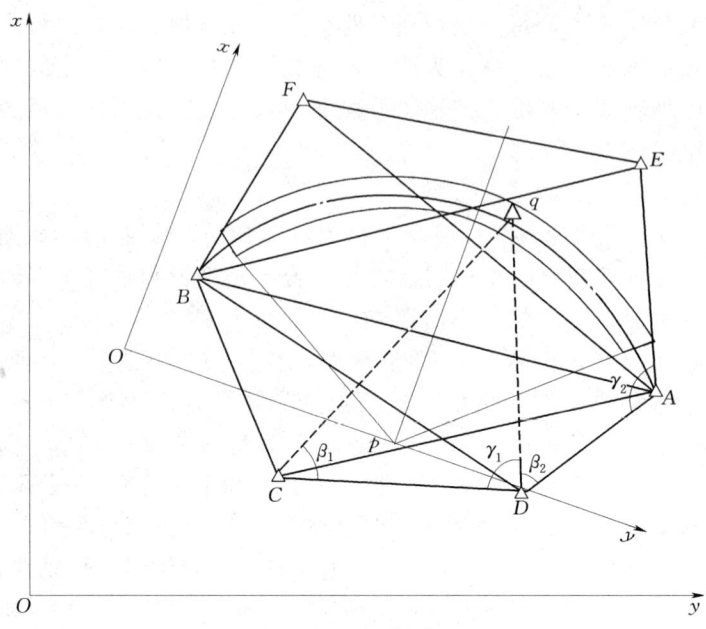

图 10-14 定线三角网示意图

四、高程控制网

高程控制网分两级布设，基本网是整个水利枢纽的高程控制，视工程的不同要求按二等或三等水准测量施测，并考虑以后可作监测垂直位移的高程控制。作业水准点或施工水准点随施工进程布设，尽可能布设成闭合或附合水准路线。作业水准点多布设在施工区内，应经常由基本水准点检测其高程，如有变化应及时改正。

五、混凝土坝清基开挖线的放样

清基开挖线是确定对大坝基础进行清除基岩表层松散物的范围，它的位置根据坝两侧坡脚线、开挖深度和坡度决定。标定开挖线一般采用图解法，和土坝一样先沿坝轴线进行横断面测量绘出纵横断面图，由各横断面图上定坡脚点，获得坡脚线及开挖线如图 10-13（b）所示。

实地放样时，可用与土坝开挖线放样相同的方法，在各横断面上由坝轴线向两侧量距得开挖点。

在清基开挖过程中，还应控制开挖深度，在每次爆破后及时在基坑内选择较低的岩面测定高程（精确到 cm 即可），并用红漆标明，以便施工人员和地质人员掌握开挖情况。

六、坡脚线的放样

基础清理完毕，可以开始坝体的立模浇筑，立模前首先找出上、下游坝坡面与岩基的接触点，即分跨线上下游坡脚点。放样的方法很多，在此主要介绍逐步趋近法。

如图 10-15 所示，欲放样上游坡脚点 a，可先从设计图上查得坡顶 B 的高程 H_B，坡顶距坝轴线的距离为 D，设计的上游坡度为 $1:m$，为了在基础面上标出 a 点，可先估计

基础面的高程为 H_a'，则坡脚点距坝轴线的距离可按下式计算：

$$S_1 = D + (H_B - H_a')m \quad (10-3)$$

求得距离 S_1 后，可由坝轴线沿该断面量一段距离 S_1 得 a_1 点，用水准仪实测 a_1 点的高程 H_{a1}，若 H_{a1} 与原估计的 H_a' 相等，则 a_1 点即为坡脚点 a。否则应根据实测的 a_1 点的高程，再求距离得

$$S_2 = D + (H_B - H_{a1})m \quad (10-4)$$

再从坝轴线起沿该断面量出 S_2 得 a_2 点，并实测 a_2 点的高程，按上述方法继续进行，逐次接近，直至由量得的坡脚点到坝轴线间的距离，与计算所得距离之差在 1cm 以内时为止（一般作三次趋近即可达到精度要求）。同法可放出其他各坡脚点，连接上游（或下游）各相邻坡脚点，即得上游（或下游）坡面的坡脚线，据此即可按 $1:m$ 的坡度竖立坡面模板。

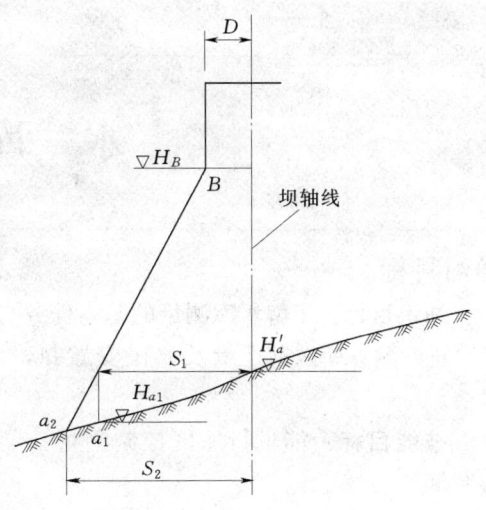

图 10-15 定线三角网示意图

思 考 题

1. 怎样确定土坝的坝轴线？
2. 如何用套绘断面法放样清基开挖线？
3. 如何用轴距杆法放样土坝坝体边坡？
4. 如何放样混凝土坝坝体矩形控制网？
5. 混凝土坝的立模放样方法有哪些？

第十一单元

水 库 测 量

学习目标

知识目标：了解水库测量的基本任务与特点，掌握库区控制测量和淹没线测量的方法和要求，正确测算库区拆迁量及移民安置量，掌握汇水面积、库容的计算方法和编写测绘技术总结。

技能目标：能进行库区控制测量，能根据设计要求进行淹没线测量，测设淹没界桩和编写测绘技术总结。

单元概述

水库一般指在河流上因建筑拦河坝（或闸）所形成的人工湖，有蓄水和调节水量的作用。为兴修水库而进行的测量工作，称为水库测量。随着国民经济建设的发展，各类水库数目不断增加。水库投入运行后，水文、泥沙、水库运行条件等将不断变化，掌握这些变化规律，将有利于水库的正常运行和科学管理。

水库测量包括以下几类工作：①建库前即在水利枢纽工程的勘测设计阶段进行各种比例尺的地形图测绘；②建库后包含库区地形测量和固定断面测量的水库淤积测量；③在建库前还有测设移民线、土地征用线、土地利用线、水库清理线等各种水库淹没、防护、利用界线的工作，即水库淹没界线测量；④在勘测设计阶段根据测绘好的全库区地形图进行库容计算的工作。其中控制网是测绘各种比例尺地形图的依据，同时又为地质勘察、水文勘探等测绘工作提供必要的起算数据。

任务一 水库测量方案设计

一、任务介绍

在建库前的勘测设计阶段需要测绘各种比例尺的库区地形图，来为工程设计服务；而在建库后的水库淤积测验中同样需要定期进行库区地形测量和固定断面测量，以便掌握水库投入运行后水文、泥沙等条件的变化规律，进而有利于水库的正常运行和科学管理。我们的任务就是根据水库测量的基本任务与特点，进行库区工程控制测量、地形测量和固定断面测量方案设计。

水道地形测量可分为长程和局部两类：为宏观地控制河流、湖泊、水库时空变化积累基本资料，进行长程河道或整个湖泊或库区的大面积水道地形测量；为水利工程规划设计、施工、维护等，在河流、湖泊、水库进行专题观测，布置局部水道地形测景。由于长程水道地形测量测次较少，难以控制河流、湖泊、水库、近海的演变时，可布置长程固定断面测量或进行河道勘测调查，补充搜集基本资料。

本任务以长程河道测量为任务对象，围绕河道控制测量、长程河道地形测量和长程固定断面测量三方面工作，进行河道测量方案设计。

二、设计案例

×××水库测绘技术设计

1 概述
1.1 任务来源
为满足×××农场农田灌溉需求，我市水利水电勘测设计研究院测量组受×××农场的委托，对×××水库库区进行测绘。

1.2 测区概况
测区位于×××境内，测图范围在北纬 22°00′26.94″～22°03′54.71″，东经 100°15′33.24″～100°16′44.78″，测区平均海拔约为 1200m。车辆直接能行驶到测区，测区宽阔，两岸植被繁茂，实测难度较大。

1.3 作业范围、内容及工期
1.3.1 作业范围
22°00′26.94″～22°03′54.71″，东经 100°15′33.24″～100°16′44.78″；面积约 0.8km²。

1.3.2 工作内容
(1) E 级 GPS 点测量，4 点，并联测北京 54 坐标系统，埋设永久性标志。
(2) 测绘规划区内 1∶1000 地形图。

1.3.3 作业工期
2011 年 4 月 18 日至 2011 年 5 月 8 日，共计 20 天。

2 采用的坐标系统
2.1 北京 54 坐标系统
2.2 高程系统：1985 年国家高程基准
2.3 控制点编号
(1) E 级 GPS 点编号：原有点为"茶厂生活区""××村沟边"，新点编号为"JJC1，XSG1"。
(2) 图根点编号：各个作业小组统一编号为 ML-1～ML-4。

3 作业情况
3.1 施工组织
根据测量范围、工期要求及测量组人员、仪器设备的情况，进行如下划分。

3.1.1 按测量工作内容划分：
- E 级 GPS 点测量；
- 1∶1000 地形图测量；
- GPS 点需埋设永久性标志。

3.1.2 作业队伍划分：

GPS组，测量组，统一为1个小组；投入GPS四台套，全站仪1台套。

3.1.3 工程进度

- 4月18日总工对作业人员进行技术交底；
- 4月18日进入现场踏勘；
- 4月25日前完成E级GPS点测量；
- 4月25日至5月7日地形图测量；
- 5月7日完成外业工作，5月8日前提交验收。

3.2 投入技术人员及设备

3.2.1 投入各种专业技术人员

本区共投入5人，其中工程师3人，助理工程师1人，实习学生1人，临时工若干。

3.2.2 投入设备

- GPS接收机4台；
- 全站仪1台；
- 计算机（便携机、台式机）2台；
- 汽车1辆。

3.2.3 测绘专用软件

GPS随机数据处理软件1套、外业计算、绘图软件2套。

3.3 完成工作量

项目	总长/km	点数	面积/km²	备注
E级GPS点		4		
1:1000 地形图			0.8	

4 测区已有资料情况

4.1 起算资料情况

起算点为原×××农场管道测量控制点。其点为：

(1) 茶厂生活区　　X：2435221.626　　Y：629983.863　　H：1186.080

(2) 往村水沟边　　X：2439944.376　　Y：631419.232　　H：1205.790

4.2 图纸资料情况

有1:50000地形图作为参考，可作为测区范围界定及选点等使用。

5 实施情况

为了确保该项目的成果质量，测量组严格按照《工程测量规范》《国家三、四等水准测量规范》《国家三、四等水准测量规范》《1:500 1:1000 1:2000 地形图图式》（GB/T 7929—1995）（以下简称《图式》、《测绘产品检查验收规定》（CH 1002—95）及我院"质量体系管理规定"，由副总工负责，以作业班组100%自检、互检为基础，院级检查及验收为辅，最后进行技术经营部统检，并最终验收。

6 平面控制网的技术执行情况

6.1 布网情况及执行标准

可根据实地地形情况作相应调整。E级GPS控制点4点，控制面积约0.8km²，执行国家差分全球定位系统DGPS技术要求1724—1998、国家测绘局全球定位系统GPS测量规范2001—92、建设部城市测量规范8-99及×××水务局要求，作为本测区测绘工作的依据。

6.2 观测

采用国产中海达测绘仪器有限公司生产的8200E型单频GPS接收机4台套，静态法观测60分钟（观测要求见下表）。

等级	观测方法	采样率	观测时间	卫星高度角	GDOP	有效观测卫星数
E级	静态测量	15秒/历元	≥45分钟	≥15	≤3	≥4颗

6.3 平差计算

在各项检验符合要求后，以所有独立基线组成空间向量网，在WGS-84地球椭球上进行三维无约束平差。无约束平差中，基线向量的改正数绝对值符合现行行业规程CJJ3的规定；在无约束平差确定的有效观测量基础上，在独立坐标系下进行三维约束平差和二维约束平差。约束平差中，基线向量的改正数与无约束平差结果的同名基线相应改正数的较差符合现行行业标准规程的规定。

6.4 平差后精度

最弱点点位中误差允许±5.0cm；最弱边相对中误差允许1/2万。

7 GPS高程拟合情况及地形图测绘

为满足×××水库建设测量需要，对测图区范围内埋设了4个E级GPS点，以JJC1，XSG1点测定并进行GPS高程拟合。

7.1 1∶1000数字地形图测量

主要技术要求：地形测绘严格执行《工程测量规范》（GB 50026—2007）及《1∶500 1∶1000 1∶2000地形图图式》（GB/T 20257.1—2007）。

测站点相对于起算点的点位及高程中误差的技术要求见下表。

技 术 要 求　　　　　　　　　　　　　　　　　　单位：cm

图根点		测站点	测站点高程		
平面	高程	平面	平地	丘陵地	山地
±5	±5	±5	±5	±6.25	±8.33

图上地物点的主要技术要求见下表。

单位：m

地区分类	点位中误差	点间中误差	等高线插值点高程中误差		
			平地	丘陵地	山地
丘陵地	≤0.25	≤0.20	平地	丘陵地	山地
设站施测困难的旧街坊内部	≤0.375	≤0.30	≤0.17	≤0.25	≤0.33

7.2 地形图测量总的原则

(1) 本次测量的地形主要为河谷，基本等高距为 1m。所有的高程测量，一律不再采用比高，如沟底、坎底等直接注记实际高程。高程注记形式为："＊＊＊＊．＊＊"。部分地方因高差太大，等高线无法绘制时，可不绘首曲线。

(2) 所测量的地形图为全要素的地形图，最终提交 dwg 格式的地形图；数据分层要准确，代码使用要正确。

(3) 数据采集时，应及时编辑。

(4) 对于符号带有方向性的线性，一律采用左推原则，即所有附带的线性信息位于前进方向的左边，如围墙、铁路、陡坎等。

(5) 数据按点、线、面进行分类，独立地物以点和相应符号代码表示；线性地物数据要保持具有连续性，不能间断，当双线重合时也不能间断，次要地物可移位 0.2mm 表示。

(6) 在地图上绘制所有的控制点。

(7) 所有数据文件名以图号来命名；数据应做好备份，防止数据丢失。

(8) 提交的数据格式为 DWG 格式。

(9) 测量单位及资料落款名称为"普洱市水利水电勘测设计研究院"。

7.3 图根控制测量

(1) 测图时，1∶1000 比例尺图根点的密度应不小于 16 点/km^2，其他的要求与手工测图的相同。地形复杂、隐蔽地区，应满足测图的需要，适当的增加图根点的密度。

(2) 可用图根光电测距极坐标法施测图根点，但要加强检核。

(3) 图根光电测距导线测量的技术要求见下表。

比例尺	附合导线长度/m	平均边长/m	导线相对闭合差	J_2测回数	方位角闭合差/(″)	测距	
						仪器类型	方法与测回数
1∶1000	1800	150	≤1/4000	1	≤±40$\sqrt{n}$	Ⅱ级	单程观测 1 测回

注 n 为测站数。

(4) 图根极坐标的测量可采用双极坐标法测量或方向法联测 2 个已知方向，变动棱镜高度两次测量，最大边长为 400m，边长不宜超过定向边长的 3 倍。无 2 个已知方向时，应检测已知点间的边长，两组坐标较差、坐标反算间距与实测较差和高程较差均不应大于 0.1m，两组坐标和高程不超限时，取其中数。

(5) 采用光电测距极坐标法所测的图根点，不应再进行发展。

(6) 支导线布设时，不多于 4 条边且相邻边比不能超过 3 倍。其他的技术要求按下表执行。

比例尺	长度/m	最大边长/m	水平角测回数	边长测回数	圆周角不符值/(″)	备注
1:1000	900	225	左右角各1测回	单程观测1测回	≤±40	水平角观测首站应联测两个方向

(7) 图根点的高程，可用图根水准，图根光电测距高程导线方法测定。图根水准测量符合于四等水准点上，附合线路长度或闭合线路长度不大于8km，支线线路长度不大于4km，路线闭合差≤±40$\sqrt{L}$（mm）（L为路线长度、单位：km）；光电测距高程导线附合于四等水准点上，垂直角对向观测各1测回，对向观测取其高差中数。边长数不应超过12条，路线闭合差不大于±40$\sqrt{L}$（mm）（L为测距边长的累计值，单位：km），简单配赋；光电测距极坐标法施测图根点测距、测垂直角可单向观测一测回，变动棱镜高度后再测一测回，其两次较差小于0.4S（m）（S为边长，km），取其中数。

(8) 图根点标志在土质地面可用木桩或埋设8cm×10cm×40cm规格的小水泥标石，硬性地面钉水泥钉（长5cm）、小铁钉、刻石等。

所有图根点计算时角值取至秒，边长取至毫米，计算结果中的坐标和高程取至厘米。

7.4 碎部测图

(1) 控制点部分。所有的控制点在图面上全部表示，点名或点号应与成果表一致，分子为点名或点号，分母为高程。当图面比较复杂时，图根点注记可省略，只取高程值。

(2) 水系及附属设施。沟渠在图上小于1mm用0.3mm线划单线表示，大于1mm且小于2mm的，用双线表示，不绘制坎齿符号；大于2mm的，用双线表示，绘制坎齿符号，每隔10~20cm，测定底部高程。有流向的水系必须标明流向；

(3) 地貌与地质。要能正确的表示地貌的形态、类别和分布特征，各种关键的特征点都必须测量和加注高程。陡坡在70°以下时为斜坡；斜坡在图面的投影宽度小于2mm时，以陡坡表示。当坡、坎的比高小于基本等高距或在图上长度小于5mm时，可不表示；密集时可以综合。当坎、坡顶与坡脚的宽度在图上大于2mm时，应实测坡脚线［用范围线（点线）表示］。

(4) 植被。植被的范围线和植被类型必须准确绘制和标明。植被的名称简注应按《图式》规定正确注记。

(5) 图廓整饰。图廓整饰内容、字体、字、字隔均按《图式》规定执行：左上角接图表用图号注记，内图廓与外图廓四角注记以公里为单位的纵横坐标。

(6) 注记中的字体大小、符号大小、线条的粗细等应严格按《图式》的要求进行注记和表示。

7.5 利用数字测图软件对数据的要求

(1) 在数据中坐标值表示为（X，Y，H）为（xxxxxxx.xx，xxxxx.xx，xxxx.xx）文件名统一用图号表示。

(2) 每幅图的测站检查原始数据和结果数据要记录，并形成文件，统一汇总，形成测站检查数据文件。

（3）采用不同的软件操作时，必须提供本软件的数据格式资料，包括符号库（图元库、线型库等）、代码表、分层、数据文件种类、数据格式等文档资料。

（4）所有观测的原始文件资料和按相应软件生产的成果文件必须提交，保留一份。再按甲方要求出图时，全部数据文件格式提交的为 AutoCAD 2000 版的 DWG 格式。

8　质量控制及检查验收

8.1　检查验收的方式

为了保证测绘产品的质量，我测量组严格按照国家相关规范规定执行，采用我院的"质量体系管理规定"对测绘产品全过程进行严密的质量控制，使测绘的成果满足技术设计的要求。

8.2　由副总工负责质量检查工作

（略）

8.3　数字测图重点内容

（1）按规范中常规白纸图的要求进行相应的检查，以巡视为主；野外散点、量边为辅。

（2）对数字图，在计算机中，按相应软件的要求在计算机中检查 1∶500 数字地形图的数学精度、属性精度、逻辑一致性、要素的完备性及现势性、整饰质量、附件质量等方面进行全面的检查。

9　提交成果资料

按《合同书》的内容要求提交甲方有关资料。

9.1　控制资料

计算书控制点成果表 2 份；1∶1000 地形图 DWG 格式数据光盘 1 套；技术设计书 2 套；技术总结及检查验收报告 1 套。

任务二　淹没界线测量

一、任务介绍

大坝开始施工时，应根据水库设计的正常高水位对水库蓄水后的淹没界线进行测设工作。测设水库淹没界线的目的，在于调查与计算由于水库的形成，须要迁移居民、清理库底、拆除建筑物所引起的各种赔偿，以及规划新居民点、确定防护界线和规划水库边缘的土地利用等。测设工作应由测量人员、水库设计人员配合地方移民等有关单位进行，并随测随将界桩移交给地方政府保管。

二、水库淹没界线测量技术设计

（1）水库淹没调查测量，应在可行性研究阶段或初步设计阶段进行，个别情况下，规划阶段也应在某种特殊地区进行淹没调查测量。

（2）水库的拦河坝已决定兴建或拦河坝开始兴建时，必须进行淹没线测量，并埋设各类界桩。具有较高经济价值的地区，或对淹没面积有争议的地区，应施测大比例尺的"土地详查"地形图，图上应绘出地类界和以村、镇为单位的行政界线。

(3) 外业测量之前应作好以下准备工作：

1) 没调查测量之前，首先应详细了解测量范围、对象、使用仪器和工作的起讫日期。

2) 研究确定测量淹没线的种类、条数和每种淹没线测设的高程、范围和水库末端的位置。

3) 确定水库中平水段与回水段的分界线，将回水段、平水段各种界线的高程，逐段分别注绘在水库地形图上。

4) 库区内原有基本高程控制的埋石点展绘在水库地形图上，并确定是否移测、移测的位置和等级。

5) 如库区无基本高程控制点可供利用，则拟定基本高程控制的路线位置、等级和埋石点的位置。

6) 拟定移测或新测的基本高程控制点和图根级临时水准点，应逐一标绘在水库地形图上以便测设淹没界桩时进行高程测量路线的安排。

(4) 水库淹没调查和淹没线测量的高程系统必须与该工程设计所用水库地形图及纵、横断面图的高程系统一致。

(5) 在水库淹没调查测量之前，必须按任务一中的要求沿水库布设和测量基本高程控制路线。如过去已有，经检核符合要求应充分利用，并对高程控制点密度不足部分行补测

(6) 水库淹没调查测量应符合下列规定：

1) 重要调查对象的高程水库正常蓄水位的选定起决定作用的测点，其高程误差不得大于±0.1m。

2) 平地或坡度不大地区的调查对象，用水准仪施测，最弱点的高程中误差不得大于±0.3m，作为水准测量的起闭点必须为基本高程控制点。

3) 山地的调查对象可用经纬仪视距高程测量，最弱点的高程中误差不得大于±0.5m，作为经纬仪视距高程的起闭点必须为水准仪施测的高程点。

(7) 采用近期地形图结合遥感图像或航摄像片、影像平面图进行水库淹没调查时，只需对调查人员选定的各种具有代表性的典型调查区进行测量。

(8) 水库淹没线测量可视需要测设下列全部（或部分）界线：①移民线；②征用线；③水库清理线；④土地利用线。

(9) 水库淹没线通过下列地区时，必须在实地布设界桩：

1) 城镇、居民地、工矿企业、名胜古迹、风景区、铁路、公路、水利设施和重要建筑物地区。

2) 耕地、牧场、园地、木材加工场。

3) 森林、竹林、果林以及具有经济价值的资源地区或近期可能开发的地区。

4) 水库建成后的捕鱼场和其他需要清理的地区。

(10) 水库淹没线通过沼泽地、水洼地、沙漠、露岩、石砾、永久冻土等地区时，可不在实地布设界桩。

(11) 同种同条淹没线通过平水段时，其界桩应布设在同一高程线上；在回水曲线段，各处界桩高程不同，可用距离内插法求出中间各分段点的高程。

(12) 在干流、支流、支沟和冲沟的末端均需测设水位封闭界桩。淹没界桩的密度应

根据库区的情况，可在表 11-1 所示的范围内选择。

表 11-1　　　　　　　　　　　　　界 桩 密 度

顺序	淹没线通过地区	界 桩 密 度	
		永久桩	临时桩
1	平地和丘陵地区内大片的农田耕地或经济价值较高的林区	100~200m 设 1 个桩	50m 设 1 个桩
2	城镇、居民地、工矿企业、名胜古迹	两端各设 1 个，中部按其规模和地形布设	每隔 50m 1 个桩；主要街道口处，应在建筑物上作明显标志
3	面积不大的山区地，稀疏的独立房屋、林地、草地	每隔 200~500m 设 1 个桩	每处不少于 2 个桩
4	坍岸、防护地区、浸没区、风景区	相邻界桩互相通视，每处不少于 2 个桩	每隔 50m 设 1 个桩

（13）淹没界桩（或标志）应设置在淹没线通过的地面、建筑物基部和大树的下部。

1）永久界桩可用钢筋混凝土桩、钢管桩或在天然露岩上刻凿标志。埋设的钢筋混凝土桩或钢管桩的长度，均不得短于 0.8m，并露出地面 0.15m。

2）临时界桩可用木桩，或在树干、岩石、墙壁上作标志。

3）永久界桩的位置，必须绘制界桩位置详图，图中明显地物不得少于 2 点，并标记界桩至明显地物点的方位角和距离。重要界桩应用图根级或测站点精度测定其坐标。

（14）所有永久界桩和临时界桩，均应标绘于水库地形图上。

（15）淹没线界桩测量应测定各类界桩的平面位置和高程。

1）库淹没界线中各类界桩的高程，对邻近基本高程控制点的高程中误差不得大于表 11-2 的规定。对水库内已有的基本高程控制点，应在淹没线测量之前（或同时）用相同等级的相度，移测至水库正常蓄水位以上。

表 11-2　　　　　　　　　　　　淹没界桩的测量精度

界桩类别	内　容　说　明	界桩高程中误差/m
1 类	居民地、工矿企业、名胜古迹、重要建筑物及界线附近地面倾斜角小于 2°的大片耕地	±0.1
2 类	界线附近地面倾斜角为 2°~6°的耕地和其他有较大经济价值的地区。如大片森林、竹林、油茶林、养牧场及木材加工厂等	±0.2
3 类	界线附近地面倾斜角大于 6°的耕地和其他有一定经济价值的地区，如有一般价值的森林、竹林等	±0.3

2）水库区没有可供利用的基本高程控制点时，应根据水库大小、路线长短确定基本高程控制的等级。高程控制路线（或埋石点）必须布设在水库正常蓄水位以上。移测或新测基本高程控制点，除按规定要求埋设水准标石外，下列地点宜增埋水准标石：

a. 已建或拟建较大居民点、城镇工矿企业的附近。

b. 大片农田、耕地、果园和重要经济作物区。

c. 较大支流入库处。

d. 水工建筑物附近或矿藏地区。

e. 文物、古迹、桥梁、隧洞的附近。

f. 滑坡观测区和拟建水文站处。

g. 堤防、护岸和风景区。

h. 铁路、公路、送电线附近处。

3) 图根高程控制，可用水准测量或电磁波测距三角高程测量在基本高程控制点上按图根级精度连续发展二次附合路线，其长度均不得超过 30km。支线仅能发展一次，并不得超过 15km。

4) 在山区水库测设 3 类界桩或分期土地利用、清库及近期可能进行经济开发地区等界桩时，允许布设起止于图根级以上水准点的经纬仪视距高程路线，其附合路线长度应小于 5km，支线长度应小于 1km，路线闭合差应小于 $0.45L$（L 为路线长度，km）。

5) 久界桩应包括在图根高程附合路线中施测，临时界桩可用间视法、支站法施测。

6) 根据水库淹没界桩的类别，可在表 11-3 中选用方法，不论采用何种方法均应测定界桩桩顶高程和地面高程，实测桩顶高程与设计高程的差值不应大于 0.05m。

表 11-3　　测设界桩高程的方法

界桩类别	高程中误差	测设界桩高程的方法
1 类	±0.1	应以图根级高程点做后视，用水准仪、电磁波测距仪，以间视法或支站法测设界桩。用电磁波测距仪时，边长不宜大于 300m
2 类	±0.2	1. 用水准仪时，与 1 类界桩测设方法相同。 2. 用电磁波测距仪时，边长不宜大于 600m。 3. 当距离小于 100m，垂直角小于 10°时，允许以图根高程点作后视，用经纬仪支一站测设界桩
3 类（包括 2 类可放宽半倍测设的界桩）	±0.3	1. 同 2 类方法，用电磁波测距仪时，边长不大于 800m。 2. 当垂直角小于 10°时，允许以图根高程点作后视，用经纬仪支一站测设界桩
按 3 类放宽半倍	±0.45	1. 当垂直角小于 15°时，允许以图根高程点作后视，用经纬仪支一站测设界桩。 2. 用电磁波测距仪以图根级高程点作后视时，用间视法或支站法测设界桩，边长不宜大于 1000m

7) 按表 11-3 采用间视法或支站（仅一站）法测定界桩高程时，应符合下列规定：

a. 用水准仪观测时，其前、后视距不等差应小于 10m 视距长度不得大于 150m，并读出水准尺上红面数字作校核，黑、红面高差之差不得大于 2cm。

b. 用经纬仪观测时，其前、后视距离不得大于 100m，在通视良好的情况下，亦不得大于 150m，并用正、倒镜观测垂直角。正、倒镜分别计算之高差的较差不大于 10cm 时，取其中数作为最后结果。

c. 用电磁波测距仪观测时，正、倒镜所测高差之较差不大于 10cm 时，取其中数作为最后结果。

d. 支站法仅能用于测定临时界桩的高程。

三、水库淹没界线测设过程

(一) 准备工作

在水库设计任务书中，对应测设的各种界线的高程范围、各类界柱高程表、具体目的与要求等，应有明确规定。执行库区测设任务的单位，应搜集资料并鉴定有关测绘资料的可靠程度，经过实地踏勘，编制作业计划，并报主管部门审批后，方可作业。其计划内容包括：测区概况及地区类别的划分；已有高程控制情况；施测界线的地段及其精度要求；工种的进行程序、工作量的估计、劳力的组合、经费开支、仪器设备供应计划、仪器检验和有关安全措施等。

在进行水库设计时，如果大坝的溢洪道起点高程已定，则被溢洪道起点高程所围成的面积将全部被淹没。水库回水线是从大坝向上游逐渐升高的曲线，其末端与天然河流水面比降一致。在准备的测绘资料中，应将回水曲线及淹没线的高程分段注记在库区地形图上(图 11 - 1)。表 11 - 4 为白河水库近期土地征用线和移民线的分段高程。

表 11 - 4　　　　白河水库近期土地征用线和移民线分段高程

分段编号	分段起点与终点	各段距离/km	近期土地征用线分段高程/m	近期移民线分段高程/m
1	白河坝—王庄镇	29.35	1532.0	1537.0
2	王庄镇—张集乡	39.05	1532.1	1538.6
3	张集乡—瓦窑乡	56.40	1532.3	1539.8

(二) 界桩测设的基本要求

1. 界桩的布设

界桩应根据库区沿岸的经济价值和地形坡度进行布设。凡是居民地集中、工矿企业、文物古迹、军事设施地区、耕地、大面积的森林等经济价值较高以及地形坡度平缓地区，须每隔 2~3km 布设一个永久性界桩。在永久性界桩之间用临时桩加密，一般加密到 50~200m 有一个点。大片沼泽地、水洼地、地面坡度在 20°以上的或永久冻土区、荒凉或半荒凉地区等

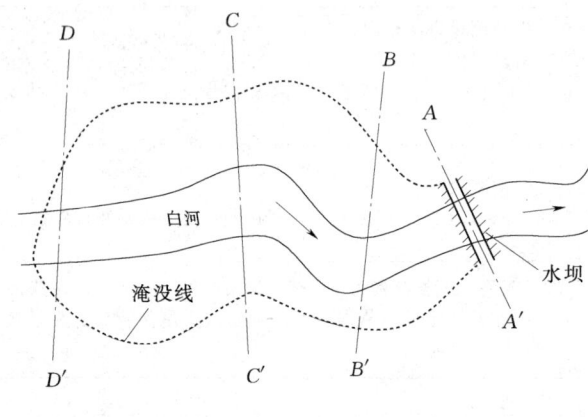

图 11 - 1　库区淹没线

可以不在实地测设或根据地形图目估标定界桩位置。永久的、临时的界桩，应目估点绘于库区地形图上，作为库区管理的基本资料。

2. 界桩测设的精度要求

界桩高程应以界线通过的地面或地物上标志的高程为准，为便于日后检测，还应测定界桩桩顶的高程。各类界桩高程对基本高程控制点的高程中误差不得大于表 11 - 2 的规定。

3. 高程控制测量

各种界柱的高程，必须与水库设计用的地形图及计算回水曲线所依据的河道纵断面图的系统一致。界桩测量就是按水库淹没界线的高程范围，根据布设的高程控制点，在实地测设已知高程的界桩。测量界桩前，应先施测高程控制路线，其具体要求如下：

（1）基本高程控制测量。应根据淹没界线的施测范围和各种水准路线的容许长度确定等级，进行布设。通常在二等水准点基础上，布设三、四等闭合环线或附合水准路线。

（2）加密高程控制测量。可在四等以上水准点基础上，布设五等水准附合路线，允许连续发展三次，线路长度均不超过30km。当布设起始于四等或五等的水准支线时，其路线长度不得大于15km。

（3）在山区水库测设三类界桩和分期利用的土地，清库及近期可能进行经济开发区等界线时，允许布设起止于五等以上水准点的经纬仪导线高程，其附合路线长度应小于5km，支线长度应小于1km，路线闭合差应小于0.45m（L以km计）。

（4）凡在水库淹没线范围以内的国家水准点，应移测至移民线高程以上，为测设界桩的方便，可在移民线之上，每隔1~2km利用稳固岩石或地物作出临时水准标志，并用五等水准测定其高程。

四、界桩测设

界桩测设的程序为：①布设高程作业路线，即根据界桩类别选择和布设高程测量路线；②测定界桩位置；③埋设界桩；④测定界桩高程等。由于界柱类别不同，界桩精度要求也不同，因此，测设要求应根据界桩类别来确定（表11-3）。

以高程作业路线上的任何立尺点为已知高程点，作为后视，然后，用水准仪或视准轴位于水平位置的全站仪或经纬仪，设一测站，测设界桩的高程，称为支站法。超过一测站时，应往返测闭合于原已知高程点上。

用水准仪以间视法测设界桩高程，如图11-2所示，测设步骤如下：

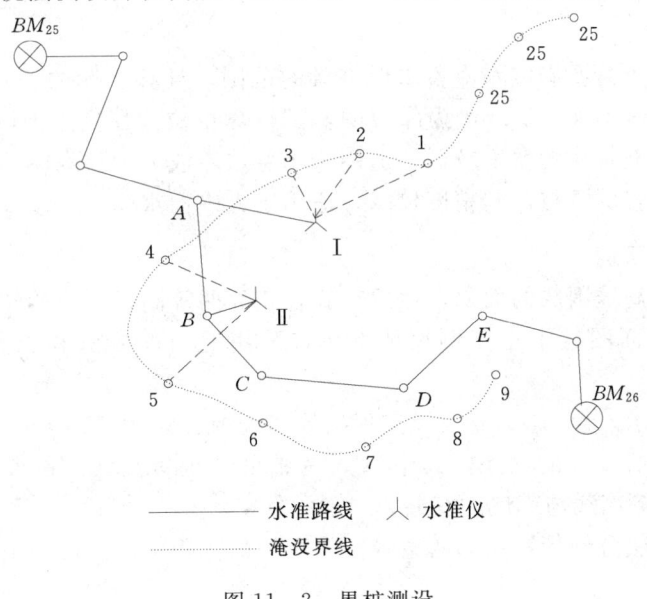

图11-2 界桩测设

(1) 测设转点 A、B。由水准点 BM_{25} 起，施测水准支线，当所测高程接近界桩设计高程时，在地面设两个立尺转点 A、B。

(2) 计算水准仪的视线高程（图 11-3）。将仪器安置于 1 点，后视转点 A，读得后视读数为 a_1，则视线高程 $H_{1a}=H_a+a_1$，其中 H_a 为转点 A 的高程。

(3) 计算前视尺上的应有读数。设尺上的应有读数为 b，界桩的设计高程为 H，所以测设 1 号界桩时，前视尺上的应有读数为 $b_1=H_{1a}-H_{设}$。

(4) 测量员指挥扶尺员在地面上移动尺子，当视线在尺面截取的读数为 b_1 时，该点就是淹没界线上的一点，立即打木桩标定。

依前述方法，即可测设 2、3、4、…、9 点。

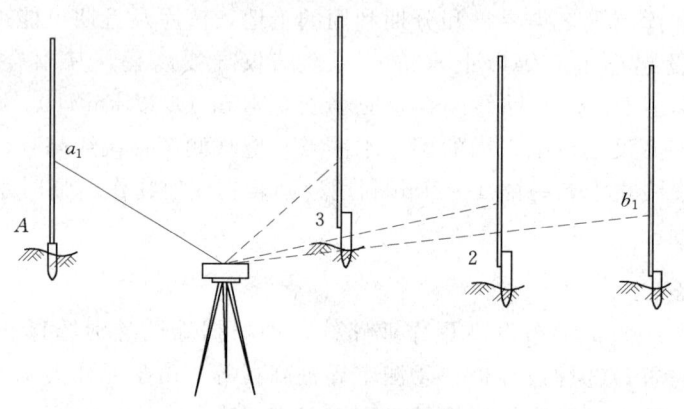

图 11-3　界桩高程测设

任务三　水库库容计算

一、任务介绍

在设计水库时，需要确定水库蓄水后淹没的范围，计算水库的汇水面积和水库容积。水库的蓄水量称为库容量。以 m^3 为库容的基本计算单位，在实用上以亿 m^3 为单位，库容可以根据地形横断量算的精度较低，适用于小型水库或大中型水库的概算。以小比例尺地形图作为量算库容的资料，其精度较高，适用于大中型水库。

二、任务实施方法

先求出各条等高线围成的面积，然后计算各相邻两等高线之间的体积，其总和即为库容。根据地形横断面图或中小比例尺地形图，采用适当的方法和工具进行水库库容量计算。

如图 11-4 所示，设 A_1 为淹没线高程的等高线围成的面积，A_2、…、A_n、A_{n+1} 为淹没线以下各等高线所围成的面积，其中 A_{n+1} 为最低一根等高线所围成的面积，h 为等高距，h' 为最低一根等高线与库底的高差。

运用平均断面法分别计算相邻两条等高线之间的体积以及最低一条等高线与库底之间的体积得

$$V_1 = \frac{A_1+A_2}{2}h_1$$

$$V_2 = \frac{A_2+A_3}{2}h$$

$$V_3 = \frac{A_3+A_4}{2}h$$

$$\vdots$$

$$V_{n+1} = \frac{A_{n+1}}{3}h_{n+1}$$

于是，水库的库容为

$$V = V_1 + V_2 + V_3 + \cdots + V_{n+1} \qquad (11-1)$$

如果溢洪道高程不等于地形图上某一条等高线的高程，就要根据溢洪道高程内插法求出水库的淹没线，然后计算库容，这时水库淹没线与下一条等高线间的高差不等于等高距。

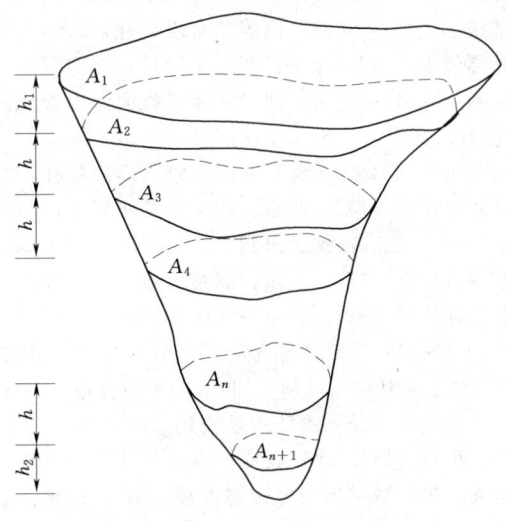

图 11-4　库容计算示意图

思 考 题

1. 简述水库测量设计需要的内容。
2. 水库淹没界桩测设的基本要求？
3. 测设水库淹没界线的目的是什么？
4. 简述水库库容计算原理。

参 考 文 献

［1］ 武汉测绘科技大学《测量学》编写组．测量学［M］．北京：测绘出版社，1997．
［2］ 许娅娅，雒应．测量学［M］．北京：人民交通出版社，2003．
［3］ 钟孝顺，聂让．测量学［M］．北京：人民交通出版社，1997．
［4］ 熊春宝，姬玉华．测量学［M］．天津：天津大学出版社，2002．
［5］ 杨松林．测量学［M］．北京：中国铁道出版社，2002．
［6］ 顾孝烈，鲍峰，程效军．测量学［M］．上海：同济大学出版社，1999．
［7］ 吕云麟，林凤明．建筑工程测量［M］．武汉：武汉工业大学出版社，1996．
［8］ 张正禄．工程测量学［M］．武汉：武汉大学出版社，2002．
［9］ 胡伍生，潘庆林．水利工程测量技术［M］．南京：东南大学出版社，1999．
［10］ 过静珺．水利工程测量技术［M］．武汉：武汉工业大学出版社，2000．
［11］ 邹永廉．水利工程测量技术［M］．北京：高等教育出版社，2004．
［12］ 罗聚胜，杨晓明．地形测量学［M］．北京：测绘出版社，2002．
［13］ 钟宝琪，谌作霖．地籍测量［M］．武汉：武汉测绘科技大学出版社，1996．
［14］ 詹长根．地籍测量学［M］．武汉：武汉大学出版社，2001．
［15］ 孔祥元，梅是义．控制测量学［M］．武汉：武汉测绘大学出版社，2000．
［16］ 王侬，过静珺．现代普通测量学［M］．北京：清华大学出版社，2001．
［17］ 王兆祥．铁道工程测量［M］．北京：铁道出版社，2001．
［18］ 张项铎，张正禄．隧道工程测量［M］．北京：测绘出版社，1997．
［19］ 聂让．全站仪与高等级公路测量［M］．北京：人民交通出版社，1997．
［20］ 周忠谟，易杰军，周琪．GPS卫星测量原理与应用［M］．北京：测绘出版社，1999．
［21］ 冯仲科，余新晓．"3S"技术及其应用［M］．北京：中国林业出版社，1996．
［22］ 朱光，季晓燕，戎兵．地理信息系统基本原理及应用［M］．北京：清华大学出版社 1999．
［23］ 李志林，朱庆．数字高程模型［M］．武汉：武汉测绘科技大学出版社，2000．
［24］ 高井详，肖本林，付培义，等．数字测图原理与方法［M］．徐州：中国矿业大学出版社，2001．
［25］ 潘正风，杨正尧．数字测图原理与方法［M］．武汉：武汉大学出版社，2002．
［26］ 杨德麟，等．大比例尺数字测图的原理、方法与应用［M］．北京：清华大学出版社，1998．
［27］ 潘正风，等．大比例尺数字测图［M］．北京：测绘出版社，1996．
［28］ 刘志德，等．EDM三角高程测量［M］．北京：测绘出版社，1996．
［29］ GB/T 20257.1—2007　1∶500　1∶1000　1∶2000 地形图图式［S］．北京：中国标准出版社，2007．
［30］ GB 50026—2007　工程测量规范［S］．北京：中国计划出版社，2008．